U0249980

花海　混播　昆虫野花带
——种植设计新范式

高亦珂　杨明琪　张启翔　著

中国建筑工业出版社

图书在版编目（CIP）数据

花海　混播　昆虫野花带：种植设计新范式 / 高亦珂，杨明琪，张启翔著. — 北京：中国建筑工业出版社，2021.7

ISBN 978-7-112-26283-0

Ⅰ. ①花… Ⅱ. ①高… ②杨… ③张… Ⅲ. ①花卉—观赏园艺 Ⅳ. ①S68

中国版本图书馆CIP数据核字（2021）第131366号

责任编辑：杜　洁　兰丽婷
责任校对：王　烨

花海　混播　昆虫野花带
——种植设计新范式
高亦珂　杨明琪　张启翔　著
*
中国建筑工业出版社出版、发行（北京海淀三里河路9号）
各地新华书店、建筑书店经销
北京锋尚制版有限公司制版
北京富诚彩色印刷有限公司印刷
*
开本：787毫米×960毫米　1/16　印张：20　字数：322千字
2021年7月第一版　　2021年7月第一次印刷
定价：**158.00**元
ISBN 978-7-112-26283-0
（37664）

前　言

如何在最短时间内快速形成景观效果？《花海　混播　昆虫野花带——种植设计新范式》（*Flowering Meadow and Wild Flower Strip——New Mode of Planting Design*），为设计者和应用方提供了一种全新的选择。

园林种植设计研究的终极目标，是为园林景观提供最佳的配置方式。用什么方法可以将生态学和园林植物应用有机结合，在创造美的同时产生生态效益，实现科学与艺术的结合？混播为解决这个问题打开了一扇门。

混播是拟自然的人工植被、群落结构丰富、具有自我更新能力的植物配置方式。传统的种植设计是移栽种植、植物位置固定、景观效果可控。混播构建景观的方法，则是按景观效果设计用种比例、植物具体位置不固定、景观可预计但不完全可控。混播要求设计者掌握不同植物的生长特点，对植物竞争有更深入的了解和研究，才能设计出符合植物群落构成规律的植物景观，达到城乡景观构建中美和生态效益的结合，实现人与自然和谐共生。

全书分两个部分。第1章到第4章，从混播的发展、混播植物的选择方法、混播群落的竞争和管理、混播建立和养护四个方面介绍混播方法，总结了混播方法建立的定量和定性研究成果。第5章到第8章，分别介绍了混播草皮卷、花海、雨水花园和昆虫野花带4个主要的混播应用方式，结合研究案例为混播应用提供了直接参考。

本书呈现的是作者10余年混播方法和应用的研究成果。

混播建构的花海、昆虫野花带等景观令人着迷，它体现的人化自然所绽放的绚丽光华，将为美丽中国的画图抹上浓墨重彩的一笔。

——题记

目　录

1　花卉混播的历史与现状

草原是鲜花的源泉。夏季草原上五彩缤纷的野花盛开，蝴蝶、蜜蜂翩翩起舞，形成引人入胜的美景。不同草原，气候与降水量不同，植物种类和高度也不同。草原既可能是长满了五颜六色鲜花的五花草塘，也可能只是简单的绿色草海。草原植被的自然景观形成了一个地区的特色风光，如北京附近的坝上草原、百花山的亚高山草地，长白山上著名的高山花园，四川的若尔盖草原花湖，新疆的那拉提、喀拉峻、巴音布鲁克草原等，在野花盛开的季节，草原上植物形成的自然美景，吸引了大量的游人。

草原植物群落结构是城市植物设计的灵感来源。在草原美景和草原这种辽阔的大自然记忆影响下，花卉混播正是模仿草原的植物群落构成，在城市和乡镇绿化中设计配置植物，在城市中形成如草原般的自然美景。用种类多样的植物并采用群落式配置方式，不仅能绿化美化环境，还能为城乡和农业生产提供生态服务功能。

多样性丰富的植物配置能提供更好的生态服务功能。现代植物种植设计提倡绿化植物应既能提供优美的环境，又具有生态服务功能。绿化美化不仅能创造美好的景观，也为传粉者、昆虫和小动物们提供了多样性的食源和栖息地，丰富了城市的生物多样性。

高生态效益且低维护的群落式配置方式将在城市绿化中发挥重要作用。经济发展给城市带来活力的同时，劳动力和各种成本大幅提高，因此在保持良好景观效果的同时，需控制成本构建景观。精心设计适应当地气候和生长条件的稳定植物群落，能提供良好的绿化效果，并能降低城市景观的后期管理成本。直接播种构建景观的方式省略了育苗和移栽过程，逐渐成为全球受欢迎的植物景观建植方式。城市中拟自然和近自然植物景观的需求，也促进了场地直接播种方法的广泛应用。基于以上原因，低成本、高效率、植物多样性丰富的花卉混播建植方法，在全球的城市和乡镇建设、农业生产及景观配置中得到了快速发展。

花卉混播（flowering meadow）是由多种不同高度、花期、花色的植物，依据景观和场地要求，采用不同比例混合，用播种的方法构建的植物景观；是采用场地播种方式建植，模拟自然草原植物群落构成，具有良好景观效果和高生态效益的植物配置。花卉混播选择不同高度和不同生态位的植物，垂直分层配置构建植物群落，可达到三季有花、四季有景的绿化效果。花卉混播是一种植物配置方法，可用于不同地点，如城市绿地、屋顶花园、雨水花园、昆虫野花带等。但因不同国家的土壤、气候、植被条件及群落结构和植物种类不同，故不能互相照搬。

花卉混播是一种拟自然的人工植被，是具有自我更新能力的植物配置方式。混播构建景观的方法不同于传统的植物种植设计配置。传统的种植设计，需要按设计提前育苗，按图纸施工，移栽种植，植物的位置固定，景观效果完全可控；而混播种植是不同花卉，按景观效果设计用种比例，充分混合种子后播种，植物的具体位置不固定，景观可预计但不完全可控。对比传统的种植方式，混播设计需要更了解植物的生长特点，并对植物与植物之间的竞争关系有更深入的了解和研究，才能根据植物的生长发育节律，设计并配置不同生态位、不同花期和花色的花卉，适时播种，达到设计的景观要求。花卉混播配置的特点是群落结构丰富、植物种类多样、群体观赏期长、建植和维护成本低、生态效益高、一次播种多年观赏。

花卉混播的生态效益在城市景观构建中发挥着巨大作用。用花卉混播方法构建的植被浅沟和雨水花园可滞留雨水，能大幅降低地表径流，增加地下水补给，净化水质。群落式配置的花卉混播在增加绿量的同时，还能起到明显的减污降噪作用。用花卉混播构建的昆虫野花带，能为农作物和果园提供各类传粉者和有益昆虫，使作物和果树的授粉率提高，粮食和经济作物增产明显，有益昆虫在农业生态系统中发挥抑制病虫害的作用，降低农药用量，对环境保护起到重要作用。不同地区的农业生产中，昆虫野花带的植物也有所不同，不同时期开花的昆虫野花带可以和农田、果园相配合，形成具有地域特色的农业景观。

1.1　花卉混播

草原上丰富多彩的野花，正随着城市化和农业用地的扩增，迅速消失。在野外找到长满草、开满花、蝴蝶飞、蚂蚱跳，还有很多不知名的小昆虫的迷人草

图1-1　德国郊外开满野花的自然草地

原，已十分不易。开满鲜花的草原，随着人口扩增和经济的发展，快速消失。在这样的背景下，出现一种新的理念，就是不要去偏远的地方寻找自然，而是将自然建植在我们居住的城市和郊区（图1-1）。

几个世纪前人们试图用直接栽培的方式复制常见的草地美景。种植野生和栽培花卉直接模仿野生的草地植物群落，达到五花草甸的景观效果。后用混合不同植物种子播种的方法替代种植，常用野花组合，或者野花草地（wildflower meadow或 wildflower mix）描述这种种植方法。

野花组合表达的是模拟草甸的应用效果。随着应用类型的不断增加，野花组合的概念逐渐被拓展，混播的应用不再局限于模拟自然野花草地，而是有了更广泛的应用要求，常用比野生花卉花期更长、色彩更丰富的栽培花卉替代野生花卉，构建混播组合。

花卉混播应用历史可追溯到中世纪，17世纪初用“enamelling”（野花装饰）形容这类植物设计应用形式，19世纪发展成为“wild gardening”（野花花园）的一部分，20世纪中期逐渐演变成“flowery mead”（花草甸）和“meadow gardening”（草甸花园），近代发展成为“wildflower meadow”（野花草甸）和“flowering meadow”（盛花草甸、花卉混播）等。这一系列名词演变，不仅仅是词汇的变化，伴随名称改变的是对花卉混播认识和设计的不断深入与发展。

自然草甸是我们设计花卉混播的起点。随着应用需求的增加，近年出现了很多新的采用混播构建景观的名词，如urban meadow、flowering meadow、ornamental meadow、prairie wildflower、pictorial meadow。这类描述花卉混播的词汇中，都保留了“meadow”（直译为草甸或草地）一词，或采用的是不同类型meadow，如prairie（北美干旱草原）等词，表达混合花卉种子播种后模拟的草原景观效果。花卉混播在不同的场地，可播种模拟出瑞士高山草甸、北美大草原、南非野花烂漫的草地等草原景观。荷兰和德国播种构建的大规模近自然草地景观（以禾草类为主），都采用了草甸（meadow）一词。

Meadow是人为模拟自然草甸的结果，也是对混合播种后获得的景观效果的精确描述，不论是城市草甸（urban meadow）、花卉混播（flowering meadow）、观赏草地（ornamental meadow）、北美野花草甸（prairie wildflower），还是如画般的美丽草甸（pictorial meadow），都没有脱离草甸（meadow）的根本，即大量开花和不开花的草本植物混合生长在一起，形成具有生态效益和美好观赏效果的植物群落。相关名词不同类型的定义如下。

Urban meadow，城市多花草甸（也有意译为城市花草地），是指以混播建立的适应于城市和城郊环境特点，具有良好观赏效果且模拟自然景观的开花草地。

Flowering meadow，花卉混播（盛花草地、缀花草地），是指采用不同花卉种子混合播种，建立具有稳定群落结构和显著花期的花卉群落组合。

Ornamental meadow，观花草甸，是指在城市空间内，由各种多样化的开花植物构成（禾草种类极少或无）、具有良好持续性、开花壮观的混播组合。

Prairie wildflower，北美野花草甸，是指模仿北美草原上的草地植物景观，通常由北美多年生观赏植物和与北美草原相似的栽培花卉混播构成的人造草原景观（图1–2）。

图1–2　柏林植物园播种构建的大面积北美草甸景观（2017年摄）

Pictorial meadow，如画草地，是指用一、二年生和多年生花卉混播后形成的具有持久景观效果、大量开花的混播景观。该名词为谢菲尔德大学同名绿化公司为其设计施工的花卉混播景观采用的专用名词，明确指明混播后的景观繁花如画。

此外还有prairie planting（草原式种植）、prairie meadow（草原式草甸）、meadow garden（草原式花园），都是播种或者种植成草原式的植物应用方式。

模拟自然野花草地形成的植物景观，虽然由不同的名词定义，但从建植方式到景观效果，这类名词代表的景观本质是相同的。即多种花卉（由15～20种以上植物）混合播种建植，用多样性丰富的植物，模拟自然草地群落配置，达到持续开花的效果（图1–3）。花卉混播群落可根据景观要求、降水条件、光线条件等，设计单层、复层、三层和三层以上的群落。群落中不同植物占据不同生态位。植物之间密切联系，既竞争，又互利。成功的设计应具备植物群落结构稳定、观赏期长、维护低、无须病虫害防治等特点。构建多年生花卉混播景观时，设计者应了解混播中未来植物群落的演替和中长期景观变化，能够预测多年后的景观效果和植物构成。

图1-3　比利时国家植物园里的混播，采用的是分带播种的方式，边缘用低矮植物

基于以上分析和多年实践，我们沿用花卉混播（flowering meadow）一词来表述这类建植方式。花卉混播是人为筛选种类丰富的栽培或野生花卉，按植物生长发育节律、高度和花期设计群落结构，筛选适用于群落中不同层面的植物，以播种的方式建植，形成优美自然或大规模震撼的景观效果。花卉混播是一种拟自然的植物应用形式，按所用花卉种类的不同，可以分为多年生花卉混播，一、二年生花卉混播和多年生+一、二年生花卉混播3种不同类型。

多年生花卉混播（perennial meadow 或 perennial mix）：由20～30种不同的多年生花卉种子或种球，混合后播种。一次播种建植，可持续10年以上稳定生长，景观效果可达到三季有花、四季常绿。每年形成2～3次大花量色彩缤纷的景观效果，观赏期2～4个月不等，整个生长季均能持续保持绿色。可在瘠薄的土壤上播种，贫瘠土壤能减少杂草的竞争，并维持多年生植物种类的多样性。建植后管理少，杂草不易入侵，除非特别干旱或瘠薄，无须浇水施肥。多年生混播的优点是：可持续的时间长（10～15年以上），播种两年后管理简单，不同地区使用植物差别较大，不易被模仿。虽播种2年后才具景观效果，目前也逐渐被接受，应用面积逐年增加。设计制约点：合理选择和配置短寿多年生植物和长寿宿根植物，构建长期稳定的混播组合群落。多年生花卉混播设计难度大，需要设计者具备植物栽培的对比研究和实践积累。缺点是：景观见效慢，播种后第一年花量少，观赏效果不佳，应用受到一定限制。

一年生花卉混播（annual meadow 或 annual mix）：15～25种不同高度和花期的一、二年生花卉种子混合播种，播种后40～60天即可获得大面积绚丽色彩效果，观赏期可达3～4个月。一、二年生的花卉混播需要肥沃的土壤。适当人为干预，如结实期修剪等，帮助种子回落和少量补播，可以达到2～3年持续有花的效果。一、二年生的花卉混播因见效快、花量大、色彩缤纷，被广泛应用于花海、花境或临时的地被覆盖，是目前市场上花海的主体植物，常单一品种播种构建大面积的色块和色带。一、二年生花卉混播优点：景观见效快、花期长、花量大。设计制约点：设计缺乏新意，易于被抄袭和模仿。缺点是：每年播种；萌发期和幼苗期需要人工及时管理，除杂草量大；易于模仿，不同地区使用植物雷同，景观效果相似。

多年生+一、二年生混播（mixing perennial & annual）：与前两种混播相比是一种折中，既能满足播种当年的景观效果，又具有持续性。但是在多年对比实验后发现，多年生+一、二年生混播当年的景观效果不如一、二年生花卉混播的花量，第2年和第3年的效果也弱于多年生花卉混播。但这种折中可以缓解建植条件有限的状况，兼顾播种当年的景观效果和未来长远的景观效果。若设计成功，多年生+一、二年生混播植物群落也可持续多年。设计制约点：一、二年生植物消亡时，杂草的入侵和植物群落稳定性的保持，多年生植物的选择与合理配置。

混播从对自然草本群落的模拟，到从不同类型的自然植物群落提炼美景元素，创造出了令人震撼的景观效果。随着研究的不断推进，花卉混播群落构建方式也在不断改进完善，花卉混播的应用范围逐渐扩大，在城镇园林绿化、高速公路、棕地恢复、大规模景观构建中发挥着越来越重要的作用（图1–4）。

花卉混播不同发展时期使用植物的范围变化很大。随着植物生态学的发展和应用，人类对自然植被的认识愈加深入，人工播种构建的景观群落也在不断发展。花卉混播能否模拟和提炼出五花草甸的效果，并如草原般长期存在，成败的关键在于植物群落式配置，其次是在适合的时期，用正确的方法对群落进行整体养护。尤其是多年生花卉混播，设计前进行播种试验和对比研究混播后群落内不同植物间的相互影响，是非常重要的基础工作。设计多年生花卉混播，不仅要分析不同地域的植被类型、当地草本植物群落构成和气候土壤条件下，还要筛选植物，配置混播组合进行小规模试验。不同地区、不同环境条件下，如若盲目复制多年生混播组合，则会导致大规模的失败。

图1–4　坝上草原夏季开满野韭菜、唐松草、刺儿菜的草地，绵延几公顷，一望无际（2010年摄）

1.2　花卉混播的发展与应用

城市绿化在美化环境的同时，还应提供生态服务功能，如降污减噪、增加城市的生物多样性。英国的花卉混播从研究到广泛应用，仅用了20余年时间（Dunnett，et al，1998）。千禧年，花卉混播用于英国Eden项目外环境，只有小面积种植，但混播从此标志性地走入了公众视线。随后，威斯里花园（Wisley Garden）等不同植物园出现混播的展示性种植。2012年伦敦奥运会，奥林匹克公园的南、北园分别大面积应用花卉混播，在奥运会举办期间，随着奥运会在全球的转播，混播构建景观的影响力快速向全世界扩散。2016年著名的海德公园（Hyde Park）用花卉混播部分替代了其著名的大草坪。从花卉混播在英国快速被公众接受可以看出，花卉混播不仅顺应了城市生态建设的需求，也满足了公众审美向自然式植物配置转变的需求。花卉混播给公众展现了不受人类完全控制，但景色富于变化，也更有趣、更吸引人的种植方式。

1.2.1　花卉混播的产生（中世纪~18世纪）

花卉混播产生的雏形是中世纪在草地上种植花卉。中世纪时期，公园和花园开始形成，当时的草地主要分为两种：全禾草草地和盛花草地。草坪上种植如甘菊或其他低矮花卉，Bartholemew de Glanville 称这类草坪为“pratum”，根据上下文，这是拉丁语中meadow（英语）或 prairie（法语）的写法（Smith & Fellowes，2013）。中世纪挂毯和绘画中常出现花园，描绘开满鲜花的草地和铺满鲜花的地被。在开满花卉的草地上，人们坐卧、游戏（McLean，2014）。画家只有在现实中常见这类场景，才能画出大量作品。现代人们很难想象在这种华丽的花草地上走、坐、卧，因为开花的植物不像草坪那样矮小柔韧。从画面的描绘上看，很多高生的花卉也长在草地里，如鸢尾、铃兰、耧斗菜、三色堇、琉璃苣、罂粟花、铁筷子、黄花九轮草、月见草、野草莓、紫罗兰、雏菊、水仙等都出现在草地中形成华丽的花草地景观（Crisp，1979）。由于这些花卉的存在，可推测中世纪的草地和现代草坪不同，中世纪的草地由花朵鲜艳的植物和禾草类共同构成，很少割草，花卉才能在绿草背景中生存和开花。现代草坪是由禾草类植物组成的，需要定期割草。万花斑斓的挂毯图案上，有早花的、晚花的、本地的、外来引进的各色鲜花，不同色彩的花朵形成梦幻般美丽的景色。描绘花草地最有名的是独角兽挂毯（图1–5），现收藏在纽约大都会博物馆里，描绘的是1499 ~ 1514年狩猎场景。中世纪万花斑斓的草地不仅出现在绘画中，在文学作品中也有很多描述。同时代著名的诗人杰弗雷·乔叟（Geoffrey Chaucer）"好女人传奇"（*The Legend of Good Women*）一诗中也描述了这类草地。莎士比亚在他的作品中还提到了大面积洋甘菊（*Chamomilla recutita*）形成的甘菊草地。17世纪初期，英国盛行甘菊草甸，被广泛应用在乡间别墅中（Van der Groen，1721），大片甘菊开花时沁人的清香和柔软的质地让人陶醉。

图1–5 纽约大都会博物馆收藏的独角兽挂毯，画中可见开满鲜花的草地（图片来源：网络）

从绘画和文学作品中描绘的植物可推测，中世纪的园丁知道通过草地植物特点量身定制割草制度，建立、养护这种花+禾草的地被。不同时间割草，可长期维护花草地独特的景观效果，割草能有选择地留下不同类型的花卉和不同种类的禾本科草类。这种有鲜花的草坪当时被称为"enamelled"或"enamelled mead"，直译为"彩饰草坪"。近十几年来兴起的花卉混播技术是在研究继承"彩饰草坪"的基础上，发展并拓展了植物种类和栽培技术。John Chardin（1868）认为，尽管这种彩饰草坪的起源不清楚，但很可能是来自波斯花园的花地毯式草坪。彩饰草坪的应用不仅局限于西欧，在温暖和干燥的南欧地区，也有不同花卉和三叶草草坪的播种与养护方法的记载。

17世纪，英国常用甘菊草坪（图1–6）；18世纪初，法国混播白三叶草、红豆草、荆芥和细香葱等植物形成草坪（James，1712）。此外，还在苜蓿等牧草中混播了其

图1-6　大面积盛开的洋甘菊

他花卉，但这种牧草混播的形式在当时的英国并未出现（London & Wise，1706）。

现代各国植物景观中普遍使用草坪。平坦的草坪，完美如绿色地毯，既没有杂草，也没有花卉。并不是人人都喜欢平坦的绿色草坪，1720年左右，北约克郡的花园里彼得·阿兰姆（Peter Aram）开始尝试在草坪上种植球根类花卉（如雪滴花、番红花和洋水仙）以装饰草坪，并详细记载了栽植方法（Aram，1985）。James（1728）罗列了适合装饰草坪的花卉清单，包括低矮或花型奇特的花卉，如耳状报春花、紫罗兰、雏菊、三色紫罗兰、地钱、报春花、仙客来、常夏石竹、海石竹、甘菊、毛茛、银莲花、丁香水仙、石竹等。花卉种植在草坪中，之后才产生了用混播花卉替代草坪里移栽花卉的做法（Jan Woudstra & James Hitchmough，2010）。这一时期所使用的花卉多为低矮多年生花卉或球根花卉。

英国自然草甸景观启发了花卉混播的设计。英国的农牧业长期稳定发展，使英国拥有连绵的牧场和干草草地（hay meadow），英国传统的野花草甸是干草收获过程中形成的意外景观。几个世纪以来，麦田里盛开的野生花卉，如虞美人、麦仙翁、矢车菊等，所形成的色彩强烈的景观是英国夏季野外的一部分（Nigel，2004）。受自然灵感的激发，野花草甸渐渐深入人心，景观设计师尝试着将其应用在园林中。

1.2.2 花卉混播发展初期（19世纪~20世纪中期）

第二次世界大战后，欧洲等发达国家的工业迅速发展，越来越多的人离开农村进入城市工作和生活，繁杂的城市硬质环境让人们更加渴望回归自然。城市化进程的加快，导致环境问题日益突出，引起很多人的关注和研究，城市中人与自然间的相互作用及城市生态的动态平衡，逐步形成了城市环境生态设计的思想（麦克哈格，2006）。随着德国、荷兰、北欧、英国、北美等地形成的生态种植理念日益深入，自然式设计、乡土化设计、保护性设计和恢复性设计融入城市景观设计中，设计者不仅仅追求景观效果的形式美，更注重城市植物的生态服务功能。在模仿自然和改造城市环境的同时，更加关注植物景观的生态效益。受生态种植的理念影响，景观设计师不再单纯追求纯粹的美学，而是在设计时同时关注景观的文化意义和生态服务功能（Hitchmough & Dunnett，2004）。

威廉姆·罗宾逊（William Robinson）曾倡导在做景观设计时引入丰富的植物材料，回归自然，反对单调整齐的草坪。他在苏塞克斯（Sussex）Gravetye庄园营建的自然缀花草地，体现了轻松做花园的理念（relaxed gardening），至今这个花园仍然存在。他在单调整齐的草坪中引入丰富的植物材料，在《*The Wild Garden*》一书中，还提及了外来多年生花卉在草坪中的应用，尤其是耐寒球根花卉在草坪中的应用。同时，这本1870年出版的《*The Wild Garden*》是英国自然式植物设计开始的标志。洁格（Hermann Jäger，1877）在《花园艺术手册》（*Textbook of Garden Art*）里介绍了如何在林地和草甸上营造自然的花草景观。他认为模仿自然，即模仿自然草甸的构成，是形成人造野花草甸的唯一原则。

20世纪初应用花卉混播的私家花园有大迪克斯特豪宅（Great Dixter）、诺西恩（Northiam）等（Hitchmough，1999）。这时期的缀花草甸主要有两种方式：早春球根花卉+草坪、宿根花卉+草坪。修剪整齐的草坪中种植早春开花的球根花卉，如番红花、葡萄风信子、水仙、雪滴花、银莲花、紫堇等，球根花卉开过后，再修剪草坪，使草坪保持整齐的原状。早春球根+草坪既弥补了草坪色彩和形式的单一，增添了春季的盎然生机，花后又保持了人们对于草坪平整、休闲的需求，目前这种种植形式仍广泛应用于庭院、公园和景区中。威利·兰格（Willy Lange，1907）接受了罗宾逊自然设计的观点，这个观点受德国和斯堪的纳维亚学者观点的影响，在《*Garden Design for Modern Times*》（1907）一书中提到了罗宾逊的《*The Wild Garden*》。兰格强调应根据生境选择植物，书中介绍了大量的植物混播配置方式，在提供草类和多年生花卉种类的同时，还给出了它们的混播比例。书中介绍了常用的乡土花卉有：草甸碎米荠、剪秋萝、瞿麦、滨菊、山萝卜、草地虎耳草、黑矢车菊、展叶风铃草、卷耳和三叶毛茛等。书中列举了湿地草甸设计所用的植物，包括日本落新妇、小升麻、金光菊、玉簪、旋覆花属部分种类、鸢尾属部分种类和萱草属部分种类等。营建宿根花卉+草甸景观，野生花卉和栽培花卉可同时使用。不仅要选用乡土花卉如草地鼠尾草、草原老鹳草及其他老鹳草属花卉、红花车轴草等，也要增加外来花卉如红花蚊子草、荷包牡丹、金莲花、红花罂粟、红花除虫菊、紫草、萱草和羽扇豆等。他的书对后期的花卉混播应用产生了重要影响。此外值得注意的是，罗宾逊和兰格都不排斥栽培花卉品种在自然式植物配置中的使用，他们认为栽培花卉能丰富自然式配置的景观效果。

20世纪30年代，尤其是第二次世界大战以后，随着农业土地管理方式和耕作方式的改进，人口的快速增加，农业耕种用地大面积扩增，自然的野花草甸逐渐消失，英国绝大多数的野花草地已经消失（Fuller，1987），仅保留在人类活动干扰少的地带或保护区中。

花卉混播的大规模应用最早始于美国，1921年美国将花卉播种应用于公路绿化的实践中。美国威斯康星州，John Curtis于1930年成功建立了第一片花卉混播（Kline，1992）。之后，新泽西州的10个滞洪区域也建立了大面积的花卉混播。混播构建的植被不仅景色迷人，而且节省了大量的灌溉用水（Brash，1992）。在弗吉尼亚高速路两侧，色彩艳丽的虞美人与淡雅的羽扇豆不但增添了动人的色彩，还形成了具有自然特色风貌的景观。20世纪80年代，得克萨斯州的美国国家野花中心（National Wildflower Research Center）成立，是保护北美本土植物和自然景观的标志。

1.2.3 花卉混播的发展中期（20世纪中期~20世纪末期）

20世纪中后期，城市化进程迅速发展，郊区农田开始转变成景观休闲用地。乔木灌丛+草坪的绿化模式风靡全球，但维护草坪成本高，且景观类型单一。随着劳动力成本的提高，降低植物景观的投入成本，使景观富于季节变化并有良好的生态效益，成为城市休闲景观迫切要解决的问题。受新植物运动（New Plants Movement）和生态种植理念影响，植物设计师从自然草甸中寻求设计灵感，设计模拟野花草甸景观，探索植物景观与生态结合的可能性，以及模仿自然的降低成本的绿地植物配置方法。如在自然粗犷的高草草甸中，人为补充红色、蓝色花卉，以丰富近自然草甸的色彩。

英国麦田里矢车菊、麦仙翁和虞美人开着红色、粉色、蓝色的花，在绿油油的麦田映衬下构成了美丽壮观的农耕景色，但这是工业革命前英国夏季乡村的典型特点。邱园（RBG）现在还将花种子和麦子一起播种，为游人再现旧日的时光，这种种植展示也为公众接受花卉混播提供了良好的基础。

自然的野花草甸不仅美观，而且具有良好的生态功能。自然英格兰（Natural England）比较了1930～1984年，英格兰和威尔士的草原有97%的物种丰富度消失，消失的原因主要是农业集聚和城市建筑的发展扩大。保护现有和创造新的野花草甸对国家自然环境安全具有重要意义（Natural England，2010）。

色彩强烈的大面积花海景观来自规模化农业生产。在化工不发达时代，香料生产需要栽培大规模的薰衣草、香根鸢尾等可提取香料的作物，形成了欧洲南部成片的薰衣草田、香根鸢尾花田。这类景观部分保留开发成旅游线路，更大面积的花田则因不再有生产需求而逐渐废弃。开花油料作物在欧洲南部、南非和美国西部还有大面积生产，如向日葵、油菜花和亚麻的大面积种植，盛开时形成花海景观（Nigel，2004）。花卉公司Landlife Wildflowers Limited（1975年成立）率先在海德公园里营建了以虞美人等英国本土野生花卉为主的花卉混播，大面积花卉混播形成的色块给人留下了强烈的视觉冲击。这家公司有30hm^{2}的国家野花农场，出售混合好的花卉种子。该公司是非营利组织，宗旨是通过鼓励人们使用花卉混播，打造无处不在的混播景观，为蜜蜂等小昆虫提供食物，给野生小动物提供栖息地。结合本地野花的保护，使花卉混播建植后提高本地的生物多样性，并通过花卉混播把野生动物和人类紧密联系在一起。为促进野花草甸的保护和应用，作为千禧年项目之一，英国1999年在距离利物浦城区8km的Knowsley成立了英国国家野花中心（National Wildflower Centre），主要展示自然野花草甸，激励人们在不同地方设计新颖的野花草甸，鼓励民众向自然景观学习并产生新的设计，保护和利用自然景观。

哈洛公园（The RHS Garden Harlow Carr）营建了以虞美人为主的花卉混播春季景观，以矢车菊、虞美人和花菱草为主的夏季景观。考尔德·霍尔姆斯（Calder Holmes）等公园也营建了由一年生花卉构建的花卉混播，使当地人可以看到不同花卉从种子萌发到衰亡的整个生命过程。为当地的小动物提供栖息地，吸引蝴蝶、蜜蜂和很多其他种类的昆虫，给夏季创造出一个充满生机、色彩斑斓的景观。

美国的野生花卉保护早于英国。1982年，美国得克萨斯州奥斯汀成立了国家野花中心（National Wildflower Research Center），后来更名为伯德·约翰逊夫人野花中心（Lady Bird Johnson Wildflower Center）。该中心介绍了美国本地的野花和其他植物的美感及植物多样性。2006年，该中心成为得克萨斯大学奥斯汀分校的一部分。因为美国工业化和大规模机械化的农业生产，使自然景观和美洲独特的田园风光正在消失。野花中心目的是帮助维护和恢复美丽的北美多样性的野生花卉，在保护、恢复野花草甸的基础上，建立健康、低维护、可持续的景观。中心也提供不同混播组合的种子。

美国国家野花中心致力于开发本土植物的园艺价值，野花中心的植物学家和生态学家与设计师相结合，进行生态可持续景观设计，利用植物进行生态恢复和减少温室气体排放。在研究的基础上，该中心将试验地开放，供公众观摩和学习。中心应用宿根天人菊、金鸡菊和美国薄荷等不同种类的花卉形成了色彩鲜艳的植物群落组合，景色优美、壮观。中心还详细介绍了如何利用混播构建色彩缤纷的草地自然景观。

受美国和英国花卉混播应用的影响，其他国家如法国、德国、日本等开始了大量花卉混播的应用与研究。从20世纪90年代开始，日本从美国引入了花卉混播的方法，开始了花卉混播在日本的应用和研究。日本采用“でワイルドフラワー绿花工法”，直译为“野花绿化施工法”（渡辺园艺株式会社）。用混播花卉种子的方式，构建野花盛开的草甸景观，这是一种新型的绿化施工方法，多种不同花卉混合播种，形成自然的“花甸”或“草原”。这种低建设成本和管理省力的绿化方式，需要特别注意的是如何才能维持长期开花的景观效果。

日本的花卉混播学习美、英两国的方法，但其气候不同于美国和英国，尤其是夏季，气候高温高湿，杂草多且顽固，不能直接使用美国的植物配方。日本研究者进行了很多研发，筛选出适应日本气候特点的混播植物和植物配比。目前，从北部的北海道到南部的冲绳都有广泛的花卉混播应用。花卉混播在日本的应用范围非常广，公路、铁路的边坡、分车带、服务区或车站，河岸、码头绿化，住宅区、商业区、学校、公共建筑等周边的绿化，运动休闲区如高尔夫球场、滑雪胜地、网球场，景观恢复区如垃圾填埋场、植被恢复地，特殊空间绿化如屋顶绿化、墙壁绿化等，形成了从不同地区种子选配，到杂草抑制和景观长期维护的完整技术体系。

近藤三雄（1990）介绍了新的绿化方法——混播花卉，铃木贡次郎和近藤三雄（1991）报道了野生花卉混播用于园林绿化和施工管理的研究。角幡朝等（1991）探索研究了栽培花卉的混播应用于斜面绿化的可能性，这对高速公路的坡面美化具有指导意义。堀口悦代（1991）在东京交通公园进行了野花草甸的应用研究，认为幼苗量在350～500株/m^2时即可保证花期50株/m^2的花卉，达到满意的景观效果。他还总结了野花混播的播种量设计、施工、管理方法等，认为养护管理中最大的难题就是花卉和杂草的竞争。渡边拓也研究了野生花卉与杂草之间的竞争与共生关系，认为通过深翻表土、客土10～15cm或覆盖无纺布等方法可抑制杂草。

纵观混播的历史发展过程可见，花卉混播始于私家花园，逐渐延伸至城市公共绿地中，目前广泛应用于各种绿化、生态恢复和农业生产中。常用植物材料由初期的二十几种增加到200多种，可选用的一、二年生花卉和多年生花卉种类不断增多。花卉混播在选择植物时不仅重视乡土野花，也注重不断补充外来花卉和使用大量的栽培花卉。

1.3 花卉混播的现状

千禧年对花卉混播是一个重要的时间节点。2001年英国康沃尔郡的伊甸园项目正式对公众开放。这个项目的外环境绿化采用的是花卉混播构建的花草地，由谢菲尔德大学教授设计，并建有相关的网站，向公众展示如何构建一个如画的花草地。2008年、2009年英国皇家园艺协会的威斯利花园和切尔西花展，连年都有花卉混播的展示。在不同的花展和不同应用形式中，广泛应用花卉混播，使这种新型的应用方式逐渐被公众所接受，并极大地促进了花卉混播在植物景观设计中的应用。谢菲尔德大学也发展成为英国混播研究和应用中心。花卉混播最令人瞩目的应用是2012年伦敦奥林匹克公园，大量采用一、二年生栽培花卉混播，主要有蛇目菊、矢车菊、香雪球等。多年生花卉和一、二年生花卉共同混播选用了假荆芥、新风轮菜、聚花风铃草、大矢车菊、野萝卜和蓝蓟等18种花卉，混播形成坡向景观。用药水苏、草甸碎米荠、大矢车菊、银叶老鹳草、滨菊、剪秋罗、大麻叶泽兰、灯心草、密花千屈菜、水薄荷和缬草11种花卉、两个组合混播，构成了排水沟的混播景观。混播随着奥运会的广泛传播，为更多不同地域的人们所接受，伴随奥运会的影响，花卉混播被推广到更广的地域。

欧洲、北美洲、澳洲和日本等不同国家和地区的种业公司进入花卉混播的市场，公司对花卉混播的应用开发与市场推广也作出了贡献。它们按照商业化配比原则，生产和出售不同效果的混播组合，包括一、二年生和多年生的混播组合，以及混有野生花卉和禾本科草本的组合。这使得花卉混播的类型日益丰富，并推动了花卉混播的应用。

将花卉混播科研试验研究和主要的种业公司商业应用选择的植物材料汇总，列出国外花卉混播常用的植物种类（约237种）。其中包括一、二年生花卉约90种，多年生花卉约147种。使用频率高的一、二年生花卉主要有55种，包括大阿米芹、翠菊、矢车菊、白晶菊、古代稀、山字草、锦龙花、波斯菊、翠雀、花菱草、香雪球、勿忘我、红花月见草、虞美人、抱茎金光菊、山萝卜、大叶山胡萝卜、蛇目菊、麦仙翁、野胡萝卜、美国石竹、蓝蓟和欧洲山萝卜等。应用频率高的多年生花卉主要有56种，包括欧蓍草、耧斗菜、海石竹、无毛紫菀、牛眼菊、聚花风铃草、阔叶风铃草、草甸碎米荠、黑矢车菊、大矢车菊、七里黄、滨菊、大滨菊、大花金鸡菊、常夏石竹、蓬子菜、草原老鹳草、冰岛罂粟、黄花九轮草、草原松果菊和黑心菊等。整理研究论文、著作和种业公司等和网上资料，列出了国外常用于花卉混播的植物，供大家参考详见下文（表2-3）。

除景观作用外，混播构建的花卉景观还用来为农作物和果树生产提供生态服务，如城郊接合部的野花带（wilderflower strip，图1-7），给受农业生产影响的传粉者提供栖息地和食源。全球机械化和集约化农业生产，是对地球生态系统最大的威胁之一（Tilman，1999；Green，et al，2005）。农业景观中的生物多样性随着农业生产规模的扩大，以及化肥、农药、除草剂的广泛使用而急剧下降（Saunders，Hobbs & Margules，1991；Robinson & Sutherland，2002）。农业生产导致的生物多样性丧失对生态系统的功能产生不利影响，特别是对动物为植物提供的生态系统服务，如授粉和自然害虫控制（Kremen，2005）会产生不利影响。农业景观的这些变化直接危及生物多样性，也破坏传粉者群落，反过来威胁粮食、蔬菜、果树等生产系统的产量、多样性和稳定性。欧洲很多国家将播种

图1-7　麦田边昆虫野花带的罂粟花（德国，2017年摄）

不同类型的野花条带作为一种加强农业环境生物多样性的措施。作物传粉者包括一系列的昆虫（如甲虫、苍蝇、蝴蝶）及鸟类、蝙蝠，大多数作物都最有效地由蜜蜂授粉（Klein，et al，2007），很多作物也被野生蜜蜂（本地物种和野生蜜蜂）有效授粉（Kevan，et al ，1990；Free，1993；Freitas & Paxton，1998；Ricketts，2004）。保持这些授粉服务需要在农业景观内保存和管理充足的授粉植物资源，这些植物资源包括合适的筑巢栖息地和足够的不同时期开花的花卉资源。

为了抵消生物多样性的丧失和农田生态系统服务的可能相关损害，从20世纪90年代开始，很多发达国家实施了农业环境计划。通常在田间边界的可耕地上播种混合的野花种子。不同国家野花带（wildflower strip）播种的宽度、混合种子的种类和管理条款各不相同。有时这些植物种子混合组合也用在备用土地上，以产生被称为"野花区"（wildflower area）的栖息地。种子混合物包含单独的花卉种子，或与禾草类种子组合。也有一些特殊的混播，如含有大量豆科植物的播种带，主要为蜜蜂和大黄蜂提供蜜源和花粉，以及只含有禾草类种子混合物的播种草缘（grass margins）。混合不同花卉种子播种的野花带或野花区没有一个统一的术语，这种为了传粉昆虫种植的地带常被称为（播种）野花边缘[（sown）wildflower margins]、野花资源补丁（wildflower resource patches）、花卉带（flowering strip）、开花植物带（flowering plant strip）、（人造）富含花朵的边缘或花境（artificial wildflower-rich margins/border）、播种的杂草带（sown weed strips）、改善田间边际（improved field margin）、播种田边缘带（sown field strips），或野生动物种子混合边缘（wildlife seed mixture margins）。目前，中国尚未开始在农作物生产区播种这类具有生态服务功能的花卉带，因此采用简单的中文名称——昆虫野花带（wildflower strip）来描述这种花卉混播的应用。

播种昆虫野花带（wildflower strip）是一种非典型的农业环境措施，人工播种的野花带不是20世纪90年代以前在农业景观中存在的自然植物群落。机械化大规模的农业生产中，播种野花带是很多国家针对农业生产中自然和半自然植物群落消失而采取的恢复或重建措施。不同于以往农田中的自然、半自然植物群落，播种的野花带主要目的是有利于传粉昆虫，确保作物授粉，并通过捕食者来促进生物虫害控制，对生态系统服务具有重要意义。混播昆虫野花带能加强农业景观中的生物多样性，还能通过提供种子给无脊椎动物补充食物资源来增加野外边缘地区的植物多样性，它可以形成具有诱人花朵的区域来增强对人类的吸引（Scott，1996；Marshall & Moonen，2002；Jacot，et al，2007），形成新的农业景观。

播种的昆虫野花带是新的景观元素。在一些国家，如英国，放牧的草甸植物种类构成常被借鉴作为创造花卉带的模型，以此类植物群落为基础，设计出在大量的禾草类中加入花卉的昆虫野花带（图1-8）。但瑞士和德国农田边缘的花卉带中不掺杂禾草的种子，与英国花卉带构成的植物完全不同。在昆虫野花带混播过程中，并没有“传统”的组合作为范例来指导昆虫混播花卉带的创建和后期管理，因此须根据本地的自然条件和农业生产需求，设计混播的种子组合，并对不同的组合设计采取不同的管理措施，达到实现预定的生物多样性和生态服务功能的目标。

中国的花卉混播近十年来才逐渐为人们所关注，但花卉混播发展迅速。2005年，北京北宫森林公园率先播种从美国引进的以大花金鸡菊、天人菊、蓝花鼠尾

图1–8　英国城市边缘混有大量禾草的花卉带

草、虞美人、马利筋和柳穿鱼等为主的野花组合，收到良好观赏效果，并随即开始大规模应用（钟云芳、马海慧，2006）。北京2008年奥运会，花卉混播应用受到了业内广泛关注。在奥林匹克森林公园中，花卉混播采用以白三叶、野牛草和高羊茅为基调的地被，再配以蒲公英、苜蓿、紫花地丁、甘野菊、矢车菊、虞美人、黑心菊、波斯菊、二月兰、宿根天人菊等观花植物组成几个混播组合，丰富了物种多样性，实现了园林绿化建设的可持续性，同时也迎合了人们返璞归真、回归自然的向往和追求。不幸的是，这片混播地因为配置的植物竞争力不同，3年后再进行实地调查时，大部分植物已经消失，存活的以紫花苜蓿为最多。近年来，花卉混播在上海世博园、高速公路、城市主干路、分车带、校园和居住区等得到了不同程度的应用。以北林科技、群芳谱等为主导的种业公司也推动了我国花卉混播的商业应用，根据不同地域、场地和主题配比了不同的花卉混播组合。研究方面，北京林业大学、南京林业大学、河北工程大学、浙江大学、东北林业大学、中国建筑科学研究院、北京市园林科学研究院等分别针对花卉混播的植物选择、植物配置方式、群落结构、场地土质影响，以及不同的应用方式和生态效益进行了研究，研究结果为花卉混播在中国的发展提供了良好的研究基础（图1–9 ~ 图1–11）。

将中国花卉混播科研试验研究和主要的种业公司商业应用选择的植物材料进行汇总，花卉混播的应用植物种类约156种。其中一、二年生花卉63种，多年生花卉93种。使用频率高的一、二年生花卉36种，包括硫华菊、蛇目菊、百日草、二月兰、矢车菊、波斯菊、花菱草、天人菊、满天星、香雪球、黑种草、虞美人、抱茎金光菊和华北蓝盆花等。应用频率高的多年生花卉主要有63种，包括黑心菊、松果菊、千屈菜、鼠尾草、蓍草、花葱、耧斗菜、射干、阔叶风铃草、七里黄、春白菊、矮滨菊、西洋滨菊、金鸡菊、石竹、蓝刺头、蓬子菜、鸢尾、月

图1–9　五彩花田（河北固安），4月上旬播种，6月上旬盛花初期

图1-10　柳叶马鞭草（河北石家庄），2月中旬播种育苗，6月下旬盛花效果

图1-11　醉蝶花（北京国际鲜花港），7月下旬播种育苗，10月上旬盛花效果

见草、冰岛罂粟、瓣蕊唐松草、缬草、柳叶马鞭草和紫花地丁等。在调查的过程中，发现有些植物虽然使用频率高，但并不适合作为混播植物，在本书第2章植物的筛选中会有详细论述。

花卉混播在城市园林中已广泛应用。由于种业行业的发展和推动，花卉混播常用的植物种类越来越丰富，但相对于中国的植物资源和可用栽培植物类型，仍然很少，多样性尚不够丰富，很少形成有地域特色的混播景观。其他国家常用的混播植物材料对中国的花卉混播具有良好的借鉴意义，但根据课题组对花卉混播10余年的实践研究，由于气候、土壤、降雨量、原生植被的差异，很多在欧美地区大量使用的花卉品种（种）不能直接用于中国尤其是多年生植物混播，气候、土壤等自然环境条件对其影响较大，不同地域间不能复制多年生植物花卉混播的植物构成。

花卉混播从最早和草种混播，逐渐发展成为两类：一类是全部由花卉混合的组合，还有一类是禾本科草类或其他开花不明显的植物与花卉的混播。混播中应用的花卉品种数量也不断扩大和丰富。混播中提倡用本土花卉，增加物种多样性，利用栽培花卉品种增加观赏期，群落种植应对使用场地的昆虫和小动物具有保护作用，实现既有景观效果又有生态效益的目标。

中国的花卉混播应用，在不同的城市和地区还存在一定的局限性和误区。主要存在3个方面的问题：首先，混播选用植物过于单调，形成的景观效果较简单，单一植物大规模播种应用于花海的多，混合播种的应用少，一、二年生植物应用多，多年生植物应用少；其次，花卉混播组合中构成的植物种类少，导致景观持续时间短，后期的景观效果设计欠考虑，导致花卉混播后期需要人工清理；最后，混播技术研究和混播植物群落结构研究少，常直接照搬国外花卉混播，急功近利，按照国外组合植物直接投入使用的多，研究国外混播组合植物配比和使用原因的少。建植后出现问题和遇到失败时不分析原因，提出改进和解决办法，而是武断否定花卉混播的方法。

应城市绿化和花海旅游需求，花卉混播虽然应用十分火热，但是要想保持良性发展，需要以研究为基础。设计应从生态学的角度出发，兼顾美学原则；从植物群落构建出发，研究植物的筛选原则，确定不同地域适用植物类型；研究不同植物构成群落对生长发育的影响，确定混播中不同层次植物的配置方式。如此，才能使花卉混播应用的组合形式更多样，形成的景观富于变化，体现出自然而优美的效果，达到低维护、生物多样性丰富、具有生态服务功能的目的。

1.4 草原与花卉混播

花卉混播景观是对自然草甸的模拟，即模拟自然草甸的植物群落结构、植物种类构成、演替过程和景观的构成与变化。花卉混播不是简单地抄袭自然，而是通过设计师的提炼和植物配置，让草原美景更鲜明地表达在特定的时间和地点上。

中国国土辽阔，气候和地理环境变化大，有着丰富的草地类型。从南方的亚热带到北方的寒带，气温和降雨不同，纬度和海拔不同，不同区域草甸上的植物群落和种类差别很大。但每个区域的原生植被都是对当地自然环境和土壤类型适应的结果。夏季暖湿气流北上时，不同类型的草原随着气温的升高和降雨（或高山融雪）的增加，植物快速生长，野花盛开，此起彼伏。在生态环境保护较好的区域，尤其是各类保护区中，还可以看到野花草甸，常见的野花草甸类型有4种：湿地草甸（wet-meadow）、（亚）高山草甸（alpine-meadow）、海滩草甸（coastal-meadow）和沙漠草甸（desert-meadow）。

“天苍苍，野茫茫，风吹草低见牛羊。”脍炙人口的诗句描绘出了内蒙古大草原的外貌。内蒙古草原上不仅分布着大量的禾本科植物，还生长着很多美丽的观花植物。草原上的野花既有一年生植物，也有多年生和球根植物，野花与禾草一起构成了草甸。降雨量大的地方，植物种类丰富，夏季各种野花不断盛开，形成了五花草甸（塘）。草原不仅有一望无际的全日照环境，也有乔木树丛和林带形成隐蔽和半隐蔽的环境；有干旱缺水的沙质土壤，也有湿润的壤土。即使是同一个草原，因降雨、土壤、光照、坡度的变化，植物种类也随之不同，同一时间在不同地点可以看到不同的野花景观。

草原通常分布在降雨量低的内陆或寒冷的高海拔地区。草原上草本群落的高度和土壤含水量呈正相关。干燥的草原植物群落低矮，结构简单；湿润的草原植物群落较高，结构复杂，常由具有侵略性、无性繁殖能力强的植物形成优势物种。虽然草原的物种是天然组成的，但割草、焚烧和放牧等定期的外部扰动是草原保持现状的主要原因。

不同类型的草原既有共性，又有特性，禾本科植物和其他植物构成了不同类型的草原生态系统。不同草原的群落构成直接反映了当地的气候、土壤、水分和干扰的频次与强度。如干冷的高山草甸上，植物常节间短缩，叶片被毛，以减少表面积，从而降低蒸腾作用。叶片呈蓝色、灰色和银绿色。在水边的草甸群落，植株高大，节间长，叶片浓绿、茂盛而郁郁葱葱。

草原为花卉混播设计提供了完美的群落组合形式。草原景观辽阔而统一，能给人带来巨大的视觉冲击力。但仔细分析草原植物的群落构成，它的统一不是单一，而是复杂的、分层的，蕴含着丰富的物种多样性。花卉混播的设计就是向不同类型的草原学习，模拟植物自然群落。模拟包括群落结构、植物组成、群落变化过程和景观特征。模拟不等于直接照搬和抄袭，即不是简单地用当地野生植物直接混播，恢复野生植被，而是通过提炼自然群落的要素，合理设计，筛选栽培和野生植物，建立稳定的群落结构，得到观赏期和观赏效果好于自然草原的人工花卉混播群落。

花卉混播中提倡使用野生花卉，但野生花卉的应用存在一些问题，主要是与栽培花卉相比，野生花卉花期短，而且没有批量生产的种子。还有一些野生花卉在栽培条件下长势过旺、竞争力过强，群落中这些竞争力过强的野生植物很难清除和自然消亡，例如苜蓿、红三叶、狼尾草和芦苇，在草原上有其他与之竞争力相当的植物，能阻止它们蔓延。构建混播的时候如混入了竞争力过强的植物，栽培中想要消除它们将变得非常困难。因此在筛选当地野生植物的时候，要判定在当地哪些植物是竞争力过强的种类，哪些植物是栽培条件下生长势过强的植物种类。不应选择这两种类型的野生花卉。推荐使用乡土草本构建花卉混播，需要根据场地情况和景观要求，决定选择野生花卉的种类和比例。选择应用那些在当地生长良好的栽培品种和野生植物，既包括乡土植物，也包括生长很好的栽培花卉，通过合理设计，达到要求的景观效果和生态服务功能。对于大面积的花卉混播而言，易于购买种子的栽培花卉是花卉混播构建的主体。使用栽培品种时，也要提前分析这些栽培植物在当地是否为入侵植物，是否会给原生植被带来破坏和侵占。

图1–12　内蒙古乌兰布统草原初夏景观（2012年7月初摄）

中国是世界上草原资源最丰富的国家之一。草原总面积将近4亿hm^2，占全国土地总面积的40%。北方内蒙古草原是世界上最大的草原，属于干草草原（step meadow）。除内蒙古的干草草原外，还有新疆、青藏高原和其他的高山和亚高山草原。

1.4.1　内蒙古草原

内蒙古草原位于欧亚大草原的东部，多年生、旱生、丛生的禾草植物占据优势成分（图1–12）。草原随着降雨量的不同，分布着针茅属（*Stipa*）的不同植物，因此内蒙古草原也称为Steppe，意思是针茅草原。东起呼伦贝尔大兴安岭西麓林缘草甸，西至甘肃河西走廊北端马鬃山，绵延几千公里。由六大草原组成，自东向西分别是：野花繁多的呼伦贝尔草原、科尔沁草原、植被保护最好的锡林郭勒草原、宽广的乌兰察布草原、鄂尔多斯半荒漠草原和阿拉善的荒漠草原。草原的类型主要有草甸草原、典型草原、干旱草原、荒漠草原和森林草原。

呼伦贝尔草原属于温带半干旱地区草原，植物种类非常丰富。大量分布着羊草、冷蒿、葱类等植物，形成了漂亮的草原植物景观。野百合、野罂粟、麻花头、鸢尾、黄花菜等植物随着温度的升高次第开放，不同颜色、不同形态的花卉形成花的海洋，这些缤纷的鲜花和绿草构成了美丽的五花草塘。内蒙古草原的夏季炎热短暂，9月秋季霜后，草原短暂的生长季结束，进入冬季休眠状态。以呼伦贝尔为代表的内蒙古草原，是中国保存较完好的草原，有“牧草王国”之称。自然草甸也出现在森林和碎石地的边界等湿润地区，莎草科植物中夹杂着蕨类和野花，这些林缘地区的草甸还有可能重新演化成森林。

1.4.2 新疆草原

新疆草原北起阿尔泰山和准噶尔界山，南至昆仑山与阿尔金山之间，面积约占全国草原总面积的22%。由于距离海洋十分遥远，周围高山环耸，海洋气流难以到达，因而干燥少雨。牧草种类有羊茅、狐茅、鸭茅、苔草、光雀麦、车轴草等。4月底，伊犁草原开满大量的早春野生花卉，形成令人震撼的花海。此后从5月到6月底，不同的野花陆续开放，在不同时期形成各具特色的花海，有些地方就此开发旅游，称为“山花节”。

1.4.3 青藏高原地区草原

位于中国西南部，北至昆仑山和祁连山，南至喜马拉雅山，西接帕米尔高原，包括青海、西藏两省区的全部和甘肃的西南部，以及四川和云南两省的西北部等，面积约占全国草原总面积的32%。世界最高、最大，且以“世界屋脊”著称的青藏高原地区草原区，是世界上独一无二的高原草原区。这一地区既有干旱草原，也有湿地草原，红军长征走过的若尔盖草原就在这个区域内。湿地草原植物的高度通常比一般草甸更高，植被种类也更丰富。因野花成片，也有不同的旅游开发，如若尔盖的“花湖”。湿地草原花湖，是设计师学习借鉴如何在湿润地域构建混播景观的源泉。虽然青藏高原纬度不高，但由于海拔高，这一地区的草原植物生长季短，严寒的冬季后是短暂的春季和炎热的夏季，因此夏季和秋季的开花植物丰富，可形成最绚丽的斑斓色彩。

1.4.4 高山和亚高山草甸

除青藏高原外，我国还有很多高山草甸和亚高山草甸，包括长白山、太行山、秦岭等。在高山和亚高山草甸上，生长季里草甸中往往是一层层草加上一层层野花，可以从春季一直开到秋季。在高山和亚高山上，没有草甸是常绿的，即便是冷季型草到了寒冷的秋冬季也变成了铜黄色。高山上全年都可能下雨，冬季被大雪覆盖直到晚春，因此高山草甸的植物生长季较短。由于高山上风速大、紫外线强烈、昼夜温差大、春季和秋季温度变化剧烈，故高山植物常具有很强的抗性。很多高山草甸已开发旅游，著名的有长白山的“高山花园”（图1-13、图1-14）、太行山的“空中花园”、百花山等。

除草原和高山草原外，中国的沿海有大面积的滩涂，滩涂上生长着的耐盐碱植物，在不同季节可形成不同的景观。有大面积的芦苇，也有一望无际的红色碱蓬（*Suaeda glauca*）。碱蓬是一年生草本植物，生长于海滨、湖边和荒漠低处的盐碱地。如辽河三角洲有20多万亩的碱蓬，生长在淤泥里，秋季来临时叶色火红，好似为滩涂铺上了一层“红地毯”。

图1-13　长白山的高山花海远景（2012年7月上旬摄）

图1-14　长白山的高山花海近景（2012年7月上旬摄）

遗憾的是，由于过度开发和经济发展带来的人为破坏，很多乡土草原和高山草甸仅保留在我们的记忆里，是重新了解自然遗产的时候了，让我们重新审视美丽的草原，了解它的魅力，学习它的美，一起建造繁花似锦的混播草地，给城市和人类自己一个回归自然的机会。

草原以其宏观统一、细节丰富细腻、随时间变化丰富的特点，给自然式设计提供了近乎完美的模式。在过去的半个多世纪里，草原的植物结构和景观美，是很多不同流派自然式设计的灵感来源。自然式设计中，无论新美式花园（New American Garden）、新多年生运动（New Perennial Movement），还是德国的多年生混合种植（mixed perennial planting），都吸收了草原植物群落的植物构成和景观表现。尤其是草原植物形成的季节性景观，对设计富有季节性特色的草本植物群落有很大影响。

草原的群落结构是花卉混播群落结构的原型。在中国乃至全球，草原植物群落的形成，是当地气候、土壤、水分条件和扰动的频率与方式共同作用的结果。

草原群落往往比森林群落的物种数量多，虽然草原群落的高度远低于森林植物群落，但是草原植物群落也有着丰富的垂直结构，看起来植被简单的草原，是由多层植物构成的。不仅地上成层性明显，地下部分根系也分布在不同的层面。我们要学习草原的群落结构，并从不同类型的草原群落中提炼和衍生出一系列具体的花卉混播群落结构模式，创造出有情感共鸣的植物景观。为便于设计师学习草原植物群落结构，可将草原植物群落按垂直结构分为功能层、结构层、主题层、动态填充层等。

花卉混播不仅应向草原植被结构学习，还应从林下植被、林缘植被中吸取自然设计的灵感，了解不同地区自然草本群落的基本模式（植物组成、层次结构等）和动态变化，分析不同群落结构的形成原因，可为不同地区花卉混播筛选和配置植物提供一定参考，但切忌在缺乏研究的基础上简单地照搬或复制，易导致设计的失败。

2　植物的选择与配置

选择和配置植物是花卉混播设计成功与否的关键。成功的花卉混播设计要达到群落结构稳定、景观优美、能为小动物和昆虫提供栖息地、可持续多年观赏的要求。花卉混播通过确定混播群落结构、筛选植物、设计不同种子用量，形成宏观效果可控、细节自由的种植设计形式，达到人工构建兼具生态服务功能和景观效果的自然美景的目的。花卉混播可以设计成色彩缤纷、富于变化的拟“五花草塘”效果，也可以设计成以禾草的绿色为主、零散的小花点缀其中的草地效果。

筛选植物的核心问题是植物的持久性。筛选植物的重点不仅仅是植物的观赏性状，更重要的是植物的功能性和是否长寿，配置混播群落植物需要选择竞争力相似的植物组合在一起。混播群落中植物高密度生长，使植株或株丛小于单独栽植。混播群落建植后，随着时间的变化，群落的结构和植物种类数量都在发生着复杂的变化，这种变化是在设计的基础上，群落中植物对自然的响应。

设计花卉混播首先要了解当地植物群落的类型和结构。因地域、气候、土壤和植被类型的不同，不同地区混播的适用植物也不同。从场地的原生植被类型可以推测场地的适用植物范围。商业公司出售的混播组合适用范围较大，但因经营者和设计者的从众心理，以及缺少基础实验和研究，导致互相抄袭，使少量花卉品种成为商业上花海和混播的常用植物。例如，波斯菊、百日草、硫华菊、蛇目菊、马鞭草大量而长久地在混播和花海中使用，导致混播和花海被误解为仅仅是这类植物的混合和复制。使人们错误地认为混播和花海营建十分简单，不过是波斯菊、百日草、蛇目菊、硫华菊等常见花卉的单播和混合。实验研究的结果表明，波斯菊、百日草、蛇目菊、硫华菊等因一直快速生长，长势过强，影响其他植物的生长，不适合在花卉混播中大量应用，更适合单播或组成不同花色的色带（图2–1 ~ 图2–4）。

图2-1 波斯菊花海（日本京都植物园，2007年10月摄）

图2-2 波斯菊＋硫华菊＋百日草（图片来源：北林科技）

图2–3　硫华菊（图片来源：北林科技）

图2–4　百日草（图片来源：北林科技）

模仿和照搬限制了花海与混播的发展，降低了花卉混播的应用范围。在景观农业和景观旅游需求极大的情况下，这几种主打植物构成的花海景观在中国遍地开花，从南到北，从东到西，幅员辽阔。在气候和植被有天壤之别的不同地点，花海景色雷同。波斯菊、硫华菊、蛇目菊、百日草、孔雀草、醉蝶花等不超过15种的一、二年生花卉，以及柳叶马鞭草、蜀葵、鼠尾草、木茼蒿、黑心菊、金光菊等不超过10种的宿根花卉，构成了从海南到新疆的几万个花海。如此大规模复制的结果，将会导致人们对花海景观的审美疲劳，最后使花海景观遭遇断崖式衰退。适用于花海和花卉混播的大量植物和植物组合，因缺少宣传、应用展示和种源供应，使得设计者和使用者不能或不敢应用，这也是导致花海和混播反复复制的原因之一。

从可持续性出发，设计观赏性高的植物群落、实现不同生态服务功能是现代植物设计者的共识。花卉种植设计从最初的装饰作用，发展到有生态效益的装饰性种植，经历了人们对自然、植物和人类社会自身需求认识和了解的过程。现代植物设计从植物选配原则到筛选方法都不同于过去只满足美观的要求，现代植物种植设计更多兼顾生态服务功能和美观性。

2.1　花卉混播植物设计原则

特色鲜明的花卉混播和花海景观才具有吸引力和生命力。不同地点的花海旅游，应根据当地的植被和气候特点选择植物进行设计，从而形成特色景观，才能使花海旅游达到长期和良性发展。选择与配置植物不仅要注重植物的观赏特征，还应考虑植物在不同季节的生长速率和生态习性，结合混播群落整体高度，以生态位为核心，科学配置混播花卉的种类和数量，才能形成特色突出、景色鲜明、让人难以忘怀的花海景观。

设计花海和混播景观，需要遵从“结构第一”“生长速率交错”“长花期、多花色”和“高密度、多类型”4个基本原则，混播群落才能实现结构稳定、持续多年、节约人工、有利于小动物和昆虫、景观近自然并具有特色。

2.1.1　结构第一原则

从群落的结构层次出发，筛选植物。不论是设计多年生花卉混播，还是设计一、二年生的花卉混播，最重要的是从混播后植物形成的群落结构开始设计。根据群落的高度，确定群落主要分层。群落分层没有硬性规定，根据群落的高度和群落结构的变化，四季分明地区的多年生花卉混播结构可分为3～6层，有些一、二年生花卉构成的花海群落结构只有1～2层。设计花卉混播时，可根据不同的立地条件和景观要求，以当地自然草本植物群落为参考，设计单层、二层、二层以上复层结构的群落。

按群落结构设计，筛选开花时植株高度不同的植物构成群落。在花卉混播群落中，最早开花的植物位于群落的底层。随着植物的不断生长，开花晚的植物位于群落的上层。必须注意的是，群落分层指的不是花葶的高度，而是植株冠幅的高度。首先筛选群落底层的植物。

混播中最受欢迎的植物是基生叶丛、抽出花葶开花的植物。这类植物在多种植物混合在一起的群落中，植株不占群落的上层空间，开花效果明显。冠幅不影响后续开花植物的生长，花后期，花朵枯萎，花葶被后续开花的植物遮挡，不影响整个群落的观赏，也无须人工管理花后不良景观，如蹄叶橐吾（*Ligularia fischeri*）在桦木沟林场山坡上形成的景观（图2–5）。橐吾花后期被快速生长的其他植物所覆盖，因此坝上草原的旅游词中有“草原上7天换一批花”的说法。还有小花葱和中国石竹，在混播中也有相同的表现。

图2–5　橐吾和唐松草花后期将被其他植物所覆盖（乌兰布统，2012年摄）

（1）群落底层植物（功能层）

底层植物的特点是早花、春季快速生长、花后期休眠或耐阴。底层植物最早开花。底层植物应具备早春快速生长或前一年秋季快速生长的特点，如二年生植物黄堇（图2-6），以及其他如秋季具有旺盛生长特点的多年生植物，或早春开花的球根植物。在底层植物生长过程中，耐阴性也会随着其他植物的生长而变化。春季和初夏，这一层植物喜阳，花后期其他植物生长覆盖此层之上，这层植物部分或完全被其他植物遮挡住阳光，从而进入休眠。不休眠的植物在夏季和秋季耐阴，如二年生植物黄堇，花后期逐渐消失，除非采取帮助种子回落土壤的方法，否则二年生植物将从群落中消失。

图2-6　二年生植物黄堇，北京早春3月中旬开花（黄堇+萱草，实验地）

底层植物的喜光性在一年中存在变化。底层植物对光的需求：春季和初夏喜阳，夏季耐阴或喜阴，夏季结实后，地上保留生长停滞的叶片或地上部分消失。

实际上，不仅底层植物，其他草本植物的喜光性在生长发育的不同时期，也存在变化。笼统地将花卉划分为喜阳和耐阴植物，说明对花卉发育过程了解不够充分。草本植物尤其是宿根草本植物，在幼苗期、成苗期、花期、果期的喜光性是不同的。对木本植物生活史过程中的喜光性变化研究较多（如油松生活史不同阶段对光的需求不同），而对草本植物发育不同阶段光需求的研究尚且不够充分，简单划分喜阳耐阴并不科学。

底层植物的来源：原产于草原早春开花的植物，或落叶阔叶林展叶前，林下早春开花的多年生短生季植物，这类植物或是这类植物的栽培品种，是底层植物的主要来源。因植物原产地不同，在混播中，底层植物的生态适应对策也不同。

底层植物中二年生植物和球根植物开花艳丽，但多年生植物多数开花不艳丽，缺少对育种者的吸引力，因此底层植物中多年生花卉的栽培品种不丰富，种子不易大规模获得。

底层植物种类存在一定的变化。在生长季的不同时期，夏秋季开花的植物，春季生长的基生叶很长时间也是位于底层，构成底层植被的一部分。还有些底层植物，夏末地上部分休眠，夏季后植株从底层植被中消失。

底层植物能防止其他植物入侵，抑制杂草的生长，因此也称为功能层或地被层（essential layers/ground cover layer）。在自然草原群落中，很多底层植物有匍匐茎或横走茎，能快速地在较高植物周围生长，并填补它们所能找到的任何缝隙。但在中小规模的混播中，不建议使用这类有匍匐茎或横走茎的植物，因为它们蔓延过快，容易在栽培条件下使混播变成单一植物群落。底层植物不仅可形成春季的繁花，还具有覆盖地表、防止杂草和其他植物入侵的作用。

（2）群落顶层植物

顶层植物的特点是晚花，植株春夏季耐阴且生长缓慢，有些种类在春夏季只长基生叶，没有明显的高生长。夏末快速生长，长出地上茎，冠幅突破中层，跃居群落顶层。顶层植物是群落中最高的植物，也是最晚开花的植物。

顶层植物决定混播群落夏秋季的外观。大部分植物应具备茎秆粗壮和绿期长的特点，多数顶层植物是植物群落的骨架植物，具有强竞争力。很多顶层植物是花被片不明显，即花朵不明显的植物，如禾本科植物。顶层可选择的植物种类不丰富，但其决定了混播的秋季观赏效果和冬季的群落外观，因此在筛选植物时特别重要。

顶层植物来源：原产草原和林缘秋季开花的植物是顶层植物的主要来源，包括竞争力不是特别强的禾本科和菊科植物。若选择菊科和禾本科中竞争力强的植物，应注意所选品种的生长速率和无性分株能力。如从早春就快速生长且无性分株能力强的高山紫菀，不要选择在混播中使用，否则其他植物很难与之竞争，群落将失去大部分植物，从而成为这类植物的单一群落（图2–7、图2–8）。

顶层植物随季节而变化，夏季和秋季群落的顶层植物不同。相比于其他层植物，顶层植物决定了群落从夏末到秋季和冬季的景观，选择适当可延长群落的观景期。

图2-7 秋播的4个不同组合的混播群落，其中1个组合混有高山紫菀（实验地，2009年6月摄）

图2-8 4个不同组合的混播群落3年后成为高山紫菀单一群落（实验地，2012年9月摄）

顶层植物决定群落的外形，因此也被称为结构层（structural layer）。顶层植物外形整齐、绿期长、具有良好的可控性，顶层植物的茎秆基部应具备叶片少的特点，可为低矮的植物保留生长空间。

（3）中间层植物

根据植物群落的高度，中间层可由一层或多层不同花期和不同高度的植物构成。中间层植物的快速生长期从春末到夏季，在底层植物花后期，中间层植物快速生长，覆盖底层植物。中间层植物是混播群落色彩变化的主体，开花后，它们与其他绿色植物融为一体。中间层植物种类丰富，很多原产草原的栽培花卉都是这一层的植物。这类植物在草原上大量出现，所以当它们开花或结果时，就是草原上每年几次的颜色波动期。中间层植物此起彼伏的变化，使混播群落在多样性中显现出清晰的秩序感，此层也可称为季节变化层（seasonal theme layer）。中间层植物高度因随时间变化快，可以依据植物开花时的高度细分为不同的亚层。

（4）透明层植物

这类植物的特点是基生叶，开花时长出高高的花葶，花葶远高于群落的冠幅，因此花朵仿佛开在空气中。这类植物突出的花朵结构和明亮的颜色成为花卉混播群落的焦点植物，如春季的大花葱、独尾草等（图2-9）。

设计高耸出群落顶层的不和谐植物，如草原植被中的华北大黄等（图2-10），利用这种不和谐，设计成视觉的焦点，增加冲突感，避免乏味单调，可以使群落在景观上更富有表现力。

从混播群落的结构要求出发，筛选花海和混播组合需要的植物。每种植物花期过后，群落中其他花卉迅速生长，很快覆盖开过花的植物，花后的不良景观也就消失在群落生机勃勃的变化里。根据群落的结构筛选不同层植物，应以栖息地相近为原则，如果植物的种植条件与野生种（原种）生境相似，构成的植物群落将会稳定。同一层植物也可以来自不同的生境，如底层植物可以来自草原和林下，栽培条件下能在群落的同一层中相伴生长。同样原因，条件适宜的同一层植物也可来自不同的气候区。

花卉混播群落结构的层数可视实际需求设计。群落结构和分层数应参照当地的植被和效果要求确定，如降雨充沛、四季分明、生长季长时，可设计复层群落

图2-9　混播群落中大花葱和独尾草的浮现效果（实验地）

图2-10　草原春季华北大黄高耸的花序（乌兰布统，2012年摄）

结构。复层结构选用的植物种类多、观赏期长，群落易于达到缤纷的色彩变化。在过于干旱或水湿的情况下，群落的层数可以减少为两层或单层。课题组大部分的实验在北京完成，群落建成后，无须额外给水，设计的复层群落结构可以达到良好的景观效果。

花卉混播群落结构的层数在不同季节存在着动态变化。分层设计是时间在群落外观和结构中变化的体现。群落上层开花后，另一层快速生长，覆盖了原有层，成为顶层。春季混播群落结构层次简单，如早春只有一层。夏季比春季层次丰富，可以达到2～3层，最复杂的结构呈现在秋季，群落的最顶层开花或结实，由菊科、唇形科、高大禾草类等形成秋季景观（图2–11）。分层设计中，也可以在不同季节里出现高大植物突破顶层的情况，如夏季的华北大黄、酸模叶蓼，形成戏剧性的突出，成为景观的焦点。在时间的作用下，群落分层形成了连贯的群落动态变化，这种变化为混播群落中的其他物种提供了稳定的栖息地、养分和遮荫环境。

图2–11　秋季的小红菊和禾草群落（河北省张北县，2016年摄）

以花期和花色为首要筛选条件设计植物混播群落，配置出的群落外观不够整齐（图2–12），花后期不良表现明显。以花期、花色为主的设计常见于很多花海旅游的应用中，这一阶段需要人工收割或者去除不良景观。也有些学者认为，以单播的花期和高度，完全可以知道混播后的群落效果，对于一、二年生花卉混播可以做初步推测，对于多年生花卉的混播，则无法根据单播的情况推测混播后群落的结构和效果。以花期和花色为主的设计，也是以这种推测为基础，课题组早期的设计也基于花期和花色，同时兼顾高度，但是设计后的结果是群落色彩变化没有问题，但外观的一致性不够。只有结构第一、分层设计，播种后的花卉混播群落才能达到外观整齐且富于节律性变化（图2–13、图2–14）。分层设计，单位面积上植物的密度高，种类丰富，环境胁迫出现时，群落整体的反应更有弹性，即植物群落更稳定。

图2–12　花期、花色配置的植物混播群落，外观结构整齐度不高（实验地，2009年摄）

图2-13 按结构配置的多年生混播植物群落第三年春季（实验地，2015年5月摄）

图2-14 从结构出发配置的一年生花卉混播群落（实验地，2015年8月摄）

2.1.2 生长速率交错原则

花卉混播不同层的植物，快速生长时期不同。处于群落底层的，应是春季早开花的植物，同时还要具备早春快速生长的特点。这类植物早春快速生长，在其他植物没有达到它们的高度时开花，花后生长速度减缓，逐渐停滞。群落最顶层的植物，不仅开花晚，而且苗期生长缓慢且耐阴，能在群落下层弱光的环境下生存，夏季后期迅速生长，跃居群落顶层。植物具备春夏季生长缓慢且耐阴的特点，才能保证春夏季它们在群落底层中生长良好。夏末开始快速生长，突破原有的群落上层，成为最顶层，并开花。设计混播群落时，第二条原则是了解配置植物的生长速率，了解不同植物的生长习性，将快速生长期不同的植物配置在一起，并为快速生长在夏末的秋季开花植物预留生长空间。

从春季到秋季一直保持快速生长的植物，不适合选为混播植物，因为这类植物一直快速生长，始终占据混播群落的顶层，从而影响了其他植物对光的需求，导致其他植物生长不良，使群落不能保持多样性。如一、二年生花卉混播中不提倡大量使用百日草、波斯菊，就是因为它们能够一直保持快速生长，而影响了其他植物，群落结构失去了随季节发生节律性变化的特性。如多年生植物高山紫菀，混播的第一年萌发，秋季开花，效果良好。但从第二年开始，从春季到秋季开花前一直快速生长，占据群落的最顶层，而且产生大量的无性小株，进而形成大株丛，到第四年，在20多种花卉混播的群落中，成了只有高山紫菀一种植物的群落。一直保持快速生长的多年生植物是“自私”的，不给其他植物空间，很难和其他植物一起在群落中生长，不适合在花卉混播中使用。

从春到秋，群落层次和结构处于不断的动态变化中，混播群落中的不同植物，因时间和生长速率不同，此消彼长，次第变化，形成四时各异的景观，体现了花卉混播近自然的特色。

2.1.3 长花期、多花色原则

花期与混播及花海的观赏效果关系最密切。混播群落和花海中应筛选长花期的植物，每个季节主色植物的花期应在30天上，才能保证不同时期花海和混播的景观效果。这也是花卉混播采用大量栽培花卉的原因。以栽培花卉为主体构成的混播群落，花期长于自然的草甸群落。与栽培花卉相比，野生花卉的花期短，草原的自然群落中野生花卉群体观赏期在7天左右，考虑到观赏效果及花粉和蜜源的持续性，花卉混播不建议完全使用野生花卉。如不是以观赏为目的，而是以生态修复为目的的混播，可以完全使用本地野生花卉。

花色的配置应遵循色彩配置理论。通常花卉混播中同时开花的植物应在3种以上，设计同时开花但花色、花朵类型不同的植物的比例是混播颜色设计的关键。焦点植物的花色应明亮突出，且花型显著，虽然用量少，但却是花卉混播群落的视觉焦点，如大花葱、独尾草、大阿米芹（图2-15）、独活、河北大黄等。即使在同一时期，混播中只有一种颜色的花，也应尽可能选择不同种类、花朵形态不同的同色花卉，才能避免花海的单调和乏味。

图2-15　一年生花卉混播组合的夏季景观（实验地，2015年摄）

常用的配色方法有两种：近似色组合配色和对比色组合配色。

近似色组合配色方法：主色+近似色1+近似色2、主色＋近似色+调和色（白色、灰色、金银色）。此种配色方案色调的相对接近（图2-16、图2-17）与近似色的植物花型、株型不同。不同花色的亮度和花型不同，植物在群落中的比例不同，相似色要避免等比例出现。

对比色组合配色方法：主色＋近似色＋少量的对比色、主色＋调和色（白色、灰色、金银色）＋对比色（图2-18～图2-20）。采用对比色时，需要突出的颜色，其用种量要少。对比度过大时，需要使用调和色作为过渡，防止产生过于刺激的色彩感受。

花卉混播群落配色可以很自由，如配置成各种色彩混合的缤纷色，不考虑用量和比例，完全自然呈现。在某一时期也可以完全是一种植物的单色。单色方案

图2-16 不同植物紫色的近似色表现的混播组合效果（实验地，2015年春季摄）

图2-17　蓝紫色配置的混播组合效果（实验地,2016年摄）

图2-18　对比色的混播组合（比利时植物园，2015年6月摄）

图2-19　以对比色为主的南美植物混播组合展示（布拉格植物园，2018年9月摄）

图2-20　蓝色背景中突出的紫色（实验地，2016年摄）

是确保成功的最简单配色方案，但是单色应尽量避免单调，可以辅助以协调色，如白色、灰色等（图2–21、图2–22）。单色配色方案在不同季节需要从一个单色巧妙地过渡到另一个单色。使用单色时，更加突出了花朵的特性和植株的形态。

春季和夏末，随着植物花期的变化，混播群落会出现2～3个色彩表现高峰期。此时大量植物开花，形成令人震撼的景观效果。其他时间也有不同植物陆续开花，构成混播群落四季不同的景色（图2–23～图2–25）。

花卉混播中植物的叶色是群落的背景色，叶色也随季节发生改变。早春很多植物的新叶呈嫩绿色、红色和紫色，随着生长颜色会慢慢变成简单的绿色，从而成为群落上层花色的背景。秋季一些叶色变黄、变褐，还有些成为灰白色（图2–26）。色彩设计时也应将叶色的美和变化考虑在内，不同的季节表现最美的叶色。

混播群落中的色彩不是静态的，花色随季节变化，也随着每天的光影不断变化，创造出不同的色调。合理设计即使是小投入，也会形成感动人的视觉效果。不同植物的形态、高低、花色、叶色可带给人们不同的感受，这些丰富的色彩和质感的变化，如画笔一般，经过设计师的设计可创造出美丽的景观（图2–27）。

图2–21 大面积混播Ⅰ（柏林植物园，2017年摄）

图2-22 大面积混播Ⅱ（柏林植物园，2017年摄）

图2-23 多年生混播群落景观的连续变化（春季）（5月实验地）

图2-24 多年生混播群落景观的连续变化（初夏）（6月实验地，与图2-21为同一群落）

图2-25 多年生混播群落景观的连续变化（盛夏）（7月实验地，与图2-21为同一群落）

图2-26 混播群落秋季景观（实验地，2016年摄）

图2-27 一年生混播群落夏末景观（实验地，2016年摄）

花朵色彩缤纷但花期有限，因此混播群落的外貌是以叶色为基调和背景的。绘画中的颜色是直接可调的，而在混播群落中，颜色的变化是通过选择不同花色和花期的植物来达到的。直接根据花期、花色来筛选植物，配置混播组合，得到的混播群落外观结构不整齐，易导致混播失败。与花园中成功的植物群落设计一样，混播群落是否美观也取决于群落的基本结构和骨架植物，色彩和色彩的影响是季节性的亮点。

2.1.4　高密度、多类型原则

花卉混播是模拟由大量植物构成的自然草甸而构建的景观。高密度和多类型植物共同构成的群落稳定性高。课题组调查了北京周边乌兰布统草原、百花山、小五台的亚高山自然草甸，野花繁茂，景观优美。在草甸和亚高山草甸上，平均每平方米分布着16～28种不同科属的植物，植株数量可达180～250株/m^2。草甸植物种类丰富多样，植被密度远高于栽植的植物群落。播种建立的花卉混播群落，植物的密度也高于栽植的地被和花境等人工植被，通常第一年的群落植物密度为150～200株/m^2。建植2～3年后，经过群落内部竞争和植物的营养繁殖，混播群落球根、宿根植物的密度维持在50～120株/m^2。花卉混播群落的植物种类也存在一定变化，一、二年生植物逐渐消失，多年生植物保持在15～25种。混播群落建植4～5年后，随着短寿多年生植物消失，植物种类有所减少，但外来植物的入侵还会使得植物种类小幅提升，如何利用自生植物变杂草为景观也是混播组合研究的一个方面。

多类型不仅是植物种类的多样，还包括植物快速生长时期多样及不同的花期、分枝方式、高度等。随时间的变化，混播群落中不同植物此消彼长，形成丰富的景观变化。多样性的变化使混播群落具有年年岁岁花不同的景观。

在花卉混播群落中，主要观赏期应至少有3种以上高度相近的植物同时开花，花色和花形相近或存在对比，才能达到绚丽的效果。每个季节的混播群落中，每一结构层开花时，如焦点植物、骨架植物和填充植物等不同类型的植物需要同时存在。

在花海和混播中，焦点植物开花时是群落中的明星，能让人眼前一亮，如春季球根和草花混播中的大花葱、波斯贝母‘紫铃’‘绿铃’、独尾草，一、二年生混播中的“大阿米芹”，都属于焦点植物。焦点植物的特点是，花朵颜色夺目或者花型特别，能够从不同色彩的花朵中跳出，迅速吸引人的注意力。焦点植物在混播群落中用量不多，大量的背景植物以绿色或密集小花陪衬。

骨架植物决定混播群落的结构。混播中不同层次植物的选择应先从骨架植物的确定开始。骨架植物在花海和混播中，如同人的骨骼系统一样，决定了群落的结构肌理。骨架植物分枝坚挺、株型清晰，如蓝刺头、扁叶刺芹、松果菊等植物，应具有绿期长、株型挺拔、花后整洁的特点。不同季节的骨架植物可能不同，春季为石竹等，夏季为松果菊、蓝刺头、扁叶刺芹、黑心菊、鸢尾等，秋季观赏草、荷兰菊也加入成为群落的骨架植物。骨架植物和树冠一样，其基部叶子小或少，低矮的底层植物可以生长在它们的下方。在中等面积的混播群落中，选择2～3种不同季节开花的骨架植物比较适合，可根据设计的风格增加种类。可选相似度高的植物，如同种不同色的品种或同一属不同种的植物。骨架植物在混播群落中用量居中，合理用量使结构层更加清晰。

同种不同花色的植物，具有相同的叶子和质感，是理想的骨架植物。它们很微妙地在简单性中加入了复杂性和多样性，在同一个季节，差别太大的骨架植物配置在一起会使群落外观凌乱，但过于单一的骨架植物又会使景观单调。

填充植物由很多不同类型的植物组成，在群落中的作用是能弥补花后期景观不良的缺陷，填补各种空间，还能捕捉阳光的运动。填充植物可以是尚未开花的处于营养生长期的植物，也可以是一些开出分散小花的植物。底层春季花期后，填充植物迅速生长，可覆盖花后期的不良景观。填充植物通常植株高度在50～70cm以下，提供花海或花卉混播细腻的绿色外观，花朵不大，但是植株分枝多，或者花葶分枝多，适合填充空间，如小花葱（图2–28）、蓝亚麻（图2–29）、丝石竹、耧斗菜等。

设计花卉混播从结构第一的原则出发，依据混播和花海的群落结构，首先确定群落分层，按不同的高度、生长速率筛选不同层的植物，协调花期和色彩，高密度、多类型地配置不同植物，才能达到预期的景观效果。植物在混播群落中所处的生态位不同，在景观中的作用也不同。

图2–28 多年生混播组合中的小花葱（实验地，2015年摄）

图2–29 混播构建的雨水沟中的蓝亚麻（实验地，2015年摄）

2.2 混播植物选择

花卉混播建植的草本植物群落由不同高度的植物构成。按建成群落设计的垂直方向上按植株高度不同，可以把群落分为不同的层。在混播群落中，不仅地上部分不同类型植株占据不同层，群落地下根系部分也分布在土壤的不同深度，地下部分根系的分布比地上部分还要密集。群落中的成层分化主要取决于植物不同生长阶段在空中占据的高度。

植物的生活型（life form）是植物对其生态环境长期适应而具有的一定的形态外貌、结构和习性。按植物休眠芽的位置不同可分为高位芽植物、地上芽植物、地面芽植物、地下芽植物和一年生植物。一年生植物在一个生长季内开花、结果、死亡，以种子度过不良环境。二年生植物多属于地面芽植物，越冬时芽位于地表。多年生植物情况比较复杂，根据越冬时芽的位置，分别属于地面芽、地下芽植物，常绿多年生植物常为地上芽植物。

混播和花海中使用最多、见效最快的是一、二年生花卉，因一、二年生花卉播种后花期长、花量大、景观效果最好；多年生花卉构成的混播群落可多年持续，但见效慢，播种后第二、第三年才获得良好稳定的景观效果，但多年生的混播组合和花海可持续10年以上，且具有良好的生态效益，是小动物和昆虫稳定的栖息地和蜜粉源。

为获得自然式的景观，混播组合和花海也可混入不同比例的禾本科、莎草科植物。禾草类植物在混播中可作为填充植物。密集生长的丛生状禾草类植物能抑制混播中杂草的生长，夏秋季为花海和混播景观提供富有野趣的观赏效果（图2-30、图2-31）。

多年生植物构成的花海和混播群落随着季节性交替可呈现丰富的景观变化。混播群落外观季相变化显著，是由快速生长、发育分布于不同时期的植物，形成明显的层次结构，使混播群落在不同季节和不同年份具有不同的景观效果。

2.2.1 一年生花卉

植物的生命周期是复杂的。人们为了应用植物，将其复杂的生命周期简单划

图2-30 有禾草加入的大面积混播景观Ⅰ（柏林植物园，2017年摄）

图2-31 有禾草加入的大面积混播景观Ⅱ（柏林植物园，2017年摄）

分为一、二年生和多年生。温暖地区存在一年生植物生命周期达一年以上的情况，也有些南方的多年生花卉，在北方只能作为一年生植物使用，需每年播种，如柳叶马鞭草等。还有些多年生植物，寿命并不长，播种后第三年或第四年就消亡了。

一年生花卉的特点是花期长、开花整齐，构建混播和花海景观时，见效快、色彩浓烈、视觉冲击力强，故设计灵活，容易把握。早花种类播种45～65天开花，可迅速形成景观效果，如早花油菜，45天即可开花，形成黄色花海。经济方面，一年生花卉的种子价格低，播种成本低，但是每年的重新播种和杂草管理人工费用高，长期使用总体成本不如宿根花卉优势强。

（1）设计要点

群落结构越复杂，植物多样性越丰富，混播群落整体花期时间越长。一年生混播群落，设计层数越多，观赏期越长。如混播群落少于两层将不能达到3个季节持续有花的效果，不能形成类似五花草甸般的自然景观。一年生混播目前常见的群落结构为单层（图2–32）或两层，仅能维持2～3个月的花期。

图2–32 大面积的薰衣草、柳叶马鞭草花海（甘肃金昌，2016年摄）

（2）播种到开花

一年生植物发芽快，最快可播种后一个半月开花。配置合理、管理措施得当的一年生花卉混播组合花期可以从初夏延长到深秋，能形成2～3个繁花似锦的主要景观阶段。一年生花卉混播群落在主要景观阶段以外的时期，应保持绿色和有少量花。

（3）植物筛选

在混播植物配置4项基本原则的基础上，确定植物不同发育时期在混播群落中的位置，按照满足结构第一原则的要求来筛选植物。在一年生花卉混播的植物配置中，形成良好景观效果的一年生花卉混播群落应包括以下几类植物。

1）绿期长的植物

植物生长期决定一年生花卉混播群落的寿命。多数一年生植物，花后枯萎。营养生长期长（即植物从播种到开花的时间长）的植物，保持绿色的时期长，一年生混播群落应筛选绿色期长的一年生花卉，为群落提供绿色背景，如大阿米芹、矢车菊、茼蒿菊、飞鸟草、琉璃苣等。这类植物在混播中的应用比例较高，占植物总用量的40%～60%。

2）早花植物

早花植物决定混播组合观赏的开始时间。一年生花卉最快可以在播种40天后开花，播种后花海和混播很快进入观赏期。当花海中的主要植物进入盛花期时，早花植物进入末花期或果期，被其他植物覆盖，成为群落的底层，无须去除残花。此外，早花油菜、糖芥等植物快速生长后可形成一定的遮荫，为晚花植物幼苗期创造半遮荫环境，免于暴晒和干旱，有利于苗期生长。早花植物在花海和混播中用量的比例不应过高，若不是追求特殊的景观效果，应占植物总用量的30%以内。长花期的早花一年生植物也可单播使用，形成单一花卉的花海，如香雪球等。

3）晚花植物

晚花植物决定混播花海的观赏结束期。花卉混播组合中不仅需要早花植物提早观赏期，也需要晚花植物延长观赏期。选用适合的晚花植物，可以将混播和花海的观赏期延长到深秋季。晚花植物夏季能覆盖群落中的残花枯叶，保持群落的绿色背景，如红花鼠尾草、翠菊、雁来红、千日红等。晚花植物占花卉混播植物总用量的20%～30%。

4）其他

选择观叶、观果植物能增强花卉混播群体的观赏效果和延长观赏期。花后期观果的植物能延长观赏时间，丰富群落结构上的变化。如夏秋季混播中的观赏草，黑种草、大阿米芹等伞形科果实也具有良好的观赏性。

叶片或茎秆结构、形态别具特色的植物，如彩色叶片、蓝绿色叶片、红色茎秆，在混播群落少花时可增强景观效果，如古代稀、蓟罂粟、冰雾藜、彩叶草等。

（4）单播与混播

一年生花卉多数适合在混播组合中应用，但有一部分不适合混播组合。一年生花卉种类丰富、花色变化多，混播后可形成壮观的景观效果。一年生花卉单播与混播中的开花时间和生长速率接近，易从单播判断其在混播群落中的景观效果，设计者容易掌握和应用，但也容易被简单地模仿和抄袭。

不适合在混播组合中使用的植物，是萌发后快速生长、株型过大的一年生花卉，如向日葵、红蓼等。它们可以单播成为常见的花海景观，不适合与其他一年生花卉混播。这些一年生花卉萌发后，生长速率一直快于其他花卉，植株开花前，茎中下部叶片大或者叶片多，且高于其他花卉，导致群落中其他花卉不能获得足够的阳光，不能正常生长、开花，影响混播群落植物的多样性。

目前，百日草、波斯菊、硫华菊、蛇目菊、醉蝶花等在混播中用得比较多，但在混播组合实验中发现它们的竞争力强，少量点缀可以丰富景观效果，但大量使用会使得其他植物生长不良，导致景观效果简单。这类植物具备明显的优势，如即使场地条件差也可生长良好，与杂草有竞争优势，因此不同色系的这类植物形成了花海的主题，也常单独按颜色播种形成色带或色块。这些植物的竞争力相当，选择高度相差不大的不同品种，可混在一起单层混播，可达到比单播花期延长一倍的效果，花后修剪能减少不良景观，还可以形成第二次开花高峰。

单独播种向日葵能形成万亩葵园的壮丽景观，但混播中使用向日葵，则因向日葵从幼苗期就生长十分迅速，会导致周边植物竞争不过，从而生长不良，景观效果不佳。

百日草、波斯菊等植物，也是更适合单独作为色块或色带使用，混播中使用会产生与向日葵类似的结果，但没有向日葵显著。百日草花后期观赏效果不佳，又不容易被其他植物遮盖，因此花卉混播中不适合大量使用。

在北京奥林匹克森林公园中，春季播种百亩向日葵，夏季观赏，夏末清除后，播种百日草、波斯菊等，供秋季观赏，成为其标志性景观。

（5）优点

易建植。一年生植物生长迅速，生长周期短，能在短时间内满足景观需求，因此在花海和混播中使用频率最高。其易设计，种间竞争相对简单，能形成大面积繁花似锦的场景，也易设计成色块、色带、图案，景观具有强大的表现力和震撼力。一年生植物种子萌发率高，在不同地域可灵活应用。每年重新播种的一年生花卉，可以改变不同的设计，满足人们求新求变的需求。

（6）缺点

投资浪费较多。①费工：播种后幼苗期杂草的管控需要大量人工投入，秋季需要全部清除植物残余。②存在无景观期：一年生花卉的花海需要每年更换，更换期和种子萌发前地表裸露无景观。③投入高：需要每年购买种子，每年播种。④相比多年生群落，一年生花卉群落生态效益低。⑤不同地域间容易模仿，难以保持独特性。

（7）土壤条件

喜肥沃的壤土。土壤条件良好，一年生花卉可生长繁茂、花枝丰富、花量大，达到最佳的景观效果。土壤肥力低，一年生花卉植株矮小、花葶分枝少、花量少，达不到良好的观赏效果。

（8）管理要点

杂草管控，尤其是建植初期杂草的控制。杂草管控不好将严重影响一年生植物单播和混播的生长，影响景观效果。

一年生花卉混播，最适合混播应用的是植物冠幅较小或分枝不紧密、呈分散状的，开花时具有明显花葶的一年生花卉。如虞美人、柳穿鱼、莱雅菊、蝴蝶花、黑种草、一年生飞燕草、大阿米芹、矢车菊等，都是适合混播的一年生花卉；而向日葵、百日草、波斯菊、硫华菊、蛇目菊、醉蝶花等适合单播，形成色带和色块，或者这几种植物混合。

2.2.2 二年生花卉

二年生花卉适于在混播群落中应用。二年生花卉属于地面芽植物，通常包括两类：第一类在北方地区既能春播也能秋播，既可以作一年生花卉又可以作二年生花卉，且秋播第二年的花期明显早于春播，如白晶菊、矢车菊、蛇目菊、花菱草等；第二类是在北方地区必须秋播的二年生花卉，翌年春季开花，若春季播种则不能开花，夏季高温死亡，如冰岛虞美人、二月兰、七里黄、黄堇、香花芥、糖芥等。二年生花卉秋季发芽，地上部分长出茎和叶，冬季休眠，地上短缩茎越冬，叶片紧凑，呈莲座状。第二年早春快速生长，早春开花，春末或初夏结实并枯萎死亡。

（1）设计要点

二年生花卉春季开花早，可以提早混播群落的观赏期。单独使用二年生花卉，可设计春季景观混播，设计时主要关注花期顺序和配色即可。与多年生或一年生花卉混合使用，秋季将二年生与多年生花卉同时播种，第二年早春二年生花卉开花后，其他植物陆续开花，形成连续开花的景观效果。与多年生或一年生花卉混播使用时，二年生花卉用量在30%以内。

（2）播种到开花

秋播第二年早春3～5月初开花，花期可持续20～30天。二年生花卉的自播能力强，单播第二年仍有良好的出苗率，但混播时，二年生花卉的种子难以在群落中自播。混播群落中地表生长着大量其他植物的植株，二年生花卉的种子夏季成熟，其他植物的冠幅和叶片阻挡了其成熟落到土壤中，因此第二年群落中二年生植物很少再出现。

（3）植物筛选

二年生花卉大多可作花卉混播植物，它们的存在，可丰富早春景观。二年生花卉大多株型分散，夏季枯死后不影响后续植物的生长。需要注意的是，春季播种不能选用需低温春化的二年生花卉与一年生花卉混播。

（4）单播与混播

单播二年生花卉，如不同色系的冰岛罂粟，可形成春季花海景观。二年生花卉因在秋季和早春生长，它们的生长期是多数植物的休眠期，适合在混播中使用。单播与混播的生长规律相似，可以从单播推及混播的生长和开花时间。二年生花卉可与一年生和多年生植物混合构成长观赏期的花卉混播群落。利用二年生植物早春开花的特性，混合二年生和一年生花卉播种，形成的花海可以形成3个观赏高峰，即早春（二年生）、暮春（一年生早花）和盛夏（多数一年生）。

（5）优点

易建植。丰富春季尤其是早春的景观。二年生花卉的花期集中在春季的3～5月初，花期早于一年生花卉。二年生花卉在天气转暖、土壤解冻后迅速抽薹开花，极大地丰富了花卉混播的早春景观。

（6）缺点

很多二年生花卉须秋播，工程应用中会因工期而错过最佳的秋季播种时间。另外二年生花卉的种类少于一年生和多年生。二年生植物夏季枯萎，单播或只有二年生花卉的组合，需在花后期补种其他花卉。

（7）土壤条件

喜壤土和高肥力土壤。与一年生花卉相同，播种到土壤肥力高的场地，开花量明显增加。土壤肥力低，一年生花卉分枝少，花量小。

（8）管理要点

修剪辅助自播。种子成熟期，修剪群落，保证二年生花卉种子落入土壤，每年自我更新，否则二年生和一年生植物一样，需要每年播种才能维持景观效果。

一、二年生植物生长季结束时，产生大量种子，并快速散布到不同地方，这些散布的植物种子落到具有萌发条件的地点，在适合的季节快速萌发；若散布的地点不适合，种子落入土壤，成为储存在土壤种子库中的种子，可多年保持活力，等待适合的条件生长。一、二年生植物的这种特性在应用时需采取适时修剪等管理措施，才能使其景观效果得以持续。

2.2.3 多年生宿根花卉

多年生宿根花卉是花卉混播中大量应用的植物。设计合理的多年生花卉混播群落可稳定保持10～15年以上。多年生花卉也可与一、二年生花卉混播，弥补多年生花卉播种当年花量不足的缺点。与一、二年生花卉混播相比，多年生植物的混播群落设计难度大、影响因素多。花卉混播群落要达到多年稳定受生物因素和环境因素的影响，且可参考的原生境群落类型和植物生长发育过程资料不足，因此，设计多年生植物混播群落需要更多的研究和实验基础。多年生花卉单播或片植的生长发育状态，与该植物在混播群落中与不同植物竞争的生长发育过程存在差异。不能根据多年生花卉的丛植生长，来判断其在混播群落中的表现。要达到播种后持续多年观赏的目的，需要在理论的指导下反复配比实验，连续多年观测。多年生花卉混播群落的稳定性受气候、土壤等大环境的影响，不同地域间不能直接照搬。

多年生植物是包含不同类型植物的统称。虽然都归为多年生植物，其寿命却差别很大。有的短寿多年生植物仅能持续3～4年，有的多年生植物寿命可达10年以上。从休眠类型上看，冬季休眠的多年生植物居多，但休眠习性与原产地气候密切相关，有些多年生植物是夏季休眠，还有的多年生植物冬季和夏季均休眠，也存在常绿不休眠的种类。

多年生植物的根系越冬方式不同。有的根系仅能生存一年，第二年完全替换成全新的根系，如菊花；有越冬部分根系替换的植物，只有须根或吸收根死亡，如萱草、独尾草；也有些植物越冬根系不死亡，第二年继续生长。

多年生花卉按越冬芽的位置不同，可以分为地面芽、地下芽和地上芽，多年生宿根植物地下芽居多。也可以按冬季宿根花卉的地上部分是否休眠，分为常绿和落叶多年生植物。

常绿多年生植物：地上芽和高位芽植物。冬季温暖地区，植物终年生长不枯叶，地下部分根系正常生长，这类植物原产冬季温暖地区，是四季常绿的多年生植物。但耐寒性强的常绿多年生植物可在寒冷地区露地越冬，冬季被迫休眠枯叶，如美丽月见草、西洋滨菊、山桃草、金鸡菊、常绿萱草和常绿有髯鸢尾等。

落叶多年生植物：地下芽植物。原产冬季气温低于零度的地区。落叶多年生植物在温暖的季节生长开花，入冬地上部分枯死，仅保留地下茎或根部进入休眠状态越冬。原产北方地区的多年生植物大多属于此类，如石竹、菊花、松果菊、黑心菊、蓝刺头等。

多年生植物根据其营养生长期的长度和开花时间，可分为春播当年能开花的多年生植物和春播当年不能开花的多年生植物两种。

春播当年可开花类：营养生长期短，可春季播种。从播种到开花时间少于4个月，播种当年即有观赏效果，但其花量和生长势都不如第二年，如黑心菊、石竹、美丽月见草、天人菊等。

春播当年不能开花类：春季播种第一年要经历漫长的营养生长期，冬季枯萎，第二年甚至第三、第四年才能开花，如松果菊、花葱、假龙头、萱草、鸢尾等。秋播这类植物部分会在第二年夏秋开花，但观赏效果不如第三、第四年，如西洋滨菊、金鸡菊、钓钟柳等秋播可第二年开花，但是萱草、鸢尾等仍需要第三年才能开花。

短生季多年生植物（早春短命植物）。原产地适应春季落叶阔叶林发芽前，林下光照充足的环境，或草原早春开花的植物。这类多年生植物早春快速生长、开花、结实，然后随着阔叶树的展叶，林下光照变暗，这类植物逐渐进入休眠，地上部分枯萎。短生季多年生植物包括很多宿根和球根花卉，如侧金盏、紫堇、顶冰花等。开花前喜阳，花后需要遮荫。短生季多年生植物从播种到开花的时间较长，需要3～5年。其生长不影响混播花海中的其他花卉，在早春土壤刚刚解冻时开花，使花海成为报告春天的信使，让人振奋。这类植物中的球根类型可以直接秋播种球，第二年早春形成景观效果。

多年生先锋植物（短寿多年生植物）。在植被演替中，先锋植物是裸地最先出现的植被，其中既有大量的一、二年生植物，也有很多种类的宿根植物。这类宿根植物的特点是：从播种到开花时间较短，结实量大，植物的寿命较短，是接近一、二年生花卉投机性的宿根植物，如中国石竹、野鸢尾等都属于短寿多年生植物。喜阳的先锋植物在多年生混播群落中萌发后表现最好，建植4～5年后开始衰退，逐渐从混播群落中消失。先锋植物的特点是耐干旱、喜阳，为其他宿根植物生长创造了良好的小环境。4～5年后随着短寿多年生植物的消亡，多年生混播花海群落进入相对稳定期，此后群落植物种类波动小，主要由寿命长的宿根花卉构成。

（1）设计要点

设计的群落结构分层配置植物。分析原生境，根据各种资料判断多年生植物的习性和发育特征，确定不同层的备选植物。设计多年生花卉混播，要了解所选植物在植被演替过程中的角色。演替过程中不同类型的植物出现在植被演替的不同阶段。演替中的多年生先锋植物为短寿多年生植物，具有很强的裸地占据能力，适用于混播。选择短寿多年生植物进入花卉混播组合，前3年生长势优良、生长密集、花量丰富，4～5年后会逐渐衰退，植株数量大幅减少，直至从群落中消失。因此在设计景观时，不选用过多短寿多年生植物，适量选用可增加早期的群落观赏效果，过多则会影响群落的长期稳定。短寿多年生植物最高不超过多年生植物总量的30%。如果使用了这类植物，设计时要考虑4～5年后这类植物消失后的景观。并设计与先锋植物高度、花期接近，且营养生长期长的多年生植物，替补逐渐消失的先锋植物，延续该时期的景观，达到景色自然变化的目的。

设计多年生花卉混播应充分利用春季短生季多年生植物。短生季多年生植物早春开花，可为混播群落春季提供优美景观。但短生季多年生植物从播种到开花时间年限长，营养生长期长达3～5年，设计时应有充分的准备。

设计多年生与一、二年生花卉混合使用可以解决多年生群落当年少花的不足，但一、二年生植物在群落建植第二年从群落中消失，物种多样性降低，影响景观效果。多年生与一、二年生混播时，应设计同层一、二年生植物消亡后的替代植物，否则群落出现空窗，杂草入侵，既影响景观效果又破坏群落的稳定性。多年生与一、二年生花卉混播，最高比例是1∶1，多年生植物种类最少不低于10种。同样，如果为播种当年立即见效，使用了一、二年生花卉，应有第二年以后替代它们的多年生植物。

（2）播种到开花

多年生植物混播需要2～3年时间，播种后第三年可达到良好的景观效果。多年生花卉混播群落景观更自然，季节变化更丰富，也可以形成2～3个开花高峰。若设计合理，则可达到三季有花、四季有景的效果。

（3）植物筛选

和一年生花卉筛选相似，筛选植物时应有早春开花和晚秋仍有观赏效果的植物以延长混播群落的观赏期。同样，不是所有的多年生植物都适用于混播，不适合的植物有如下几类：①从萌发开始就保持高速生长，其他植物无法与之竞争，导致很多植物生长不良。②无性繁殖能力过强，多年生长后株丛过于庞大，既影响其他植物的生长，又影响群落美观，如高山紫菀、山桃草、草原鼠尾草等均不适合在花卉混播中应用。这类植物的自私性导致其他植物很难与之竞争，很快群落中只剩这类植物。③具地下横走茎或地面匍匐茎进行无性繁殖，无法控制无性系的位置和数量，严重影响其他植物，导致景观效果不可控。④生长速度慢且苗期不耐阴的多年生植物，在花卉混播中因长期处于群落底层，难以获得足够的光照条件而无法开花，这类植物也不适合用在花卉混播中，如钓钟柳、宿根花菱草等。此外，自播力强且株型大的植物用量要少。多年生植物在株型增大的同时，还具有较强的自播能力，会使群落内部竞争力急剧增强而影响其稳定性，如黑心菊、西洋滨菊等，这类植物应在花卉混播中减少用量，每种用量不能超过总用种量的10%。

适用于花卉混播的多年生植物，冠幅不易过大，枝叶不宜过于浓密。株型分散、生长速度中等、分蘖能力居中、开花时花朵集中于植株的顶部、花后不影响景观的多年生植物在花卉混播中较为适合，如中国石竹、千屈菜、华北蓝盆花、宿根蓝亚麻、大花滨菊、飞燕草、蓝刺头、草原松果菊等都是适合混播花海的植物。叶腋处开花或在植株的中下部开花者，混播中少用或不用。

多年生草本植物高度从15cm～2.0m以上不等，为混播群落内不同层提供了广泛的选择。设计者可以根据环境条件的不同，配置不同高度的混播群落。

多年生宿根和球根花卉配置时，晚花、高生植物可以作为群落的最高层，早花、矮生植物能覆盖春季球根花后枯叶，避免地表裸露。正确配置晚开花和早开花的种类，能够延长混播花海景观的观赏期。

多年生花卉混播可在不同季节形成观赏高峰。早春选用短生季多年生花卉和早春球根花卉配置，群落在3月中旬～4月中旬出现第一次观赏高峰。夏季开花的多年生花卉，选用早春营养生长慢、稍耐阴、初夏快速生长的植物，这类植物在早春植物花后快速生长，迅速遮盖早春花后的不良景观，形成新的群落外貌。如侧金盏、紫堇、贝母等和满天星、宿根亚麻等配植，满天星、宿根亚麻可在后半个夏天完全遮盖住春季的残花落叶，而且不会影响侧金盏、贝母等植物的后期生长。选择晚花且营养生长期耐阴的宿根和球根花卉，能在其他植物的覆盖中良好生长，秋季其他植物停止生长时，晚花植物快速生长并开花，适合混播花海秋季景观的营造。

（4）单播和混播

多年生花卉混播生长不同于单播。多年生花卉的混播与单播对比研究表明，混播中多年生花卉表现为营养生长期长、生长慢、开花晚、花量少、植株不易倒伏等。因与单播表现不同，多年生植物用于混播的实践和资料积累较慢，很少有研究者能够投入精力做长期的栽培比较和对比研究，因此可参考的资料较少，设计合理的多年生花卉混播难度较大。并非所有的多年生花卉都适用于花卉混播的构建。

有些多年生花卉高而柔软的茎秆在单独种植时需要支撑物，在混播中则无须支撑。主要原因是这类植物因群落内不同植物地上和地下部分的竞争，不能长到单播的高度；此外群落中大量生长的其他植物给这些易倒的花卉提供了支撑，使其不至于倒下。如桔梗在单播时易倒伏，在混播群落中却无倒伏状况出现。

多年生花卉单播形成的花海景观稳定，修剪后往往可以再次开花，如假龙头、黑心菊等。多年生植物也可单播作色带和色块，但花量和花期往往不如一、二年生花卉壮观。多年生植物种子较一、二年生贵，且营养生长期长，目前大量应用于花海的种类比较有限。

（5）优点

可多年稳定持续观赏，管控简单。多年生花卉混播群落建植两年后，杂草不易入侵，管理节约人工和维护低碳。多年生混播和花海的主要优点如下：

1）持续性好。不论单播还是混播，可形成稳定的群落，多年连续观赏。

2）观赏期长。北方从3月中旬到11月初，20余种花卉混合的群落不断有花卉开花，群落整体观赏期长。多年生植物早春返青早，群落绿期长。

3）管理简单。建植初期（第一年）需要有效地控制杂草，建植后第二年，多年生花卉旺盛的营养生长和无性分株，可有效防止杂草的入侵，节约人工控制杂草的成本。正常降雨条件下，多年生混播群落无须浇水和施肥管理。群落内植物多样性丰富，极少有病虫害入侵，因此也无须防病和治虫。

4）景观自然。具有稳定的群落结构和随季节变化的群落景观，虽没有一、二年生花卉的花量大，无法形成令人震撼的景观，但合理的混播设计可形成2～3次繁花似锦的观赏高峰。多年生花卉混播可以形成稳定的近自然群落。

5）建植成本低。虽然多年生花卉种子价格略高于一、二年生花卉，但建植后可多年观赏，长期比较成本不高于一、二年生花卉混播。

6）生态效益高。多年稳定的群落不仅能随季节不同品种次第开花，稳定的群落还能为小动物提供长久的栖息地。连续不断开花产生的花粉和花蜜，为不同昆虫提供了持续的食源和蜜源。

多年生草本植物混播群落具有的特点是：春季，新生芽强壮有力地生长，这勃勃生机带来鼓舞人心的感受，萌发期后多年生植物旺盛生长直到盛花期，第一次霜降后才停止生长，逐步进入休眠。夏季混播花海达到生长高峰，如东方罂粟、飞燕草、羽扇豆、钓钟柳、福禄考、萱草等都在夏季纷纷开花，形成缤纷的花海，群落绿色为绚烂花朵提供了一个良好的背景。秋季群落外观变化丰富自然，秋色叶、果实、果序等构成自然景色。冬季骨架植物可以一直维持群落的外貌，霜和雪使群落增加了观赏性。

（6）缺点

设计难、见效慢。

设计难：因多年生花卉混播配置需要更多的生态学研究或实验，这些工作的基础目前尚十分薄弱，需要更多的理论研究和实践积累。目前国际和国内很多研究者建立和丰富了植物功能数据库，将来可为多年生花卉设计提供更多的可借鉴植物的发育过程和条件信息。另外环境的不同，如地域、气候、植被等，对多年生花卉混播群落的生长有很大影响，异地模仿多年生混播群落常导致生长不良或失败。因此，多年生花卉的混播不能像一、二年生花卉混播那样简单模仿。

见效慢：多年生花卉营养生长期长，播种到观赏的时期长于一年，且第一年观赏效果不佳，第二年或第三年才能逐渐达到良好的观赏效果。等待时间长限制了多年生混播在景观和花海中的应用，其应用远不如一、二年生花卉普及。

（7）土壤条件

可在瘠薄土壤上生长。瘠薄土壤有助于保持多年生花卉混播的物种多样性。但瘠薄土壤中多年生花卉生长缓慢、植株矮小，从播种到开花需要的时间更长，群落达到可观赏景观效果需要更长时间。在良好的土壤条件下，多年生花卉花量大、营养生长期短，但如果土壤中氮肥量大，有些多年生花卉将生长过高或长势过强，会降低混播和花海的植物种类多样性，打破混播群落的物种平衡，为“自私”植物独霸创造机会。

草原是混播模拟的源泉，在栽培条件下有些野生花卉会疯长，如肥皂草、小果博落回、小白花地榆等。如小白花地榆（*Sanguisorba tenuifolia* var. *alba*）在野外瘠薄的土壤条件下（图2–33、图2–34），花果期植株只有人的膝盖高，株型也不大，但在栽培条件下，课题组从辽宁引种的小白花地榆生长巨大且难以控制，

图2–33 草原上的小白花地榆 Ⅰ

图2-34　草原上的小白花地榆Ⅱ

花果期可以长到超过人高。因此，不能简单地根据野外植物的生长状态推测栽培条件下的株型和株高，也同样不能直接照搬野外的植物种类配置多年生的混播群落。

一些多年生花卉经过夏季的高温休眠后，8月底天气凉爽后，出现第二次旺盛生长，有些还会第二次开花，和其他的夏末开花植物形成第二次开花高峰，如柳枝稷、耧斗菜、萱草等。

多年生花卉作为一个复杂的大类群，随着研究的深入，会有更符合植物自然习性的分类，未来利用和设计植物群落筛选植物时也会更加清晰快捷。

2.2.4　球根花卉

球根和种子一同混播，能丰富混播与花海的景观效果，如大花葱等可成为混播群落中的焦点植物。早春和秋季，开花的球根植物可提前和延后混播群落与花海的观赏期。

球根花卉是地下芽植物，是良好的混播植物。很多球根花卉因为可长距离运输和储存，容易购买，适合大量应用，如原生郁金香、皇冠贝母、波斯贝母、大花葱、石蒜等。还有些球根植物没有商品品种，如紫堇、鸢尾蒜、猪牙花等，也可用于混播，但难以获得种球，限制了这类球根的应用。球根花卉花后枯萎，休眠时仅存地下鳞茎，地上部分花后可以被其他植物的冠幅遮挡，只要在当地不退化，则是良好的混播植物。

混播使用球根时，要先栽植球根，然后播种。球根的栽种对播种花卉没有影响。在造价允许的情况下也可以单独使用球根，如这几年出现的花葱花海和百合花海。但单独使用球根时，只有3～4周左右的观赏期，对于花海而言，观赏期太短。而且有些球根，如大花葱单独栽培，在花期时叶片已经枯萎，严重影响观赏效果。百合等球根花后期枯萎，也会带来不良景观。

（1）设计要点

球根适合与其他植物混合构建混播群落和花海，尤其是早春和秋季，使用球根可提升混播群落的景观效果，延长花期。设计春季、秋季开花的球根，主要关注球根花期时群落的高度，以及球根开花的高度在群落中是否显著。在球根盛开时，其他植物可作为衬托，球根花期后，其他植物覆盖球根叶片层，将球根后期枯萎的叶片遮挡在群落中。

（2）植物筛选

混播中使用的球根应具备两个特点：首先是可以在当地露地越冬，其次是露地栽培不退化。这样的球根才能在花卉混播中使用。早春的小球根如紫堇、贝母类、野生郁金香、葡萄风信子、番红花、球根鸢尾等都可以在花卉混播中使用。春季大花葱、波斯贝母，初秋各种石蒜类植物也可用于花卉混播中，丰富不同季节的景观。混播中应用球根，最重要的是不能退化，退化的球根只能有一年的观赏效果，不能持续。

（3）单播和混播

球根花卉从播种到开花周期过长，可以采用随机播种结合栽种球根的方式。单播球根与混播中球根开花状态相同，可以由单播推测在混播中的表现。

混入球根花卉的混播群落或花海可应用于景观要求高、预算充足的工程项目中，以补充早春或秋季景观不足，同时增加花卉混播的精致感和细腻度，提升花卉混播的景观效果和附加价值。课题组在小面积里将球根花卉应用于混播群落中，获得了实验地条件下的播种条件和方法，取得了良好的景观效果。

（4）优点

栽种快，见效快。常作为焦点植物和骨干植物，早春花期早、花色多样、开花整齐。

（5）缺点

种球成本高，花后景观需要其他植物遮挡。单独使用球根作花海，花后期景观不良，导致场地景观不良期过长。使用球根使混播花海成本提高。

（6）土壤条件

喜疏松的壤土或沙质土，忌积水。

球根植物商业化品种多，可供大规模选购和使用。

2.2.5　禾草类植物

混播花海中应用的禾草类植物是对禾本科、莎草科、灯心草科、香蒲科、百合科等外观如禾本科植物的统称，如早熟禾、灯心草、画眉草、沿阶草、苔草等。禾草类植物的果序在叶丛之上，观赏期长，观赏效果明显。尤其是一些种类的果序有颜色，增加了观赏性，如粉黛乱子草等。禾草类植物与花卉播种，可以产生自然野趣的景观效果，群落结构与自然草原相近。随着混播花海中花卉类型的多样化，混播的景观效果也更华丽。但混入禾草类的花卉混播，是形成富有自然野趣景观效果的最重要的方式。

禾草类植物也分为一年生和多年生。多年生草类有些寿命在10年以上，也有一些是短命的多年生草，只有2～3年。多年生混播中的禾草应选长命的多年生草类。只用一年生禾草可呈现很有趣、令人激动的草地景观，但持续时间短，和一年生花卉的混播相似，第二年就会有大量的杂草入侵。因此在使用禾草类进行混播时，不论加不加花卉，都需要首先了解在当地禾草的生长年限。如在北方多年生的禾草，在华南湿热气候下可能只为一年生，如蓝羊茅。

混播中常用的禾草类植物依据用途和原产地可分为以下几种：

观赏草类：部分可用于花卉混播。有些观赏草相对于花卉竞争能力较差，植株低矮，无法正常生长发育，如画眉草、血草等；还有些观赏草因竞争能力太强而严重影响花卉的生长发育，如狼尾草、大油芒、蒲苇等。在国外常见观赏草与花卉的混播，但国内目前草种种类不够丰富，需要进一步获得更多类型的观赏草草种进行混播实验研究。

草坪草类：用于建植草坪的禾本科草，经常使用早熟禾、高羊茅、黑麦草等。混播使用草坪草的管理与草坪的管理完全不同。混播中草坪草和混播群落一同修剪，秋季可以看到草坪草的果序。混播中，暖季型草的秋季叶色由绿色转为橙色、浅褐色和黄色。有些品种的秋色持续时间长，但多数禾草的秋色很快变成棕黄色。休眠期的长短与原产地的气候密切相关，春季气温升高，新芽萌发并快速生长，夏秋季抽穗开花后，禾草的果序会在群落中保持到秋末。混播中冷季型草在冬季的低温干旱气候下可能会被冻死。

将草坪草与花卉种子混播时，花卉要选择植株高度中等、竞争不强、耐修剪、可多次开花的宿根花卉，或易自播的一、二年生花卉。如毛茛、白晶菊、波斯菊、蛇目菊等与禾草混播时，每年分不同地块修剪1～2次。

乡土禾草类：混播中选择竞争能力中等、有性和无性繁殖能力适中，且具有观赏价值的野生禾草，如北京地区的拂子茅、宽叶苔草、苔草、细灯心草等。这类禾草高度不等，可根据不同高度搭配不同类型的花卉种子混播，营造具有乡土气息且充满野趣的花海景观。很多乡土禾草常常具有极强的竞争能力和繁殖能力，不能用于花卉混播中，如狼尾草、芦苇、狗尾草等。随着野生禾草类研究的深入，未来将有更多适合混播的乡土禾草类被应用到混播花海中，使花草混播的植物种类和景观效果更为丰富多彩。

欧美国家，尤其是德国、捷克等地的禾草类与花卉混播使用范围很广，经常使用一、二年生花卉与多年生的禾草类混播。每年在一、二年生花卉花后期进行割草，保留部分场地中花卉产生的种子，可落入割草后的禾草混播地中，为下一年提供大量的花卉。每年割草和保留的地方不同。

国外很多地区也在积极探索如何选择适合于混播的草坪草种类，选择能与草坪草共存的花卉，合理配置两者的比例，以达到草坪草与花卉的合理竞争，共同形成具有绿色背景和鲜花点缀的持续景观。

（1）设计要点

禾草种类与花卉的比例合理、生长势相似，才能达到最佳的观赏效果。以观花为主的花草混播，禾草类的用种量不超过20%。可采用两种设计方式：花卉+高禾草混播和花卉+苔草（矮禾草）混播。第一种是用禾草增加混播的自然性和秋季的观赏性，第二种是用苔草增加绿色背景和秋冬季的景观。设计以禾草类为主的混播，花卉类植物的用种量不应少于20%。可以采用禾草+宿根花卉的方式形成自然粗犷的类似高草草甸，也可以采用禾草+一、二年生花卉的方式。

冷季型草可以作为背景草使用，常绿且地表覆盖能力强，冬季北方冷季型草变成青铜色，但不会像暖季型草一样枯黄。苔草用于混播能为混播群落提供良好的绿色背景，还能为幼苗提供遮荫并保持地表湿度。此外不同的草生长速率不同，设计时要了解不同植物的习性，给不同禾草预留生长空间。

（2）植物筛选

要选择具有类似竞争力的花卉与禾本科草类，达到花与草长期共存，最终形成稳定的花海景观。禾草与花卉的混播，一般选长寿的多年生禾草，株丛低矮、丛生性的禾草类，建植后景观效果稳定。不宜选用地上和地下具有匍匐茎、易蔓延生长的禾草类植物。

（3）管理要点

禾草类与花卉的混播花海可以与自然融为一体，其管理方式不同于单纯的花卉混播，禾草与花卉混播管理更粗放，景观效果也更自然。禾草类与花卉混播，管理上最重要的是开花后、果实成熟前，应将混播地1/2 ~ 2/3的花草混播地块进行修剪，目的是让未修剪部分的花卉种子落入已经修剪后的地里，有利于第二年景观效果的保持。否则花草混播的种子不能落入土壤中，花量会越来越少，最后完全是草，失去了花草混播有花有草的意义。

花草混播自然景观的管理和养护只需在混播出苗后进行一次除草即可，以后多年内不需要进行除草管理，管理方面简单、容易，禾草类的混入能有效抑制其他杂草的生长和入侵。花草混播景观上没有大规模的色彩效果，没有视觉冲击的震撼力，但充满自然变化的活力，给人更加放松的环境感受。

（4）优点

管理简单，效果是野趣丰富、美观自然。混入的禾草类能抑制其他杂草的入侵。

（5）缺点

禾草类的种子目前不容易获得，混播实践少，通常只能用草坪草或者苔草混播，影响效果的丰富性。

（6）土壤条件

无特殊要求。

禾草类混播应用时，应避免使用杂草类禾草。杂草的入侵性过强，不利于混播中其他植物的生长。可加入有香味的禾草类，增加混播群落给人的多种体验。混入禾草类的混播群落还能吸引鸟类来群落中取食和获取筑巢材料，禾草也为很多甲虫类和其他昆虫提供栖息地。混播中加入禾草不但能使混播群落的景观更自然，同时也增加了混播群落的植物密度。

设计混播群落和花海时，应根据不同的场地、景观和造价需求，选择以上一类或几类花卉用于花卉混播。单播花海由色带、色块或者图案结合地形变化构成，设计时重点关注不同类型花卉的高度和花期，不同花卉彼此配合形成色带和色块，应在同一时期内达到百花齐放的效果；可通过提前播种和错后播种来人为调整花期，以满足不同植物同时开花的要求。虽然提倡采用多年生花卉构建花海，因其可节约管理且生态效益高，但是大场地上开展的花海旅游，很难完全由多年生花卉构成。这不仅因为同时开花的多年生花卉种类配置较难，也因来观赏花海的游人不希望每年都看到完全相同的景观。因此，单播的花海需要大量长花期的一、二年生花卉（图2–35），每年灵活地变化植物、色彩、图案和主题，形成不同的景观效果。

将单播花海和混播花海结合，可降低花海仅有视觉冲击力的单调，使游人感受到单播花海的视觉冲击力后，在混播花海自然放松的景观中慢慢游玩。混播花海经科学配置，能有效降低其群落的内部竞争，从而建立景观优美、充满野趣、结构稳定的混播花海，使常在城市中的人们获得耳目一新、宛如自然草原般的感受。

图2–35　单播的一、二年生植物花海

常用于花海的一、二年生花卉可快速开花，形成景观。杂草控制是一、二年生花海建成的关键因素，肥沃的土壤在为一年生花卉创造适宜条件的同时，也为一年生杂草（如藜、苋、地肤、马唐、牛筋草等）和抗性较强的多年生杂草（如蒲公英、萹蓄、匍匐剪股颖、偃麦草等）创造了生长条件，控制杂草尤其是幼苗期对杂草的清除，是一、二年生花海成功的关键。

多年生花海可在贫瘠土壤上构建。贫瘠土壤更易保持物种多样性，减少不同种类之间的竞争，也使多年生花卉不至于长得过高，有利于建立持续多年的混播花海。多年生花海景观构建后，无特别需要可不改良土壤、不施肥料，维持多年生混播花海的物种丰富度，达到如草原一般开满鲜花的景观。

多年生植物是一类包含了很多不同类型植物的大类群，在园艺中为了能更好地应用多年生植物，其根据用途、形态、寿命、原产地、竞争力等又被分为5种不同类群。常用的分类是根据多年生花卉的结构和竞争力及在宿根花卉混合种植中的用途分为：①结构植物（structure plants 或 framework plants forming），形成群落的结构和框架，植株高大，或叶大，或直立性强，如芒草（*Miscanthus sinensis*）、长尾婆婆纳（*Veronica longifolia*）等，在群落中的总数为5%~15%；②伴生植物（companion plants），具优美的观赏效果，在群落中反复出现，寿命长，强调植物的结构，如林荫鼠尾草（*Salvia nemorosa*）、萱草等，在群落中的总数为30%~40%；③地被植物（ground cover plants），低矮的多年生植物，用量大，在群落中的总数为不小于50%；④填充植物（filler plants），具有快速覆盖能力的植物，通常寿命短，前3年具有良好的景观效果，竞争力弱，逐渐被伴生植物和地被植物取代，如蓝亚麻（*Linum perenne*）、加拿大耧斗菜（*Aquilegia canadensis*）等，在群落中的总数为5%~10%；⑤散布植物（scattered plants），占空间小而且生长期短的植物，但开花期艳丽，花序醒目，如早春球根大花葱、水仙、宿根新疆党参（*Codonopsis clematidea*）、桃叶风铃草（*Campanula persicifolia*）等，每平方米球根用量为20~50球。根据宿根植物根系越冬的类型，可将宿根花卉分为全替换（如菊花）、吸收根替换（萱草、独尾草）和不替换。根系是否替换直接关系到多年生植物储存物质积累和第二年的群落竞争力。多年生植物无性系（克隆）生长的方式也会影响其在群落中的分布，根据无性繁殖形式不同可分为：紧密型、紧密团块、松散团块、蔓延型等。多年生植物的构成较复杂，导致其在园艺中的筛选和应用需要更多的实践和理论经验。

另外研究者认为，以往按一、二年生和多年生来划分植物是非常笼统和武断的。因为在北方的一些一、二年生植物，种植到南方是多年生的，同样存在北方多年生，播种到南方只能一年生。而且在多年生植物中，包括很多完全不同类型的植物，如短生季多年生、夏季休眠多年生、短寿多年生等，用多年生归纳很多不同的植物类型，给设计和配置植物带来了更多的困扰。

Austin（1990）提出，群落结构不仅是植物之间竞争的结果，而且是衰老和干扰整个过程的结果，从而导致了再生区的产生。换句话说，多样性在一定程度上取决于扰动，因此具有视觉吸引力的植被的发展可能偶尔需要扰动。

2.3 混播植物筛选方法

花卉混播使用大量不同种类的观赏植物，具有丰富的季相变化，能增加生物多样性和碳的捕获与封存，还能为小动物和昆虫提供栖息地、减少雨洪灾害、缓解城市热岛效应（Westbury，2007），从而提高城市居民的生活质量和品质。混播植物构建的景观养护需求少，只需在幼苗期和早春去除残株，成本投入仅为草坪或单独栽植地被植物的10%~ 20%（Hitchmough,2004）。如何选择和配置植物，增加混播群落自我维持和自然更新能力，是建植持久混播景观尚未解决的关键问题，植物筛选困难限制了混播组合的应用范围。

目前尚无花卉混播群落植物筛选的模型和量化标准，但研究者对筛选和配置植物进行了大量的探索。Nigel Dunnett（2008）从生态对策理论（CSR）出发，探讨了采用 CSR 分析研究复层混播群落植物配置的可能性。

Richard Hansen从植物原生境生长状态出发，按原生境对植物的分类指导植物在园林中的筛选和配置。他发现长寿命植物在生态种植中发挥着很大的作用，高种植密度会降低植物的预期寿命。汉森和斯塔尔对植物的分组，有利于筛选出花园植物和用于生态种植的植物。Norbert Kühn将CSR分析植物的模式和Richard Hansen原生境影响理论相结合，对不同植物进行分组，为植物筛选和配置提供了有利的工具。

Thompson（2010）用50年时间对公路边的草本植物群落进行连续调查，获得相关调研数据和文献数据，建立了群落内出现的75种草本植物功能性状库。用23 功能特征，比较了从库里随机组合的相同密度群落的FD（预期FD）和实际群落的FD（观测FD），结果表明观测FD低于预期FD，表明生物相互作用的趋势随时间增加。研究还得到了与通常判断不同的结果，就是生态位的互补和差异与群落稳定性无关。但研究者仅有一年的实测结果，而且样方面积过大，都对结果的适用性有一定的影响。Carmen Van Mechelen（2015）利用FD分析，研究了19个欧洲国家中57个已建成的绿色屋顶中常用植物的29个功能性状，分析了功能多样性和多样性指数，得出构建绿色屋顶植物的选择标准和群落稳定性的影响因素，表明植物群落的功能多样性是人工构建屋顶群落植被筛选和构建模式的有效方法。但是分析和研究没有在实际群落中进行验证。Kleyer等用22个功能性状来描述植物动态的3个性质：持久性（persistence）、再生性（regeneration）和扩散性（dispersability），并以此建立了LEDA数据库（Life-history Traits of Northwest European Flora：A Database），对欧洲野生植物的开发和保护提供研究资料，数据库从功能生态学角度为构建和预计群落动态模型提供了有效工具。

随着花卉混播的快速发展，对不同组合的应用需求量增加，以往通过气候相似性引种、配置组合、种植验证的经验型模式，受到了极大的挑战。如何规模化、高效地筛选植物？如何配置混播组合才能避免2～3年后杂草入侵导致景观退化？成为混播研究中相互关联的两个重要问题。

2.3.1　原生境指导设计混播群落和筛选植物

Richard Hansen 和Stahl从植物原生境生长状态出发，将植物分为5级，由孤植（1级）到地表覆盖类（5级）。分类中的1 级和2级，植株高大，具有视觉优势，种植时适合单独种植或3～10株成片种植，如马利筋属植物或松果菊在野外都是单独生长的。3～5级植物的覆盖能力强，在群落中的聚集度高，应该安排10～20 株乃至更多为一组进行种植，如多年生的黄水枝属植物及低矮木质的越橘属就属于群落集中度高的植物。生长集中的植物（4～5）一般有其独特的性状，能在高大多年生植物下，作为地被大量使用。原生境群落分析将植物按野外生长的状态分级，有助于判定哪些植物可以作结构植物，哪些植物可以作季节性观赏主体植物。

植物在自然分布区特定环境中生长，其形态特征和生长规律是基因的决定性作用和环境的修饰作用共同影响的结果。环境不仅是气候、土壤等非生物环境，也包括相邻植物的影响。原产地与栽种地的环境条件常存在较大差别，同时野生种和栽培品种相比基因库也丰富得多，而且植物在野外的生长信息，对园艺使用而言各种描述介绍过于概括化，导致只能从植物原产地的描述中获得有限的信息，不能获得植物在野外生长的群落类型、伴生植物、生长动态等有园艺价值的资料。在这些资料缺乏的情况下，以原产地生境指导的方式来配置植物就不能成为一种普及的方法。

2.3.2 生态对策理论（CSR）筛选混播植物

在竞争、胁迫和干扰的情况下，Grime的植物生存策略CSR模型（1970）对不同植物进行了分类。

C型植物：竞争型植物（competitor）。原生境属于低胁迫、高干扰环境。这类植物在环境条件良好的地点，如全光、水肥充足的条件下生长，能高效利用环境资源快速生长，并每年产生大量的无性小株，横向拓展生存空间，增加竞争能力。高速生长、高大、大叶子或叶片致密是竞争型植物的典型特征，与其他植物的竞争不仅体现在生长季，其产生的大量凋落物也能抑制其他植物春季的萌发。C型植物竞争能力强，能快速长大超越周边植物并抑制其他植物生长，竞争的结果往往是消灭其他植物，所以在光照、肥水条件好的场地，最后只被少量或单一植物占据。土壤肥力弱时，生长缓慢，植株矮，分枝少。很多原产草原的植物和湿地植物属于竞争型，为保持混播群落的生物多样性，场地常用不肥沃的土质。

S型植物：胁迫型植物（stress tolerator）。原生境属于高胁迫和低扰动生境。在光照或水肥条件不良的环境下，S型植物可以最大限度地利用有限资源，生态适应对策为缓慢生长，主要资源都分配来维持生长，因此绿期长。形态上，多数个体较小，生长缓慢，叶片多毛或坚硬，叶色常呈灰绿色。原生于贫瘠、裸地的成丛禾草，干燥或多风地点的亚灌木，干旱岩土上的野花，耐阴的多年生植物都属于S型植物。许多屋顶绿化的植物及短生季宿根植物也属于胁迫型。

R型植物：杂草型植物（ruderal）。原生境是高强度扰动和低胁迫生境。成功生存的关键是需要在干扰之间快速增长。这类植物的特点是生长迅速，但寿命短，能在很短的时间内完成整个生命周期，把资源集中于形成大量种子。它们很多属于先锋植物，在群落中出现空地或裸地的地方，靠种子大量繁殖。很多杂草是R型植物，一、二年生植物也属于R型植物。这类植物通过开花和基因重组产生大量的种子，快速在农田的休耕期、河岸边的枯水季和废弃地等高扰动地点大量生长。

植物不同发育时期可以表现为一种类型（如C型），也可能两种或三种类型都具备（如CS、CSR）。生长缓慢和寿命长是具有S或SC策略植物的特征，而SR策略则倾向于机会主义，具有迅速占领空地的能力。混播群落中主要涉及长寿且不激烈竞争的物种，它们的生长不会妨碍其他物种。杂草型植物的寿命短，最大限度地缩短了发芽到开花之间的时间。它们是机会主义者，需要在临时的环境中最大限度地利用资源。这类植物通常产生大量种子占种子库的主导地位。它们通常快速生长和成熟，并向种子中投入大量资源，而向营养传播中投入的资源则相对较少。

CSR模式不适用于不同原产地对比分析，在一个原产地中被视为竞争型的植物，在不同的园艺场地上可能不属于竞争型。

应用CSR理论可为花卉混播群落筛选植物提供参考。CSR理论作为一种概念指导混播很有用，但很难对混播植物组合提供可操作的具体指导，因为很少有植物完全属于这三类（Noel Kingsbury，2009）。他经过研究比较40种观赏植物的CSR对策表明，混播中常用植物的CSR对策是相似的，可以缩小花卉混播植物的筛选范围，但不能作为筛选的指标，也支持CSR分析仅对设计混播群落植物配置有参考作用的意见。CSR模型可以看作是对Hansen和Stahl在观赏植物群落研究方面的补充和扩展（Schmidt，2006）。另外，从业者对植物形态的直觉通常也能有效地提供植物生态学要求和功能类型的信息。

2.3.3 结合栽培生境特点和适应策略设计混播群落和筛选植物

Norbert Kühn将CSR分析植物的模式和Richard Hansen原产地生境影响理论相结合，增加了植物对场地条件的适应、植物形态、传播方式和生态型，作为筛选植物的方法。植物能在环境胁迫下生存，也能发育出不同的结构来避免压力。但如果将所有的场地条件和植物适应性的各种组合都加入进来，这个模型就会变得非常复杂，并且失去了为种植设计提供清晰和实用性工具的意义。因此，为了达到植物群落种植的目的，Kühn结合植物在花园中的栽培生境特点和适应策略，将其分为八大类（Norbert Kühn，2011），如表2-1所示。

Kühn的植物分类表　　表2-1

类型	植物举例	植物特征描述
类型Ⅰ 保守增长对策	薰衣草（*Lavandula angustifolia*）、银香菊（*Santolina chamaecyparissus*）、丛生福禄考（*Phlox subulata*）	植物的生长缓慢而稳定，包括低矮的和匍匐生长的地上芽植物，原生境处于极端条件，如高山、干旱草甸、裸露岩石，与它们竞争的植物很少。栽培条件下，植物的预期寿命缩短
类型Ⅱ 适应胁迫对策	耧斗菜（*Aquilegia viridiflora*）、玉簪（*Hosta plantaginea*）、林荫鼠尾草（*Salvia nemorosa*）	阳光、水和营养胁迫影响植物的发育，这类植物原生境存在阳光、水和营养胁迫，如果栽种于理想条件中，这类植物可能会失去它们独特的压力适应形态，如银叶、大叶或长寿
类型Ⅲ 避免胁迫对策	林下早花植物和春季地下芽植物，铁筷子属（*Helleborus*）、番红花（*Crocus sativus*）、大花葱	主要是春季地下芽植物，它们在最佳生长条件下快速完成生命周期，以根系休眠渡过不利的环境和胁迫。设计师可以用这类植物来提前春季的景观
类型Ⅳ 占领对策	宿根金光菊（*Rudbeckia fulgida*）、宿根福禄考（*Phlox paniculata*）、小头向日葵（*Helianthus microcephalus*）	多年生植物原生境水肥条件好，如洪泛区平原草地和高草草原，这类原生境植物间竞争激烈，生存取决于植株的高度和根系的能力。设计师在群落中用这类植物作结构层植物
类型Ⅴ 覆盖对策	红花老鹳草（*Geranium sanguineum*）、富贵草属（*Pachysandra*）、蓝雪花属（*Ceratostigma*）	低矮的地毯般覆盖地表的植物，原生于林缘，生存策略是密集覆盖所有可用的空间。设计师可大规模用此类植物作地被，或是在第四类植物底层空间应用，作为绿色地表覆盖层
类型Ⅵ 侵略性扩张对策	筋骨草属（*Ajuga*）、野芝麻（*Lamium barbatum*）、一枝黄花属（*Solidago*）、珍珠菜（*Lysimachia clethroides*）、斑点叶泽兰（*Eutrochium maculatum*）	这是一类产生大量无性系达到侵略性扩张增长的植物，这种生存对策是对环境高频度变化的响应，能快速占据新裸地。植物包括矮生地被植物和高大的多年生植物
类型Ⅶ 生态位侵占对策	草甸植物，如草原鼠尾草（*Salvia pratensis*）、红口水仙（*Narcissus poeticus*）、秋水仙（*Colchicum autumnale*）	这类植物适于全光照生长，可用于混播花草地，春季回暖后快速生长，夏季绽放多姿多彩的花。花期后修剪，常能在夏末或秋季再次开花
类型Ⅷ 间隙侵占对策	杂草类对策，一年生飞蓬（*Erigeron annuus*）、毛地黄（*Digitalis purpurea*）、山桃草（*Gaura lindheimeri*）	这类植物生长季短，可大量结实。原生于高度变化和有频繁干扰的地点，如海边、城区、洪泛区，只能承受少量其他植物竞争，如果扰动停止，就会消失。设计师可用适当的干扰，利用它们的动态变化，在植物群落中创造令人耳目一新的惊喜景观

选择植物时，利用此分类体系可以更合理地配置群落中的植物。群落式植物设计是把Ⅳ型高大植物作为群落结构植物，高大植物下用Ⅴ型植物作地被材料，构成人工管理较少的植物群落。Kühn的植物分类有助于在群落式种植设计中选择和配置植物，花卉混播也可以借鉴Kühn的植物群落构建方法，分层筛选植物。

2.3.4 植物功能性状设计混播群落和筛选植物

植物功能性状（plant functional traits）是指影响植物存活、生长、繁殖速率和最终适合度的形态、生理和物候等性状特征，植物功能性状研究使群落生态学研究从定性描述及复杂模型向定量和简约化转化，促进了对群落生态学过程及其变化规律的深入了解（McGill，et al，2006；Webb，et al，2010）。

植物性状数据库的构建是研究功能性状的基础。LEDA数据库（Life-history traits of Northwest European flora：a database）使用了22个功能性状来描述植物动态三个性质：持久性（persistence）、再生性（regeneration）和扩散性（dispersability），以帮助对欧洲野外植物的开发和保护的研究，其是从功能生态学角度构建和预计群落动态模型的有效工具。类似的数据库还有全球植物性状库（TRY Database）、德国植物性状库（Trait Database of the German Flora）、英国爱尔兰生态花卉的数据库（The Ecological Flora of the British Isles，EcoFlora）、地中海盆地植物性状数据库（Plant Trait Database for Mediterranean Basin Species，BROT）等。国内相关研究也逐渐展开，Wang（2017）等人发布了中国植物性状数据库，包含1377种中国本土植物的软性状和硬性状，为研究植物之间及植物与环境之间的关系提供了数据支持。该数据库提供部分中国野生草本植物性状数据，将对花卉混播在中国本土化发展提供有力支撑，但目前中国尚无针对花卉植物功能的数据库。

植物功能性状和功能多样性（FD）是筛选混播植物的一条有效途径。研究功能多样性随有效资源、时空尺度的变化方式和影响因素，构建包含野生和栽培花卉在内的中国混播物种库，筛选混播植物功能多样性指标，建立花卉混播植物快速筛选体系，还可以通过预期FD设计不同的混播模式。

随着功能多样性的概念开始介入城市绿地基础设施服务的研究，植物功能性状（functional trait）和功能多样性开始被认为是筛选植物、研究群落自组织过程的有效途径（Mechelen，2015），但相关研究仍缺乏。

采用14个功能性状（包括生活型、生长型、营养繁殖能力、比叶面积、繁殖方式、花期长度等）对欧洲中部和第拿里阿尔卑斯山脉两个地区的半自然草甸的功能多样性进行研究，中欧草甸多个性状的FD值显著高于第拿里阿尔卑斯山脉（Pipenbaher等，2014）。考虑到中欧草甸的人为扰动更强，认为扰动是造成和维持性状差异的最有力的力量，且群落的功能组成很可能是决定群落变化的关键因素。

Funk（2008）根据极限相似性理论（即允许两个物种共存的最大水平的生态位重叠）认为，群落中本土植物与入侵植物利用资源的功能性状越相近，本土植物形成的群落抵抗入侵植物的能力就越强。因此，在设计之初就考虑将多种功能性状的物种进行组合，能提高混播群落的稳定性。但在对公路边草本植物群落连续50年的调查研究中，通过建立群落内出现的75种草本植物、23个功能性状的数据库，使用功能系统树图方法计算了理想群落（从物种数据库里随机挑选物种组合，并假设所有的植物都具有相同的出现概率）和实际群落的FD指数，比较后发现，后者的FD指数（观测FD）总是低于前者（期望FD）；但将理想群落中稀有物种的出现频率调整到与实际群落相同时，最终计算出来的观测FD与期望FD则没有显著差异（Thompson，2010）。

有研究对19个欧洲国家57个已建成的绿色屋顶中199种常用植物及其29个功能性状进行了数据调查，并用功能系统树图的方法计算了功能丰富度和功能均匀度。根据功能多样性指数最大化原理，提出了一个植物配置表，以便在有限空间内设计出功能多样性丰富的屋顶植物群落，实现资源的优化分配（Carmen Van Mechelen，2015）。昆虫野花带研究中，研究者尝试根据功能多样性理论设计了一个包含4个梯度FD的野花带试验并实施，研究表明，尽管各个混播组合落地实施后的观测FD均低于预期FD，但观测FD之间仍存在着显著的梯度变化，即在前期设计时调整群落预期的FD值，可影响建植后群落的实际FD程度（Uyttenbroeck等，2005）。

混播的群落结构表明，筛选植物时植物的高度和生长速率是非常重要的指标，高度决定了群落的外观，生长速率改变着群落结构。利用植物功能性状分析的方法，可根据群落中不同植物的功能多样性筛选和配置植物。建立花卉混播物种库和完善植物功能性状筛选指标体系，能为设计者和使用者提供极大的帮助（2.8节）。

以已构建的花卉混播调查和建植实验研究结果为基础，研究选取8个常用混播群落，共涉及73种中国北方地区常用混播植物，对40余个功能性状筛选后，确定16个花卉混播关键功能性状，分别涉及植物外部形态、繁殖方式、传粉者奖励、固氮和光和特征等。

包含一、二年生植物的花卉混播群落在建植后，一、二年生植物的淘汰从第一年生长季中后期开始，两个生长季结束；短命宿根植物的消亡是一个循序渐进的过程，从第3个生长季末开始至5～6年结束；外来物种和群落内的设计物种将会同时竞争植物消亡出现的生长空间，植物的自播能力和土壤种子库也是影响因素；多年生花卉混播的第3个生长季后期是群落稳定的关键的转折点，群落的稳定性在3或4年出现小幅下降，但总体呈波动上升趋势；物种均匀度的变化呈现出随机性。功能多样性比物种多样性和均匀度能更好地解释群落稳定性、盖度和最佳观赏期在不同群落间的差异。

群落底层产生的大量幼苗和无性系的扩张，有利于弥补物种消亡出现的空间，提高群落盖度；随着短命宿根植物的消失降低了群落的郁闭度后，幼苗的存活率得以增加，从而可能增加群落密度、降低物种之间的异步性，提高群落的稳定性；群落的稳定性在更长的时间尺度内呈波动上升的变化趋势。

花卉混播群落的总密度在第二年趋向于稳定，150株/m^{2}可能是人工建植混播群落的密度阈值；两次物种丧失过程将驱使群落物种多样性下降，而物种均匀度变化具有很大的随机性；允许观赏价值高、竞争能力适中的外来植物入侵、增加长寿宿根植物并减少一、二年生植物和短命宿根植物的比例，有利于减缓物种多样性的丧失。

以时间稳定性指数（TSI）、盖度和最佳观赏期3个群落指标量化上述8个不同建植年龄群落的稳定性和景观效果，采用物种重要值、Simpson多样性指数、

Simpson均匀度指数和功能多样性（Functional Diversity）指数，分析群落建植的自组织过程。研究结果表明群落在建植后经历两次物种丧失过程，导致群落盖度、物种多样性、功能多样性的下降。

群落指标和功能多样性指数之间构建回归模型，以群落的实测数据集检验模型，结果表明回归模型可以良好预测实际模型的TSI、盖度和最佳观赏期，说明以功能多样性理论为基础的花卉混播设计新方法是可行且有效的。该设计方法能够减少花卉混播设计过程的经验性并加快研发周期，同时提高群落建植的成功率以及生态系统服务功能。

2.4 植物形态

植物地上部分形态特征也是筛选花卉混播植物的重要指标。花卉混播由多种植物组成，每种植物各自占据相应的生态位，合理利用光照、水分、肥力等资源，才能维持群落结构的稳定，达到多年持续的景观效果。在植物外部形态特征中，株型、花序着生位置和无性株丛大小三个方面是选择混播植物的重要指标。

2.4.1 株型

选择营养生长为基生叶和株型松散的植物。植株大且圆整的植物在群落结构中占据的空间较大，花后期枯萎时会留下太多不良的效果空间，生长期难以与其他类植物混合，比较适合单种片植，不适宜在混播中应用。选择基生叶或株型松散的植物，在群落不同生长期都能和周围植物良好融合，早期生长不影响其他植物的生长，花后期易于被遮盖，无不良景观，如柳穿鱼、虞美人、飞燕草、矢车菊、红花亚麻等。尽量少选择体量过大的植物，可减弱花卉混播中植物的竞争，如波斯菊、硫华菊、百日草、醉蝶花等。营养生长期只长基生叶，或者节间短缩呈莲座状，花期抽花葶、开花的植物，可以有效降低群落中上层不同种间的竞争，是混播最佳入选植物，如冰岛虞美人、花菱草、滨菊、金鸡菊、大花葱、鹿葱、石蒜、萱草、无髯鸢尾、海石竹等。

2.4.2 株高

根据群落结构选择不同株高的植物。低矮的混播组合高度在60cm以下，高生的混播组合高度在80cm以上，常用的混播组合高度在60～80cm。如果不是为了建立矮生的混播花海景观，应慎重选择植株过矮的植物，如幌菊、六倍利等。但可选择营养生长期短（50天之内）的矮生植物，如香雪球、白晶菊等，这类植物早期生长迅速，在大部分植物尚未进入快速生长时开花，随着它们花期的结束，其他植物才进入旺盛生长时期，很快覆盖了花后期的香雪球、白晶菊等。株高超过90cm的植物在高生混播群落中无倒伏问题，但高大花卉在群落以外单独使用时需要注意夏季暴雨后的倒伏，影响景观效果，如大花山桃草、青葙、桔梗等单独使用时倒伏现象明显。

2.4.3 冠幅

混播植物冠幅宜小而松散，不宜大而圆整。冠幅大小最好在50cm以内，有利于建立均匀度和谐一致的混播景观。植物冠幅大于50cm，将增加群落内部的种间竞争，还会造成混播场地个别部位因植物冠幅大而景观均匀度降低，这种均匀度的降低在大面积混播中不易察觉，但在小面积混播中十分明显。

在大面积花卉混播中可使用冠幅超大的植物，能打破单调整齐，产生良好的视觉冲击力，如河北大黄、红花蓖麻、皱叶酸模、红蓼等。由于群落内部植物之间的竞争，混播花卉的冠幅明显小于单播，因此单播冠幅较大但混播冠幅较小的植物可以用在花卉混播中，如马洛葵、柳叶马鞭草等。

2.4.4 花序

花序着生于枝条顶部或中上部的植物宜作花卉混播植物。不同花卉在混播群落中处于不同的高度，混播群落的景观效果取决于开在群落上中层的花朵。如植株中下部开花，从群落外观上看不到，景观效果不显著。在混播和花海中，宜选抽出花葶开花的植物。那些花葶高于叶片，花朵开在混播群落叶片层之上的植物，是花卉混播最佳入选植物，如花葱、假龙头、大阿米芹、千鸟草、满天星、萱草、黑种草、草原松果菊等。具有头状花序的植物，如松果菊、滨菊、轮峰菊等也是在植株的顶端开花，适宜作为混播植物。具有穗状花序的植物，如千屈菜、婆婆纳、蛇鞭菊、达丽菊等在顶端开花，形成竖线条花序，可在混播中形成竖向观赏效果。有同样类型花序的蛇鞭菊在混播中应用效果不佳，其花序是有限花序，从顶端向下开放，开花的花序上端很快转变成棕褐色，下端虽然处于开花状态，可花序上端呈棕褐色、下端呈粉色或白色，对混播的整体效果具有不良的影响。

2.5 植物生长和繁殖

在混播与花海的植物选择中，除株型外，植物的快速生长时期、无性分生能力和种子繁殖能力也是非常重要的选择因素。在混播中应将不同生长速率的植物配置在一起。筛选无性分生能力适中的宿根植物，混播群落才能保持稳定与平衡，景观效果方能保持多年。无性繁殖能力过强的植物，不适合用于混播花海中，这类植物过于“自私”，无性分生能力过强，很快侵占其他植物的生长空间。如在一个多年生花卉混播中，植物中有高山紫菀，在混播建成后的第三年，高山紫菀开始抑制其他植物的生长，第五年群落里其他植物消失，只剩下高山紫菀。具有杂草属性的多年生植物，既可以大量产生种子，也能快速产生无性小株，混播中需谨慎使用。

混播所构建的人工群落与自然界中的天然植物群落相似，同样存在着演替和发展的过程，生殖与死亡、扩散、干扰、竞争等种群动态过程也存在于混播群落中，并直接影响其结构和景观效果。

2.5.1 生长速率

植物生长周期中一直生长过快或过慢的植物不适合用于混播。植物的株高生长最快时，应介于0.5 ~ 1cm/天。避免选择株高生长过快（株高生长速率大于1cm/天）的植物。生长过快的植物枝叶繁茂，会严重遮挡中层和底层植物的光线。一直保持高速生长的植物，会给其他植物带来过大的竞争压力，这类植物包括高山紫菀、百日草、向日葵、一枝黄花等。有些慢长植物，萌发后第一年生长缓慢，耐阴，第二年春季存在快速生长期，可用于混播，如萱草等。一直生长缓慢且不耐阴的植物，在混播群落中很快会被其他植物淘汰，不宜在混播中使用。

选择快速生长处于不同时期的植物，可避免因生长速率相同而产生的竞争。选择生长速率和快速生长期都不同的植物有助于群落的稳定。实验比较表明，播种后能够迅速萌发、快速生长的植物，在混播群落建植中具有良好的竞争优势。

2.5.2 繁殖

植物的繁殖包括种子繁殖和营养繁殖。种子产量与自播能力密切相关。自播能力强的植物，种子产量高，萌发率高，种子飞落在不同地点，条件适宜即可萌发。在花卉混播中，由于一直存在密集的植物，种子很难落回到混播群落内。一、二年生花卉混播，种子自播能力直接影响下一年度的混播景观效果。多年生植物不仅存在自播能力的影响，还有株丛大小，株丛大小与营养繁殖的生长方式密切相关，无性系的生长行为决定了株丛特性。

（1）种子与自播

一、二年生植物结实量大、自播能力强。也有少量的多年生植物自播能力强，如黑心菊。在混有多年生花卉的混播中，如果不适时修剪，一、二年生花卉的种子则不能落回混播群落中。种子落在多年生植物的叶片上，不能落入土壤中，就降低了一、二年生花卉的自播能力。如二月兰用于多年生植物的混播，第二年完全不能进入混播中，但是能够在混播地块附近的路边、空地和田间长出。混播中常用二月兰、矢车菊、虞美人、大阿米芹等，在种子成熟期可进行一次整体的强修剪，帮助这类花卉的种子回落到群落中。一、二年生花卉混播，在种子成熟期进行修剪，也能帮助种子回落，第二年仍然能保持良好的景观。国内目前整体修剪的管理方法尚未推广到应用中，导致了对混播的误解和资源的浪费。

配置一、二年生混播花海时，还需要考虑花卉种子的结实量，如蛇目菊、波斯菊等是大量结实的花卉，且自播繁殖能力比一般花卉强，生长速率也快。如果这类植物的用量多，回落种子数量大，加上萌发率高，会使第二年此类植物的数量更多。如此反复几年，混播花海中其他植物很快就都会被淘汰，仅剩2~3种这类花卉，繁花似锦般多样性景观将不复存在，群落的花期和观赏期也会缩短。因此，不能把这类花卉作为一、二年生花卉混播的主要植物。如果用，那么数量需要严格控制在低比例范围内，否则将严重影响群落第二年及以后的景观效果。

一、二年生花卉＋多年生花卉混播花海中，可以使用波斯菊、蛇目菊这类植物，因为多年生花卉夏秋和冬季存在的叶片，阻挡了种子回落到土壤中，即使这类强自播能力的花卉，在宿根花卉大量存在的情况下，第二年也难以回到群落中。

自播能力强的多年生植物不适宜大量用于花卉混播中，如蒲公英、串叶松香草等。有些多年生植物在单播时有较强的自播能力，但在混播中自播能力显著减弱，这类植物仍可用于花卉混播中，如黑心菊、石竹、天人菊等。但值得注意的是，在混播中应用此类植物时，不能将其作为骨干植物和基调植物，尤其在群落密度较小的第一年和第二年，黑心菊类植物的自播能力强，加之无性繁殖能力也强，会急剧增加其在混播群落中的竞争力，影响其他植物的生长和存在，降低植物物种多样性。多年生混播群落建植3～4年后，短寿多年生植物逐渐消亡，群落出现空间，给种子回落和其他植物入侵提供了机会。

配置植物时，不选择萌发率过低的植物，少选种子发芽慢且早期生长喜阳不耐阴的植物。种子发芽率过低，将严重影响混播群落中存在的数量，达不到设计要求，如铃兰等；而发芽快且早期生长喜阳的植物，在混播早期其他植物发芽前旺盛生长，发芽慢且早期生长喜阳的植物无法获得足够的光线，即使发芽率高，也会在萌发后被大量淘汰。有些植物的发芽率低，是由于种子的休眠所致，因休眠而发芽率低的植物，可以在处理后用于混播中如低温、赤霉素、种皮蚀刻等处理打破其休眠后再用于播种。

（2）营养繁殖

不选营养繁殖能力过强、具有地下横走茎或地上匍匐茎的植物。这类植物会导致3～5年后混播中植物的多样性显著下降，造成景观单一的现象。

无性生长方式与景观效果密切相关，如鸢尾、萱草的无性小株间距离非常近，多年生长对混播群落的景观效果影响不大，株丛融入群落其他绿色中。花期株丛越大，花量越繁密。

肥皂草、菊花、荆芥、薄荷这类宿根花卉，具有地下横走茎或地上匍匐茎，无性小株间的距离远。这类无性小株大量快速生长，导致混播群落内光照、水分等资源都被占用，使其他较矮或早期生长慢的植物，不能获得足够的光照，生长势减弱直至死亡。它们对景观效果和其他植物的生长影响较大，应限制地下横走茎和匍匐茎形成无性繁殖的多年生植物在花卉混播中的应用。

高山紫菀、山桃草、宿根鼠尾草等无性繁殖能力强，3～4年后株丛体量大，会严重抑制群落内其他植物的生长。

豆科牧草类植物不适宜在花卉混播中应用。这类植物往往具有强无性繁殖能力，容易对其他花卉形成威胁而导致其生长不良，如百脉根、紫花苜蓿、白三叶、红三叶等。北京2008年奥运会时，在奥林匹克公园中使用了大面积的混播，3年后调查这些混播场地时，二十几种植物都很少见，变成了只有大片紫花苜蓿的草地。

2.6　植物的生态习性

选择花卉混播植物，应掌握花卉的生态特性。花卉混播管理与花坛和花境不同，花坛和花境常进行的是个别植物的管理，而混播是对整个群落的管理，不对个别植物进行管理。在混播管理中，人工干预少，植物生长密度大、种类多。

选择植物种和品种时要掌握该种在原生境的环境条件和群落类型，如原生境的纬度、海拔和光、温、水、土壤等条件，以及伴生植物等基本资料，减少植物使用的盲目性。有条件的情况下还应进一步试验，进行混播配制研究，弥补原生境调查的不足。不对原生境和伴生植物进行分析，直接按植物目录选择植物，不仅达不到需要的景观效果，还有可能带来植物入侵，破坏当地植被和生态平衡。

应根据混播场地的立地条件和地理位置合理选择具有不同生态习性的植物。混播中应提倡多选择本地植物，外来植物中有引种栽培历史的也优先选择。选择在本地没有栽培过的外来或野生植物时，要认真分析原产地生境和群落类型的环境，以此为依据配置植物。如在高海拔地区应用，还要考虑海拔和日照对植物的影响。如羽扇豆，在北京的延庆山区可正常生长，但在北京市区则因为夏季炎热而越夏困难，导致生长不良甚至死亡。

混播花海中多年生植物的应用，因不同地区的气候条件差别大，故不能直接照搬多年生花卉组合。适合华北的多年生花卉，如耐寒能力不强，则不能用在东北地区；夏季耐湿热的能力不强，不能用在华中和华南地区。选择花卉混播植物时，中国北方要考虑花卉的耐寒能力，南方则关注所选植物耐夏季湿热的能力。

但也不尽然，如小报春在原产地云南是非常好的早春花卉，在北京既不耐冬季的低温，也不耐夏季的高温，因此不能露地栽培。

2.6.1　抗寒性

多年生植物根据其对寒冷的适应性可以分成三类：①不耐寒宿根花卉，在温暖地区为多年生植物，常周年开花；在寒冷地区温度过低不能越冬，常作一年生植物使用，如酢浆草、美女樱类、柳叶马鞭草等；②耐寒性宿根花卉，温暖地区为常绿植物；在寒冷地区冬季地上部分枯死，翌年春季重新萌芽、生长、开花，冬季低温后开花效果更好，这类植物在寒冷地区的表现好于温暖地区；③需春化作用才开花的多年生花卉，冬季没有低温的地区不能开花，经冬季低温春化作用后，才能进行花芽分化和发育，并正常开花，如贝母、大花葱、白头翁、蓝刺头等。这类多年生植物不适合在冬季低温不足、夏季高温的地方栽培。北方寒冷地区秋播时，有些种类第二年开花。目前，不同地区的植物选择可以参考的是美国农业部的中国抗寒分区图。

2.6.2　有效积温

一、二年生花卉混播无须考虑抗寒性问题，但并不等于不用考虑温度因素。有些一年生花卉在生长期需要高温，如千日红等，如果生长期积温不够，生长不到需要高度就开花，植株分枝也不够多，景观效果不良。还有些一、二年生花卉，对日照长度较敏感，播种太晚，很快开花，分枝和花朵数量都少，如翠菊。

2.6.3　高温

混播花海中夏季开花的植物，容易受高温和干旱影响出现花期缩短的现象，导致7～8月群落中开花植物减少或观赏期缩短。因此，夏季观花要选耐热性强的植物。多年生作一年生栽培的植物夏季的耐热性较强，可用于混播夏季景观的营造，如马利筋、红花鼠尾草、细叶美女樱等。目前由于研究和使用的地域性限制，混播中常用的植物大部分喜温带气候，在高温炎热的地区，如夏季的华南生长不良或无法开花。华南和海南地区可选用的植物种类不如温带和亚热带地区丰富。华南和海南地区花卉混播时应谨慎选择喜冷凉气候的植物，如虞美人、花菱草、千鸟草、矢车菊、花葱等都不适应南亚热带和热带的夏季。应主要选择耐热性好的多年生植物，或者一、二年生植物，有些种类在合适的条件下可周年开花，如马利筋、美丽月见草等。一些耐热性强的一年生植物也适用于温暖地区的花卉混播，如波斯菊、蛇目菊、硫华菊、粉萼鼠尾草、青葙等。用一年生花卉在上述地区营建冬季景观，供春节单季节观赏，可以不考虑耐热性，很多夏季不宜的植物刚好适合在华南和海南冬春季开花。

设计混播花海组合时，应先分析环境条件，根据混播所在地区的气候、土壤条件，选择耐寒、耐热等适合当地条件的植物；然后分析场地周边的小环境，如周边是否有建筑物、高大的乔木和灌丛，这些高大的物体在不同季节对混播地点的光线有什么影响。

需要注意的是，耐阴植物和喜阴植物是两种不同类型的植物：一般耐阴植物为喜光植物，其在光照充足的场地上生长良好，但能耐受适当的荫蔽，处于半阴或荫蔽场地能正常生长发育，如假龙头、钓钟柳等；而喜阴植物也称“阴生植物”或“阴性植物”，不能忍耐强烈的直射光，要求在适度荫蔽湿润下才能生长良好，要求有50%～80%荫蔽环境条件，弱光照下生长良好，全光下生长不良，如多数蕨类、玉簪类等。

2.6.4 光照

全光照下可选择的植物种类丰富，多数一、二年生花卉均为喜阳植物，原产草原的多为喜全光植物。如混播场地有侧遮阴或半阴，应考虑增加使用林缘植物。一、二年生植物耐阴性较差，由于其生长周期短、生长迅速，因此光照不足时影响开花。多年生植物在营养生长期具有一定程度的耐阴性。因此，在半阴的场地也可增加多年生植物的用量。混播地点的日照长度少于2h，可视作全阴场地。全阴下不适于混播景观的构建，建议直接播种或栽植耐阴植物，如蕨类、玉簪类、藜芦、鹿药、蓝铃花等，营建林下景观也可用如上植物。

不同季节混播的群落结构分层是动态变化的。即使是复层结构的花卉混播群落，春季也只有一层，以早春开花的植物为主导，其他植物处于苗期。群落底层光线是最弱的，因此底层需要早期快速生长、花期早、花后期耐阴或需要遮荫的植物，如白头翁、侧金盏、紫堇类、贝母类等。初夏和仲夏时混播群落一般只有两层，以初夏和仲夏开花的植物为主，这类植物生活史周期较短，在一、二年生花卉混播中，是那些生长发育过程迅速的植物，如白晶菊等；多年生花卉混播中是喜光、稍耐阴的植物，如各种老鹳草、风铃草、唐松草、飞燕草、各种婆婆纳。夏末到初秋，混播群落发展出第三层结构，顶层植物的特点是苗期耐阴、花期晚、早期生长缓慢、中后期快速生长，如毛蕊花、黑心菊、松果菊、紫菀类等。顶层植物的应用非常重要，因为它的不断生长，可以遮盖中层植物花后期的枯萎植株，保持混播群落整体的生机和景色，免去人为去除残花，降低人工费用。很多混播群落还存在第四层植物，这类植物在冷凉的秋季进入旺长期，开花晚，耐霜能力强。入秋后突破第三层植物，成为群落最高的植物，如凤毛菊等。

花卉混播群落由不同高度植物构成三层或三层以上的结构。即使混播地点为全光照，其内部的光线强度也是不同的，因此在选配植物的过程中，应考虑到植物不同生长期对光的需求。

混播群落建植后，仅需很少肥水管理。在降水量少和灌溉困难的地区选择耐旱性强的混播植物尤为重要。一、二年生植物因根系较浅而不发达，其耐旱性一般不如多年生植物，而多年生植物因较深而发达的根系，能耐受一定的干旱。在降水量小或浇灌困难的场地建立花卉混播时，应减少一、二年生植物的用量，以多年生植物为主，建立低维护的混播景观。

混播和花海不仅可以作为绿化和一种大地景观艺术形式存在，也可以应用于更多的场所，可用于不同类型的生态恢复，如矿山和工业废弃地的生态恢复、调控雨洪的雨水花园的构建、改善农业生产环境的昆虫野花带的建立。应结合环境条件和设计目的，适时适地选择适合的花卉混播植物。

雨水花园和雨水沟中植物的作用主要是调控雨洪，建立花卉混播时应选择耐水淹性好同时耐旱的植物。在雨水花园、生态浅沟、旱溪等景观中，要求植物在雨季能耐水淹，而在其他季节能耐旱。

选择耐水兼耐旱的植物，可以依据产地的原生境进行筛选。位于山谷、河畔、沟边、干湿草原等季节性积水生境的植物，其耐涝性和抗旱能力都强，如黄菖蒲、千屈菜、鼠尾草、柳穿鱼、龙胆、马蔺等，适用于雨水花园。

花卉混播作为一种具有良好生态效益的植物建植方式，有广阔的应用前景。不仅可用于城市和乡镇的绿色基础设施建设及农田昆虫野花带和生态恢复，还可以用于花卉旅游。相对于以往的栽培式种植，花卉混播对设计者和管理者的要求都更高。设计者应具备良好的植物学背景和一定的种植经验，只具有识别植物的能力，不能完成复杂的群落式植物配置。管理者也应经过专业训练，能判断群落整体的管理时间和采用适当的管理方式。对设计者和管理者的高要求，是实现花卉混播群落持续稳定、低成本、高生态效益和景观效果的基础。

2.7 混播与花海中常用植物种类

2.7.1 北京花卉混播常用植物种类

经过课题组十余年的实践，获得了一些花卉在北京地区实际混播或单播的实验数据。根据观测记录整理汇总成表2-2，并在表中给出了不同植物在混播中的表现评级，希望可以为花卉混播的发展提供有益的资料。

花卉混播植物在北京地区的表现 表2-2

序号	类型	植物名称	科名	拉丁学名	花期（月）	花色	株高（cm）	适合指数
1	一年生花卉	矢车菊	菊科	*Centaurea cyanus*	6～7	蓝、粉、白	40～60	★★★☆☆
2	一年生花卉	金盏菊	菊科	*Calendula officinalis*	5～7	橙	50～60	★★☆☆☆
3	一年生花卉	百日草	菊科	*Zinnia elegans*	6～8	红、粉、黄	50～70	★★☆☆☆
4	一年生花卉	花环菊	菊科	*Chrysanthemum carinatum*	6～7	白、黄、粉	30～50	★★★★☆
5	一年生花卉	黄晶菊	菊科	*C. multicaule*	6～7	黄	20～30	★★★☆☆
6	一年生花卉	波斯菊	菊科	*Cosmos bipinnatus*	6～8	粉、白	80～100	★☆☆☆☆
7	一年生花卉	硫华菊	菊科	*C. sulphureus*	6～9	橙	90～110	★☆☆☆☆

续表

序号	类型	植物名称	科名	拉丁学名	花期（月）	花色	株高（cm）	适合指数
8	一年生花卉	异果菊	菊科	*Dimorphotheca sinuata*	5～7	白、黄、橙	30～40	★★★★☆
9	一年生花卉	金毛菊	菊科	*Thymophylla tenuiloba*	5～7	黄	30～40	★★★★☆
10	一年生花卉	天人菊	菊科	*Gaillardia pulchella*	6～8	橙、黄、红	50～70	★★★☆☆
11	一年生花卉	抱茎金光菊	菊科	*Rudbeckia amplexicaulis*	5～6	橙、黄	40～60	★★★★☆
12	一年生花卉	春白菊	菊科	*Chrysanthemum leucanthemum*	6～7	白	40～60	★★☆☆☆
13	一年生花卉	茼蒿菊	菊科	*C. frutescens*	5～7	黄白双色	60～80	★★★★☆
14	一年生花卉	满天星	石竹科	*Gypsophila paniculata*	5～6	粉、白	40～50	★★☆☆☆
15	一年生花卉	黑种草	毛茛科	*Nigella damascena*	6 ~ 7	蓝紫	30 ~ 40	★★★☆☆
16	一年生花卉	千鸟草	毛茛科	*Delphinium consolida*	6～8	紫	50～60	★★★★★
17	一、二年生花卉	飞燕草	毛茛科	*Consolida ajacis*	5～7	粉、紫	50～60	★★★★★
18	一年生花卉	红花亚麻	亚麻科	*Linum grandiflorum*	6～7	红	60～70	★★★☆☆
19	一年生花卉	羽扇豆	豆科	*Lupinus micranthus*	5～6	白、粉、紫	50～70	★★★☆☆
20	一年生花卉	香雪球	十字花科	*Lobularia maritima*	5～7	粉、紫、白	10～20	★★★☆☆
21	一年生花卉	花菱草	罂粟科	*Eschscholzia californica*	5～7	橙、白、粉	30～50	★★★★★
22	一年生花卉	虞美人	罂粟科	*Papaver rhoeas*	5～7	粉、红、白	40～60	★★★★★
23	一年生花卉	华北蓝盆花	川续断科	*Scabiosa tschiliensis*	8～9	粉、紫	70～90	★★★★★
24	一年生花卉	粉萼鼠尾草	唇形科	*Salvia farinacea*	6～7	粉、紫	50～60	★★★★★

续表

序号	类型	植物名称	科名	拉丁学名	花期（月）	花色	株高（cm）	适合指数
25	一年生花卉	古代稀	柳叶菜科	*Godetia amoena*	6～8	粉红、粉白	40～50	★★★★☆
26	一年生花卉	大阿米芹	伞形科	*Ammi majus*	6～7	白	50～60	★★★★☆
27	一年生花卉	马洛葵	锦葵科	*Malope trifida*	7～9	玫红	100～120	★★★☆☆
28	一年生花卉	锦葵	锦葵科	*Malva sinensis*	6～8	玫红	6～80	★★☆☆☆
29	一年生花卉	柳穿鱼	玄参科	*Linaria vulgaris*	5～7	粉、白、黄	40～50	★★★★★
30	一年生花卉	中国勿忘草	紫草科	*Myosotis silvatica*	5～6	蓝	30～50	★★★★★
31	一年生花卉	福禄考	花荵科	*Phlox drummondii*	5～6	白、粉、紫	10～20	★★☆☆☆
32	一、二年生花卉	草原松果菊	菊科	*Ratibida columnifera*	6～9	橙红双色	60～90	★★★★☆
33	一、二年生花卉	五色菊	菊科	*Brachycome iberidifolia*	5～7	白、紫	30～40	★★★★★
34	一、二年生花卉	翠菊	菊科	*Callistephus chinensis*	6～10	白、粉、紫	40～60	★★★★☆
35	一、二年生花卉	白晶菊	菊科	*Chrysanthemum paludosum*	5～8	白	20～30	★★★★★
36	一、二年生花卉	两色金鸡菊	菊科	*Coreopsistinctoria*	6～8	黄红双色	70～80	★★☆☆☆
37	一、二年生花卉	蛇目菊	菊科	*Sanvitalia procumbens*	6～7	黄红双色	50～60	★★☆☆☆
38	一、二年生花卉	屈曲花	十字花科	*Iberis amara*	6	粉	20～30	★★★★★

续表

序号	类型	植物名称	科名	拉丁学名	花期（月）	花色	株高（cm）	适合指数
39	一、二年生花卉	轮锋菊	川续断科	*Scabiosa atropurpurea*	7～10	白、紫	60～80	★★★★★
40	一、二年生花卉	蓝蓟	紫草科	*Echium vulgare*	6～7	蓝紫	50～70	★★★☆☆
41	二年生花卉	冰岛虞美人	罂粟科	*Papaver nudicaule*	4～6	橙、黄、白	40～60	★★★★★
42	二年生花卉	黄堇	罂粟科	*Corydalis pallida*	4～5	黄	50～60	★★★★☆
43	二年生花卉	七里黄	十字花科	*Cheiranthus allionii*	4～5	橙	30～40	★★★★★
44	二年生花卉	二月兰	十字花科	*Orychophragmus violaceus*	4～5	紫	40～60	★★★★☆
45	二年生花卉	美国石竹	石竹科	*Dianthus barbatus*	5～6	粉、红	30～40	★★★★☆
46	二年生花卉	高雪轮	石竹科	*Silene armeria*	4～5	玫红	50～60	★★★★★
47	二年生花卉	矮雪轮	石竹科	*S. pendula*	4～5	粉	30～40	★☆☆☆☆
48	二年生花卉	矮生勿忘草	紫草科	*Myosotis vatica*	4～5	蓝	20～30	★★☆☆☆
49	多年生作一年生栽培	细叶美女樱	马鞭草科	*Verbena tenera*	6～10	紫	40～50	★★★★★
50	多年生作一年生栽培	美女樱	马鞭草科	*V. hybrida*	6～10	红、紫、粉	30～40	★★☆☆☆
51	多年生作一年生栽培	红花鼠尾草	唇形科	*Salvia coccinea*	8～10	红	100～120	★★★☆☆
52	多年生作一年生栽培	蓝花鼠尾草	唇形科	*S. farinacea*	7～10	蓝紫	100～110	★★☆☆☆

续表

序号	类型	植物名称	科名	拉丁学名	花期（月）	花色	株高（cm）	适合指数
53	多年生作一年生栽培	马利筋	萝藦科	*Asclepias curassavica*	8～10	橙、红	70～80	★★★☆☆
54	多年生花卉	蓍草	菊科	*Achillea wilsoniana*	7～8	黄、白	40～70	★★☆☆☆
55	多年生花卉	千叶蓍	菊科	*A. milleflium*	5～7	粉、红、白	50～80	★★☆☆☆
56	多年生花卉	紫松果菊	菊科	*Echinacea purpurea*	7～9	紫	70～90	★★★☆☆
57	多年生花卉	蓝刺头	菊科	*Echinops sphaerocephalus*	7～9	蓝	50～80	★★★★☆
58	多年生花卉	春黄菊	菊科	*Anthemis tinctoria*	5～7	黄	40～60	★★☆☆☆
59	多年生花卉	宿根天人菊	菊科	*Gaillardia aristata*	5～10	红黄双色	50～70	★★★☆☆
60	多年生花卉	紫菀	菊科	*Aster tataricus*	9～10	粉、紫	80～100	★☆☆☆☆
61	多年生花卉	日光菊	菊科	*Heliopsis helianthoides*	5～7	黄	80～100	★☆☆☆☆
62	多年生花卉	大花滨菊	菊科	*Chrysanthemum maximum*	5～7	白	40～60	★★★★★
63	多年生花卉	西洋滨菊	菊科	*C. leucanthemum*	4～6	白	50～70	★★★☆☆
64	多年生花卉	金鸡菊	菊科	*Coreopsis drummondii*	5～9	黄	40～60	★★★★☆
65	多年生花卉	黑心菊	菊科	*Rudbeckia hirta*	7～10	黄	70～90	★★☆☆☆
66	多年生花卉	除虫菊	菊科	*Pyrethrum cinerariifolium*	5～7	粉	40～60	★★☆☆☆
67	多年生花卉	假龙头	唇形科	*Physostegia virginiana*	7～9	白、粉	50～70	★☆☆☆☆
68	多年生花卉	宿根鼠尾草	唇形科	*Salvia farinacea*	5～10	粉、紫	50～70	★★☆☆☆
69	多年生花卉	荆芥	唇形科	*Nepeta cataria*	5～10	紫	30～50	★☆☆☆☆

续表

序号	类型	植物名称	科名	拉丁学名	花期（月）	花色	株高（cm）	适合指数
70	多年生花卉	百里香	唇形科	*Thymus mongolicus*	7～8	粉	40～50	★★☆☆☆
71	多年生花卉	穗花婆婆纳	玄参科	*Veronica spicata*	6～8	蓝紫	50～60	★★★☆☆
72	多年生花卉	钓钟柳	玄参科	*Penstemon campanulatus*	4～5	红、粉、紫	40～60	★☆☆☆☆
73	多年生花卉	花葱	百合科	*Allium caeruleum*	4～6	紫	40～50	★★★★★
74	多年生花卉	射干	百合科	*Belamcanda chinensis*	7～8	黄、橙	80～120	★★★☆☆
75	多年生花卉	萱草	百合科	*Hemerocallis fulva*	5～7	黄、橙	50～80	★★★☆☆
76	多年生花卉	剪秋罗	石竹科	*Lychnis fulgens*	6～7	橙、红	40～60	★★☆☆☆
77	多年生花卉	石竹	石竹科	*Dianthus chinensis*	5～8	粉、红、白	30～40	★★★★☆
78	多年生花卉	常夏石竹	石竹科	*D. plumarius*	5～7	粉、红、白	10～20	★★★☆☆
79	多年生花卉	桔梗	桔梗科	*Platycodon grandiflorus*	7～9	紫	60～90	★★☆☆☆
80	多年生花卉	耧斗菜	毛茛科	*Aquilegia viridiflora*	4	粉、红、紫	30～50	★★★★☆
81	多年生花卉	瓣蕊唐松草	毛茛科	*Thalictrum petaloideum*	5～7	白	50～60	★★★☆☆
82	多年生花卉	白头翁	毛茛科	*Pulsatilla chinensis*	4～5	紫	30～40	★★★★☆
83	多年生花卉	月见草	柳叶菜科	*Oenothem lamarckiana*	5～8	黄	30～50	★★★☆☆
84	多年生花卉	美丽月见草	柳叶菜科	*Oenothera speciosa*	6～8	粉	30～50	★★☆☆☆
85	多年生花卉	山桃草	柳叶菜科	*Gaura lindheimeri*	6～10	白	100～120	★☆☆☆☆

续表

序号	类型	植物名称	科名	拉丁学名	花期（月）	花色	株高（cm）	适合指数
86	多年生花卉	柳叶马鞭草	马鞭草科	*Verbena bonariensis*	8～10	紫	80～120	★★★★★
87	多年生花卉	加拿大美女樱	马鞭草科	*V. canadensis*	7～8	紫	60～80	★★★☆☆
88	多年生花卉	黄菖蒲	鸢尾科	*Iris pseudacorus*	5～7	黄	60～80	★★★☆☆
89	多年生花卉	鸢尾	鸢尾科	*Iris tectorum*	5～6	紫	40～60	★★★☆☆
90	多年生花卉	喜盐鸢尾	鸢尾科	*I. halophila*	5～6	白、黄、紫	50～70	★★★★☆
91	多年生花卉	宿根蓝亚麻	亚麻科	*Linum perenne*	5～6	蓝	40～60	★★★★★
92	多年生花卉	百脉根	豆科	*Lotus corniculatus*	6～8	黄	40～60	★☆☆☆☆
93	多年生花卉	宿根羽扇豆	豆科	*Lupinus perennis*	5～6	白、粉、紫	50～70	★★★☆☆
94	多年生花卉	千屈菜	千屈菜科	*Lythrum salicaria*	6～9	粉、紫	50～80	★★★★★
95	多年生花卉	海石竹	白花丹科	*Armeria maritima*	5～7	白、粉、紫	20～30	★★☆☆☆
96	多年生花卉	南非牛舌草	紫草科	*Anchusa capensis*	6～8	白、蓝	20～30	★★☆☆☆

注：表中适合指数为根据各种植物在混播中表现而确定的在花卉混播中的适合程度，★☆☆☆☆不太适合用于花卉混播中，不建议使用；★★☆☆☆应在花卉混播中少量谨慎使用；★★★☆☆较适合在花卉混播中使用，但存在某些限制，不宜大量使用；★★★★☆适合在花卉混播中使用，可中等量使用；★★★★★非常适合在花卉混播中使用，可作为主体植物大量使用。

2.7.2 国外花卉混播常用植物种类

分析国外不同种业公司出售的花卉混播商业组合，将用于花卉混播的植物进行总结和归纳，汇总如表2-3所示。涉及的公司主要有：Scotia Seeds、Green Estate、Applewood、Bentley Seeds、Emorsgate Seeds、Prairie Moon Nursery、Jelitto等，仅供大家选择和配置植物时参考。

国外花卉混播常用植物种类 表2–3

类型	序号	植物名称	拉丁学名	类型	序号	植物名称	拉丁学名
一年生花卉	1	大阿米芹	*Ammi majus*	一年生花卉	23	伞形屈曲花	*Iberis umbellata*
	2	金盏花	*Calendula officinalis*		24	三月花葵	*Lavatera trimestris*
	3	翠菊	*Callistephus chinensis*		25	莱雅菊	*Layia platyglossa*
	4	蓝花矢车菊	*Cyanus segetum*		26	摩洛哥柳穿鱼	*Linaria maroccana*
	5	南茼蒿	*Glebionis segetum*		27	红花亚麻	*Linum grandiflorum*
	6	黄晶菊	*Chrysanthemum multicaule*		28	香雪球	*Lobularia maritima*
	7	白晶菊	*Mauranthemum paludosum*		29	海滨蝇子草	*Silene uniflora*
	8	古代稀	*Clarkia amoena*		30	紫茉莉	*Mirabilis jalapa*
	9	极美古代稀	*Clarkia pulchella*		31	纳邦亚麻	*Linum narbonense*
	10	山字草	*Clarkia elegans*		32	二色羽扇豆	*Lupinus hartwegii*
	11	锦龙花	*Collinsia heterophylla*		33	羽扇豆	*Lupinus micranthus*
	12	秋英	*Cosmos bipinnatus*		34	海滨涩荠	*Malcolmia maritima*
	13	黄秋英	*Cosmos sulphureus*		35	黄木犀草	*Reseda luteola*
	14	倒提壶	*Cynoglossum amabile*		36	木犀草	*Reseda odorata*
	15	飞燕草	*Consolida ajacis*		37	红花药鼠尾草	*Salvia officinalis*'Rosea'
	16	波叶异果菊	*Dimorphotheca sinuata*		38	柠檬香蜂草	*Monarda citriodora*
	17	花菱草	*Eschscholzia californica*		39	勿忘我	*Myosotis alpestris*
	18	天人菊	*Gaillardia pulchella*		40	斑花喜林草	*Nemophila maculata*
	19	球吉莉	*Gilia capitata*		41	粉蝶花	*Nemophila menziesii*
	20	三色吉莉草	*Gilia tricolor*		42	黑种草	*Nigella damascena*
	21	圆锥石头花	*Gypsophila paniculata*		43	红萼月见草	*Oenothera lamarckiana*
	22	向日葵	*Helianthus annuus*		44	虞美人	*Papaver rhoeas*

续表

类型	序号	植物名称	拉丁学名	类型	序号	植物名称	拉丁学名
一年生花卉	45	南加州钟穗花	*Phacelia campanularia*	一年生花卉	63	野萝卜	*Raphanus raphanistrum*
	46	抱茎金光菊	*Rudbeckia amplexicaulis*		64	日内瓦筋骨草	*Ajuga genevensis*
	47	飞鸽蓝盆花	*Scabiosa columbaria*		65	珀菊	*Amberboa moschata*
	48	高雪轮	*Silene armeria*		66	马其顿川续断	*Knautia macedonia*
	49	异株蝇子草	*Silenedioica*		67	玻璃苣	*Borago officinalis*
	50	叉枝蝇子草	*Silene latifolia*		68	欧洲百金花	*Centaurium erythraea*
	51	魔噬花	*Succisa pratensis*		69	蒿子秆	*Glebionis carinata*
	52	小窃衣	*Torilis japonica*		70	矮翠雀花	*Delphinium pumilum*
	53	莳萝	*Anethum graveolens*		71	细小石头花	*Gypsophila muralis*
	54	圆叶风铃草	*Campanula rotundifolia*		72	蜡菊	*Xerochrysum bracteatum*
	55	万寿菊	*Tagetes erecta*		73	欧亚香花芥	*Hesperis matronalis*
	56	红杉花	*Ipomopsis rubra*	一、二年生	74	两色金鸡菊	*Coreopsis tinctoria*
	57	长瓣紫罗兰	*Matthiola longipetala*		75	麦仙翁	*Agrostemma githago*
	58	蝇春罗	*Viscaria oculata*		76	琉璃繁缕	*Anagallis arvensis*
	59	香豌豆	*Lathyrus odoratus*	二年生花卉	77	峨参	*Anthriscus sylvestris*
	60	绛车轴草	*Trifolium incarnatum*		78	野胡萝卜	*Daucus carota*
	61	新疆三肋果	*Tripleurospermum inodorum*		79	须苞石竹	*Dianthus barbatus*
	62	百日草	*Zinnia elegans*		80	毛地黄及其品种	*Digitalis purpuera* & spp.

续表

类型	序号	植物名称	拉丁学名	类型	序号	植物名称	拉丁学名
二年生花卉	81	蓝蓟	*Echium vulgare*	多年生花卉	100	牛眼菊	*Buphthalmum salicifolium*
	82	田野孀草	*Knautia arvensis*		101	北疆风铃草	*Campanula glomerata*
	83	毛蕊花	*Verbascum thapsus*		102	阔叶风铃草	*Campanula latifolia*
	84	银丝毛蕊花	*Verbascum bombyciferum*		103	草甸碎米荠	*Cardamine pratensis*
	85	奥林匹克毛蕊花	*Verbascum olympicum*		104	黑矢车菊	*Centaurea nigra*
	86	少女石竹	*Dianthus deltoides*		105	大矢车菊	*Centaurea scabiosa*
	87	香金光菊	*Rudbeckia subtomentosa*		106	桂竹香	*Erysimum × cheiri*
	88	三裂叶金光菊	*Rudbeckia triloba*		107	大滨菊	*Leucanthemum maximum*
	89	银扇草	*Lunaria annua*		108	大花金鸡菊	*Coreopsis grandiflora*
	90	野罂粟	*Papaver nudicaule*		109	羽瓣石竹	*Dianthus plumarius*
多年生花卉	91	蓍	*Achillea millefolium*		110	起绒草	*Dipsacus fullonum*
	92	茴藿香	*Agastache foeniculum*		111	苍白松果菊	*Echinacea pallida*
	93	金庭荠	*Aurinia saxatilis*		112	松果菊	*Echinacea purpurea*
	94	疗伤绒毛花	*Anthyllis vulneraria*		113	旋果蚊子草	*Filipendula ulmaria*
	95	欧耧斗菜	*Aquilegia vulgaris*		114	宿根天人菊	*Gaillardia aristata*
	96	海石竹	*Armeria maritima*		115	蓬子菜	*Galium verum*
	97	无毛紫菀	*Aster laevis*		116	草原老鹳草	*Geranium pratense*
	98	美国紫菀	*Aster novae-angliae*		117	银叶老鹳草	*Geranium sylvaticum*
	99	雏菊	*Bellis perennis*		118	贯叶金丝桃	*Hypericum perforatum*

续表

类型	序号	植物名称	拉丁学名	类型	序号	植物名称	拉丁学名
多年生花卉	119	牧地香豌豆	*Lathyrus pratensis*	多年生花卉	142	林地水苏	*Stachys sylvatica*
	120	秋狮苣	*Scorzoneroides autumnalis*		143	白车轴草	*Trifolium repens*
	121	滨菊及其品种	*Leucanthemum vulgare*&spp.		144	野豌豆	*Vicia sepium*
	122	蛇鞭菊	*Liatris spicata*		145	珠蓍	*Achillea ptarmica*
	123	宿根亚麻	*Linum perenne*		146	块茎马利筋	*Asclepias tuberosa*
	124	百脉根	*Lotus corniculatus*		147	沙金盏	*Baileya multiradiata*
	125	宿根羽扇豆	*Lupinus perennis*		148	蓝花赝靛	*Baptisia australis*
	126	剪秋罗	*Lychnis fulgens*		149	紫露草	*Tradescantia ohiensis*
	127	麝香锦葵	*Lavatera moschata*		150	栗根芹	*Conopodium majus*
	128	美国薄荷	*Monarda didyma*		151	三叶金鸡菊	*Coreopsis tripteris*
	129	牛至	*Origanum vulgare*		152	瞿麦	*Dianthus superbus*
	130	劲直钓钟柳	*Penstemon strictus*		153	丝兰叶刺芹	*Eryngium yuccifolium*
	131	紫色达利菊	*Daleapurpurea*		154	大麻叶泽兰	*Eupatorium cannabinum*
	132	天蓝绣球	*Phlox paniculata*		155	蕨叶蚊子草	*Filipendula vulgaris*
	133	长叶车前	*Plantago lanceolata*		156	紫萼路边青	*Geum rivale*
	134	黄花九轮草	*Primula veris*		157	欧亚路边青	*Geum urbanum*
	135	夏枯草	*Prunella vulgaris*		158	赛菊芋	*Heliopsis helianthoides*
	136	毛茛	*Ranunculus japonicus*		159	猫儿菊	*Hypochaeris ciliata*
	137	草光菊	*Ratibida columnarifera*		160	黄菖蒲	*Iris pseudacorus*
	138	黑心金光菊	*Rudbeckia hirta*		161	岩生肥皂草	*Saponaria ocymoides*
	139	朱唇	*Salvia coccinea*		162	全缘松香草	*Silphium ntegrifolium*
	140	蓝花鼠尾草	*Salvia farinacea*		163	艳丽一枝黄花	*Solidago speciosa*
	141	狗筋麦瓶草	*Silene vulgaris*		164	亚洲百里香	*Thymus serpyllum*

续表

类型	序号	植物名称	拉丁学名	类型	序号	植物名称	拉丁学名
多年生花卉	165	穗花蛇鞭菊	*Liatris pycnostachya*	多年生花卉	185	广布野豌豆	*Vicia cracca*
	166	皱叶剪秋罗	*Lychnis chalcedonica*		186	角堇	*Viola cornuta*
	167	千屈菜	*Lythrum salicaria*		187	里文堇菜	*Viola riviniana*
	168	锦葵	*Malva cathayensis*		188	云南蓍	*Achillea wilsoniana*
	169	水薄荷	*Mentha aquatica*		189	舟形乌头	*Aconitum napellus*
	170	羽叶草原松果菊	*Ratibida pinnata*		190	匍匐筋骨草	*Ajuga reptans*
	171	酸模	*Rumex acetosa*		191	柔毛羽衣草	*Alchemilla mollis*
	172	小酸模	*Rumex acetosella*		192	熊蒜	*Allium ursinum*
	173	林荫鼠尾草	*Salvia nemorosa*		193	林当归	*Angelica sylvestris*
	174	草甸鼠尾草	*Salvia pratensis*		194	果香菊	*Chamaemelum nobile*
	175	小地榆	*Sanguisorba minor*		195	蓝花耧斗菜	*Aquilegia caerulea*
	176	劲直一枝黄花	*Solidago rigida*		196	加拿大耧斗菜	*Aquilegia canadensis*
	177	药水苏	*Betonica officinalis*		197	圆锥南芥	*Arabis paniculata*
	178	沼生水苏	*Stachys palustris*		198	小牛蒡	*Arctium minus*
	179	硬骨繁缕	*Stellaria holostea*		199	异花假升麻	*Aruncus dioicus*
	180	草莓车轴草	*Trifolium fragiferum*		200	天蓝花紫菀	*Aster azureus*
	181	红车轴草	*Trifolium pratense*		201	土耳其鼠尾草	*Salvia sclarea* var. *turkestanica*
	182	缬草	*Valeriana officinalis*		202	心叶紫菀	*Aster cordifolius*
	183	药用婆婆纳	*Veronica officinalis*		203	野紫菀	*Aster ericoideshybrids*
	184	北美腹水草	*Veronicastrum virginicum*		204	大星芹	*Astrantia major*

续表

类型	序号	植物名称	拉丁学名	类型	序号	植物名称	拉丁学名
多年生花卉	205	假荆芥新风轮菜	*Calamintha nepeta*	多年生花卉	221	溪荪	*Iris sanguinea*
	206	驴蹄草	*Caltha palustris*		222	西伯利亚鸢尾	*Iris sibirica*
	207	桃叶风铃草	*Campanula persicifolia*		223	短柄野芝麻	*Lamium album*
	208	地榆	*Sanguisorba officinalis*		224	长寿花	*Kalanchoe blossfeldiana*
	209	欧洲水珠草	*Circaea lutetiana*		225	铃兰	*Convallaria majalis*
	210	紫花石竹	*Dianthus carthusianorum*		226	阔叶补血草	*Limonium platyphyllum*
	211	飞蓬	*Erigeron acris*		227	紫花柳穿鱼	*Linaria bungei*
	212	扁叶刺芹	*Eryngium planum*		228	亚利桑那羽扇豆	*Lupinus arizonicus*
	213	红花蚊子草	*Filipendula rubra*		229	多叶羽扇豆	*Lupinus polyphyllus*
	214	恩氏老鹳草	*Geranium endressii*		230	毛剪秋罗	*Lychnis coronaria*
	215	暗花老鹳草	*Geranium phaeum*		231	月见草	*Oenothera biennis*
	216	裸蕊老鹳草	*Geranium psilostemon*		232	美丽月见草	*Oenothera speciosa*
	217	欧洲龙芽草	*Agrimonia eupatoria*		233	东方罂粟	*Papaver orientale*
	218	毛叶向日葵	*Helianthus mollis*		234	委陵菜	*Potentilla chinensis*
	219	橙黄山柳菊	*Hieracium aurantiacum*		235	欧白头翁	*Pulsatilla vulgaris*
	220	四翼金丝桃	*Hypericum tetrapterum*		236	金缘金光菊	*Rudbeckia fulgida*

2.7.3　其他或潜在可用于混播中的植物

经整理归纳相关资料，可用于花卉混播的潜在植物种类均为禾草类植物和球根类植物。根据国外种子公司常用于花卉混播的禾草类植物种类、中世纪欧洲常用于草坪中的球根植物种类及作者团队经过播球试验的球根植物，汇总得到以下可应用于花卉混播的植物列表（表2–4）。

其他适用于花卉混播中植物　　表2–4

序号	植物名称	科名	拉丁学名	最佳观赏期（月）	高度（cm）	冠幅（cm）
观赏草						
1	粉黛乱子草	禾本科	*Muhlenbergia capilaris*	9～11	60～90	40～70
2	画眉草	禾本科	*Eragrostis curvula*	7～11	60～80	80～100
3	丽色画眉	禾本科	*E. spectabilis*	5～11	60～70	40～50
4	乱子草	禾本科	*Muhlenbergia japonica*	7～10	40～60	50～80
5	东方狼尾草	禾本科	*Pennisetum orientale*	6～10	40～70	30～50
6	小兔子狼尾草	禾本科	*P. alopecuroides*	7～10	50～60	40～50
7	拂子茅	禾本科	*Calamagrostis brachytricha*	8～11	80～100	60～80
8	花叶拂子茅	禾本科	*C. × acutiflora* 'Overdam'	5～10	50～75	30～50
9	发草	禾本科	*Deschampsia caespitosa*	5～11	40～60	40～50
10	蓝羊茅	禾本科	*Festuca glauca*	5～11	30～40	40～50
11	细茎针茅	禾本科	*Stipa tenuissima*	4～11	50～60	30～40
12	洽草	禾本科	*Koeleria glauca*	5～11	20～30	30～40
13	血草	禾本科	*Imperata cylindrical* 'Rubra'	8～11	40～50	30～40
14	披针叶苔草	莎草科	*Carex lanceolata*	5～11	30～40	30～40
15	青绿苔草	莎草科	*C. leucochlora*	4～11	20～30	30～40

续表

序号	植物名称	科名	拉丁学名	最佳观赏期（月）	高度（cm）	冠幅（cm）
16	涝峪薹草	莎草科	*C. giraldiana*	4～11	30～40	30～40
17	灯心草	灯心草科	*Juncus effusus*	8～10	50～60	30～40
18	金叶菖蒲	天南星科	*Acorus gramineus* 'Ogon'	5～9	30～40	30～40
			草坪草			
19	草地早熟禾	禾本科	*Poa pratensis*	—	—	—
20	多年生黑麦草	禾本科	*Lolium perenne*	—	—	—
21	野牛草	禾本科	*Buchloe ductyloides*	—	—	—
22	高羊茅	禾本科	*Festuca elata*	—	—	—
23	剪股颖	禾本科	*Agrostis matsumurae*	—	—	—
24	狗牙根	禾本科	*Cynodon dactylon*	—	—	—
25	结缕草	禾本科	*Zoysia japonica*	—	—	—
26	马尼拉草	禾本科	*Z. matrella*	—	—	—
27	假俭草	禾本科	*Eremochloa ophiuroides*	—	—	—
28	地毯草	禾本科	*Axonopus compressus*	—	—	—
29	麦冬	百合科	*Ophiopogon japonicus*	9～10	20～30	—
30	红三叶	豆科	*Trifolium pratense*	6～8	15～25	—
31	白三叶	豆科	*T. repens*	6～8	15～25	—
32	鸡眼草	豆科	*Kummerowia schindl*	7～9	10～15	—
33	蔓花生	豆科	*Arachis duranensis*	6～8	10～15	—
34	酢浆草	酢浆草科	*Oxalis corniculata*	5～8	10～20	—
35	蛇莓	蔷薇科	*Duchesnea indica*	6～8	10～15	—
36	阿拉伯婆婆纳	玄参科	*Veronica persica*	4～5	8～10	—
37	活血丹	唇形科	*Glechoma longituba*	5～6	10～15	—
38	佛甲草	景天科	*Sedum lineare*	4～5	8～15	—

续表

序号	植物名称	科名	拉丁学名	最佳观赏期（月）	高度（cm）	冠幅（cm）
			球根植物			
39	准噶尔郁金香	百合科	*Tulipa schrenkii*	3～4	黄	10～30
40	伊犁郁金香	百合科	*T. iliensis*	3～4	黄	10～30
41	阿尔泰郁金香	百合科	*T. altaica*	3～4	红黄双色	10～30
42	垂蕾郁金香	百合科	*T. patens*	3～4	白	10～25
43	兰花贝母	百合科	*Frftillaria yuminensis*	4～5	粉	30～40
44	额敏贝母	百合科	*F. meleagroides*	4～5	紫红	30～40
45	小白花贝母	百合科	*F. albdoflora*	4～5	白	20～30
46	砂贝母	百合科	*F. karelinii*	4～5	粉	20～30
47	黄花贝母	百合科	*F. verticillata*	4～5	黄	30～40
48	托里贝母	百合科	*F. tortifolia*	4～5	白	30～40
49	阿尔泰贝母	百合科	*F. meleagris*	4～5	紫红	20～30
50	伊犁贝母	百合科	*F. pallidiflorae*	4～5	黄	30～40
51	猪牙花	百合科	*Erythronium japonicum*	3～4	紫	30～40
52	雪光花属	百合科	*Chionodoxa*	4～5	白、粉、蓝	20～30
53	秋水仙属	百合科	*Colchicum*	10～11	粉	15～25
54	绵枣儿	百合科	*Scilla scilloides*	7～9	蓝紫	30～40
55	欧洲百合	百合科	*Lilium martagon*	6～7	橙红	50～70
56	葡萄风信子	百合科	*Muscari botryoides*	4～5	蓝、白	20～30
57	英国蓝铃花	百合科	*Hyacinthoides non-scripta*	4～5	白、蓝	15～30
58	希腊银莲花	毛茛科	*Anemone blanda*	3～5	白、紫	15～25
59	亚平宁银莲花	毛茛科	*A. apennin*	3～5	白、蓝	20～30
60	欧洲银莲花	毛茛科	*A. coronaria*	3～5	白、红、蓝	30～40
61	银莲花	毛茛科	*A. cathayensis*	5～7	白	20～30
62	日本银莲花	毛茛科	*A. japonica*	10～11	粉	30～40
63	番红花	鸢尾科	*Crocus sativus*	4～5	白、黄、蓝	10～20

续表

序号	植物名称	科名	拉丁学名	最佳观赏期（月）	高度（cm）	冠幅（cm）
64	秋番红花	鸢尾科	*Autumn crocuses*	10～11	粉	10～20
65	球根鸢尾	鸢尾科	*Dutch iris*	4～5	黄、蓝、紫	15～25
66	鸢尾蒜属	石蒜科	*Ixioiirion*	5～6	蓝	20～30
67	雪滴花	石蒜科	*Galanthusnivalis*	3～4	白	20～30
68	洋水仙	石蒜科	*Narcissuspseudonarcissus*	4～5	白、黄	30～40
69	雪片莲	石蒜科	*Leucojum vernum*	3～4	白	20～30
70	夏雪片莲	石蒜科	*L. aestivum*	5～6	白	20～40
71	围裙水仙	石蒜科	*Narcissus bulbocodium*	3～4	黄	15～20
72	西西里蜜蒜	石蒜科	*Nectaroscordum siculum*	5～6	红、蓝、黄	20～30
73	大花葱	石蒜科	*Allium giganteum*	5～6	紫	40～80
74	棱叶韭	石蒜科	*A. caeruleum*	7～8	紫	30～40

2.8 花卉混播植物物种性状库

植物及其器官的形态、解剖、生理、生化和物候特征都将决定其如何对环境因素做出反应，影响生态系统过程和服务，并提供从物种丰富度到生态系统功能多样性的联系。因此，构建物种的功能性状库，是采用功能多样性理论对群落进行研究的基础，也能为进化生物学、群落和功能生态学到生态地理学的广泛研究提供数据支持。性状库的构建能够使得生态学的研究从“物种”水平转变至“性状”水平。构建适用于中国北方地区的花卉混播物种性状库，将为花卉混播的功能多样性研究提供基础数据支撑。

2.8.1 关键性状的选择及测量方法

基于文献和实践调查，从40余个功能性状中确定了与花卉混播群落自组织过程和景观效果相关的16个植物生命周期中营养和繁殖阶段的关键功能性状，包括花部性状、生长性状、繁殖性状、种子性状和抗性性状。性状对应的花卉混播群落的功能（特性）和生态系统服务如表2-5所示。为了减弱“取样效应”带来的影响，并方便后续的研究进行分析，参考国外功能性状测量方法（Cornelissen等，2003；Pérez-Harguindeguy 等，2013；Mechelen，2015），将部分尺度变量（scale variable）按照测量值转换成序数变量（ordinal variable），使结果对变异和取样误差有较好的容忍度。

花卉混播群落关键功能性状及其对应的生态系统功能和服务　　表2-5

序号	性状名称	英文名（缩写）	对应的生态系统功能（特性）[a]	对应的生态系统服务[b]	变量类型[c]
1	花期	Flowering time（FT）	A；Pol	C；S	N
2	花期长度	Flowering length（FL）	A；Pol	C；S	O
3	首次开花时间	Time from sowing to flowering（TSF）	A	C；S	O
4	传粉者奖励	Pollinator award（PA）	Pol	S	N
5	冠层高度	Height of canopy（HC）	A；BM；SC	C；S；R	O
6	开花高度	Height of inflorescence（HI）	A；BM；SC	C；S；R	O
7	生长型	Growth form（GF）	BM；SC	C；S；R	N
8	生活型	Life form（LF）	SC	C；S；R	N
9	寿命	Longevity（LO）	BM；SS；SC	C；S；R	O
10	固氮能力	Nitrogen fixation（NF）	BM	R	B
11	光合作用途径	Photosynthetic pathway（PP）	DT	C；R	N
12	横向扩散能力	Lateral spread（LS）	SC；SS	C	O
13	自播能力	Self-seeding（SS）	SS	C	O
14	果序持续时间	Seed head duration（SHD）	A	C	O
15	平均发芽时间	Mean germination time（MGT）	SC	C	O
16	耐旱能力	Drought tolerance（DT）	DT	C；R	O

[a] 该栏中，A 为观赏性（aesthetic），Pol 为吸引传粉者能力（attract polinator），BM 为生物量（biomass），SC 为群落结构复合度（structural complexity），SS 为自我可持续能力（self-sustainability），DT 为耐旱能力（drought tolerance）。

[b] 该栏中，C 为文化服务（cultural），S 为支持服务（supporting），R 为调节服务（regulating）。

[c] 该栏中，N 为名义变量（nominal），O 为序数变量（ordinal），B 为二元变量（binary）。

（1）花期（Flowering Time，FT）

花期指在混播群落中，某种植物5%个体进入开花期的时间。

混播植物的花期能够影响群落的整体观赏期。通过组合不同开花时间的植物，可以起到延长群落观赏期的目的。一年生植物测量春播后的花期，二年生植物测量秋播后第二年的花期，多年生植物则测量播种后第3个生长季的花期，并作为名义性状，分为6个类别：① 初春（3～4月）；②春季（5月）；③初夏（6月）；④仲夏（7～8月）；⑤秋季（9～10月）；⑥冬季（11～12月）。

（2）花期长度（Flowering Length，FL）

花期长度是指在混播群落中，某种植物5%的个体进入开花期的时刻与剩余5%的个体在开花期的时刻之间的时间，以“天”为单位。很多花卉混播常用植物的花序上具有边开花边结实特性，故在本研究中，如果某个个体同时在开花和结实，则仍认为该个体处于开花期；直至该个体无花时，标记其进入结实期。

一种植物的群体花期长度与混播群落的盛花期（定义为超过20%的物种花期重叠的时期）长短有重要关系。已有的研究表明，同种植物在单播群落中和混播群落中的花期持续时间不同。通常由于种间竞争和环境异质性的存在，混播群落中同种植物的不同个体的生长环境会形成很大差异，造成个体之间的生长状况不一致，从而导致群体花期表现不同于单播群落的集中，但这可以延长群体的花期长度。

花期作为序数性状，分为4个梯度：① 短（0～20d）；②中（20～40d）；③长（40～60d）；④很长（>60d）。

（3）首次开花时间（Time From Sowing to Flowering，TSF）

每种植物在混播群落中从播种到首次开花所需的时间。

一、二年生从播种以后到开花所需的时间较短，所以是商业花卉混播组合最常使用的一类植物，能够帮助群落快速形成较好的景观效果。混播群落中的多年生植物，有些种类可以播种当年开花，有些则需要次年甚至是更长的时间才能够开花。TSF有助于对花卉混播景观效果预测。

多年生植物春播和秋播首次开花的时间表现不一致。所以测量春播后的首次开花时间，也能够预测该植物在秋播后的表现。该性状作为序数变量，分为7个梯度：①非常短（0～60d）；②短（60～90d）；③中（90～120d）；④长（120～150d）；⑤非常长（150～180d）；⑥次年开花；⑦第三年及以后开花。

（4）传粉者奖励（Pollinator Award，PA）

植物为传粉者提供花粉或花蜜的能力。

花卉混播中不仅能够为昆虫提供栖息地，还能为昆虫提供蜜源和花粉，这对保护城市的生物多样性有益。此外，花卉混播还能作为昆虫野花带（Wildflower Strip）应用于农作物周边，吸引昆虫为果树和农作物授粉，增加产量。

根据植物能否提供花蜜和花粉，将其分为4个类型：①无花蜜或花粉；②提供花蜜；③提供花粉；④提供花蜜和花粉。

（5）冠层高度（Height of Canopy，HC）

冠层高度指植物叶冠（不包括花序）上边界与地面的最短距离，单位为“cm”。

冠层高度与初级生产力、生长型、物种在群落中垂直光照梯度中的位置、竞争能力、繁殖能力、寿命以及在抗干扰（如火灾、放牧、翻耕等）能力等方面有关。

草本植物的冠层高度根据25个成熟个体在生长季末期的叶冠（不包括花序上的任何分枝、叶片或其他具有光合能力的部分）高度的平均值来确定。并作为序数性状，分为6个梯度：①0～20cm；② 20～40cm；③ 40～60cm；④ 60～80cm；⑤ 80～100cm；⑥100cm以上。

（6）开花高度（Height of Inflorescence，HI）

开花高度指植物处在开花期时花葶的上边界与地面的最短距离，单位为“cm”。

开花高度与群落的景观表现相关，与植物种子的释放高度相关。

草本植物的开花高度根据25个成熟个体在开花期时的最高花葶高度的平均值来确定。并作为序数性状，分为6个梯度：①0～20cm；② 20～40cm；③40～60cm；④ 60～80cm；⑤ 80～100cm；⑥100cm以上。

（7）生长型（Growth Form，GF）

生长型取决于植物生长的方向和程度，以及植物主轴和其他轴上的分枝方式，其对植物的冠层结构，包括株高、叶片的垂直和水平分布有影响。

生长型能够通过多种方式与植物的生理生态习性产生联系，比如通过优化叶冠的高度和叶片分布方式可以最大化光合产量，躲避恶劣的气候条件，或避免被哺乳动物啃食等。生长型也将影响混播组合的群落冠层结构，对群落的外观和物种共存具有影响。

植物生长型根据观察成熟个体进行测量，并作为名义性状。将混播常用植物的生长型分为6个类别：①基生莲座状植物（basal rosette）；②根茎伸长且具叶的植物（elongated，leaf-bearing rhizomatous）；③垫状植物（cusion plant）；④直立、多茎草本植物（erect leafy and extensive-stemmed herb）；⑤半基生、多茎草本植物（semi-basal and extensive-stemmed herb）；⑥草丛状植物（tussock）。

（8）生活型（Life Form，LF）

生活型是指植物对综合生境条件长期适应而在外貌上表现出来的生长类型。

同一种植物在不同生境环境下可能具有不同生活型。在本研究中，以田间测量结果为准，将植物分为以下5类：①高位芽植物（phanerophyte）；②地上芽植物（chamaephyte）；③地面芽植物（hemicryptophyte）；④地下芽植物（geophyte）；⑤一、二年生植物（therophyte）。

（9）寿命（Longevity，LO）

花卉混播群落中，植物寿命会影响群落的可持续性。一、二年生植物和短命宿根植物能够在群落建植初期发挥景观作用，在从长期景观来说，长寿宿根植物对于群落的稳定性和可持续性更为重要。

多数植物的寿命通过查询TRY数据库获得，并与田间数据进行比对。作为序数性状，分为3个梯度：①寿命不超过12个月；②寿命2～6年（短命宿根植物）；③寿命6年以上。

（10）固氮能力（Nitrogen Fixation Capacity，NF）

豆科植物通过与根瘤菌共生，能够固定大气中的游离氮，增加土壤中的N元素含量。有利于提高混播群落初级生产力，增加群落稳定性和可持续性。

植物的固氮能力通过文献调查获得，作为二元变量，即：0——无；1——有。

（11）光合作用途径（Photosynthetic Pathway，PP）

光合途径与植物的耐旱能力有关，其中C4植物能够提高在强光和高温下的光合速率，并在干旱时收缩气孔孔径，减少蒸腾失水；CAM植物的气孔则在炎热的白昼关闭，在凉爽的夜间开放，从而具有更强的耐旱能力。也有研究表明光合作用途径与群落稳定性有关。

植物的光合途径通过文献调查获得，作为一个名义变量，分为：①C3植物；②C4植物；③CAM植物。

（12）横向扩散能力（Lateral Spread，LS）

横向扩散通常指植物无性繁殖子株与母株之间的距离，能够反映植物的无性繁殖能力。横向扩散能力与群落可持续性有关。

草本植物的横向扩散能力根据25个成熟个体在第三个生长季末期的基面积（植株地上3cm处的截面面积）平均值来确定，单位为cm^2，作为尺度变量。

（13）自播能力（Self-seeding Capacity，SS）

植物的自播能力也与群落可持续性和更新有关。种子产量高的种类，不一定能够在混播群落中表现出强的自播能力，这是因为群落的冠层能够拦截种子，避免种子回落到土壤之中。且不同的种子大小、质量、传播结构、传播方式、种子的施放高度等因素都会影响植物的自播能力。

为简化这个问题，采用一个直接显示植物在混播群落内自播能力的测量标准，即通过计算在永久样方中同一物种的幼苗数量与成年植株的数量的比值来代表其自播能力，并作为序数变量，分为3个梯度：①弱（0～1）；②中（1～10）；③强（10以上）。

（14）果序持续时间（Seed Head Duration，SHD）

植物的果序在花后可挺立一段时间，成为一种结构性的景观元素，从而增加群落的景观层次，比如松果菊、黑心菊等；甚至有一些植物的果实具有鲜艳的色彩和独特的形态，比如蓝刺头、射干等。果序的持续时间越长，能够对群落景观的影响越持久，可作为群落秋冬季景观的主角。

测量25株结实植株的果序从形成到倒伏之间的持续时间取平均值，并作为序数变量，分为4个梯度：①短（0～20d）；②中（20～40d）；③长（40～60d）；

④很长（60d以上）。

（15）平均发芽时间（Mean Germination Time，MGT）

种子的平均发芽之间计算公式为：

$$MGT = \frac{\Sigma(D \times n)}{\Sigma n} \quad (2\text{-}1)$$

式中　“D”为从播种到测量日之间的天数；“n”为测量日当天萌发幼苗数量。

种子的发芽时间收到种子的吸水能力、种子的休眠、光照等因素的影响。已有的研究表明，先萌发的种类在种间竞争中处于优势地位，能够更快地占领空间和光照资源（刘晶晶，2016）；且发芽时间会影响物种的开花时间。

各个种类的平均发芽时间根据方翠莲（2012）和刘晶晶（2016）的试验结果获得，并作为序数性状，分为3个梯度：①快速（<20d）；②中速（20～40d）；③慢速（>40d）。

（16）耐旱能力（Drought Tolerance，DT）

花卉混播作为一种低维护且节水的植物景观形式，对植物的耐旱能力有较高的要求。

耐旱能力通过田间测量干旱期（超过20d无有效降雨期间为干旱期）过后植株的死亡率获得，作为序数变量，分为4个梯度：①非常弱（<20%）；②弱（20%～50%）；③中（50%～80%）；④强（>80%）。

2.8.2　数据采集

数据第一来源为课题组田间测量。研究选取了10个能够涵盖上述73种植物的已建植混播群落，用于测量各种植物在混播群落中的功能性状值。这些群落位于北京市北林科技八家苗圃试验基地（N40° 0′16.36″，E116°19′54.05″）内，试验田地势平坦开阔，周围无大树或楼房，光照、通风条件良好。土壤为排水良好的壤土，结构良好，其中土壤有效N=105.8ppm，有效P=15.4ppm，有效K=145.9ppm，pH=7.0。测量时间为2016年、2017年和2018年生长季，对于有测量时间要求的性状在对应时间进行测量，对于没有时间要求的性状在2018年6月中旬进行测量。从田间测量获取数据的性状有：开花时间、花期长度、首次开花时间、冠层高度、开花高度、生长型、生活型、横向扩散能力、自播能力、果序持续时间等。

第二来源为课题组的2010~2018年的观测数据集。对之前课题组对多个混播群落监测的原始数据进行整理，而后从中获得相应的功能性状值。这些数据包括方翠莲（2013）、刘晶晶（2016）、符木（2017）等人的原始观测数据。从数据集中获取数据的性状有：平均发芽时间、耐旱能力和寿命等。

第三来源为国外数据库和文献。向全球植物性状数据库（TRY）请求植物的若干个性状数据，网址为https：//www.try-db.org/TryWeb/Home.php，各植物在数据库中对应的编号见表2–5。这部分性状有：寿命、固氮能力、光合作用途径等。此外，还可从野花带相关文献中（Hicks，2016；The British Beekeepers Association，2013）获得植物“传粉者奖励”的性状值。

2.8.3 花卉混播数据库

（1）花部性状

花部功能性状包括开花时间、群体花期持续时间、播种到开花时间以及传粉者奖励4个。73种植物的开花时间分别在春季（47.9%）、仲夏（24.7%）和夏季（17.8%），早春（8.2%）和秋季（1.4%）开花的种类较少（表2–6）。

花期长度为20~40天的种类较多（49.3%），超过60天的种类占比21.9%。70%以上的种类能够在播种当年开花，其中以播种后90~120天开花的种类最多；19.2%的物种能够在次年开花，少数的物种（5.5%）需要在第三年或以后才能开花。40%余的物种确定具有为昆虫提供花粉或花蜜的功能，其余物种因调查未发现和未找到相应文献支撑而数据暂缺。

中国北方花卉混播常用植物花部性状表 表2–6

序号	中文名	开花时间[a]	花期长度[b]	首次开花时间[c]	传粉者奖励[d]
1	千叶蓍	2	2	4	2
2	花葱	2	2	6	4
3	大阿米芹	4	2	2	2

续表

序号	中文名	开花时间[a]	花期长度[b]	首次开花时间[c]	传粉者奖励[d]
4	春白菊	2	4	2	NA[e]
5	耧斗菜	1	1	6	2
6	蓟罂粟	1	1	NA	2
7	海石竹	2	2	3	NA
8	射干	4	2	6	NA
9	五色菊	2	3	3	NA
10	翠菊	4	2	3	2
11	青绿苔草	2	2	6	NA
12	矢车菊	2	3	2	NA
13	菊花	5	2	5	NA
14	一年生飞燕草	3	2	3	2
15	大花金鸡菊	2	3	5	NA
16	蛇目菊	2	2	3	4
17	波斯菊	3	4	3	4
18	硫华菊	3	4	3	NA
19	紫色达利菊	2	3	4	NA
20	石竹	2	2	3	NA
21	常夏石竹	2	2	2	NA
22	异果菊	2	2	1	NA
23	蓝刺头	3	2	6	NA
24	紫松果菊	4	4	6	NA
25	七里黄	2	2	3	NA
26	花菱草	3	2	2	3
27	宿根天人菊	4	4	4	NA
28	山桃草	3	4	4	NA
29	黄花菜	4	2	6	2
30	蓝香芥	1	2	3	2
31	喜盐鸢尾	2	2	6	NA

续表

序号	中文名	开花时间[a]	花期长度[b]	首次开花时间[c]	传粉者奖励[d]
32	西伯利亚鸢尾	2	1	7	2
33	莱雅菊	2	2	1	NA
34	大滨菊	3	2	6	2
35	西洋滨菊	2	2	6	4
36	蛇鞭菊	4	2	6	NA
37	柳穿鱼	2	3	1	2
38	宿根蓝亚麻	1	2	3	NA
39	香雪球	2	1	1	2
40	百脉根	3	2	4	4
41	一年生羽扇豆	4	2	3	3
42	剪秋罗	2	2	3	NA
43	千屈菜	4	2	4	2
44	马洛葵	4	4	2	NA
45	白晶菊	2	3	2	NA
46	草木樨	3	3	2	4
47	中国勿忘我	2	2	1	2
48	长果月见草	2	3	6	NA
49	美丽月见草	2	4	3	NA
50	高山罂粟	2	1	NA	2
51	冰岛罂粟	1	1	2	4
52	虞美人	2	1	2	3
53	钓钟柳	2	2	6	NA
54	随意草	4	2	6	NA
55	桔梗	4	3	6	NA
56	白头翁	1	1	6	4
57	除虫菊	2	2	6	NA
58	抱茎金光菊	2	2	2	NA
59	黑心菊	2	4	3	2

续表

序号	中文名	开花时间[a]	花期长度[b]	首次开花时间[c]	传粉者奖励[d]
60	红花鼠尾草	4	3	4	NA
61	粉萼鼠尾草	3	3	3	4
62	宿根鼠尾草	2	4	3	NA
63	轮峰菊	4	1	5	2
64	高雪轮	2	2	2	2
65	矮雪轮	2	2	2	NA
66	万寿菊	4	4	3	NA
67	孔雀草	4	4	3	NA
68	瓣蕊唐松草	3	2	3	NA
69	柳叶马鞭草	4	4	3	NA
70	细叶美女樱	3	4	4	NA
71	加拿大美女樱（绒毛马鞭草）	4	4	6	NA
72	穗花婆婆纳	2	3	6	2
73	百日草	3	4	2	NA
缺失值比例（%）		0	0	2.7	57.5

[a] “开花时间”一栏中，1 初春（3 ~ 4 月）；2 春季（5 月）；3 初夏（6 月）；4 仲夏（7 ~ 8 月）；5 秋季（9 ~ 10 月）；6 冬季（11 ~ 12 月）。

[b] “花期长度”一栏中，1 短（0 ~ 20d）；2 中（20 ~ 40d）；3 长（40 ~ 60d）；4 很长（>60d）。

[c] “首次开花时间”一栏中，1 非常短（0 ~ 60d）；2 短（60 ~ 90d）；3 中（90 ~ 120d）；4 长（120 ~ 150d）；5 非常长（150 ~ 180d）；6 次年开花；7 第三年及以后开花。

[d] “传粉者奖励”一栏中，1 无花蜜或花粉；2 提供花蜜；3 提供花粉；4 提供花蜜和花粉。

[e] NA 代表数据暂缺，下同。

（2）生长性状

生长性状包括7个功能性状：冠层高度、开花高度、生长型、生活型、寿命、固氮能力和光合途径（表2–7）。

植物物种冠层高度为20 ~ 40cm（53.4%），其次分别是40 ~ 60cm（23.3%）和0 ~ 20cm（20.5%），物种的冠层高度超过60cm（1.4%）。植物的开花高度集中于20 ~ 40cm（34.2%）和40 ~ 60cm（30.1%），少数植物开花高度为60 ~ 80cm

（17.8%）和0~20cm（13.7%），2种植物的开花高度可超过80cm（2.7%）。

大部分植物的生长型为“直立、多茎草本植物”（60.6%）和“半基生、多茎草本植物（23.3%）”，莲座状植物有4种，根茎伸长且具叶的植物有6种，垫状植物和草丛状植物各1种。地面芽植物（43.8%）和一、二年生植物（45.2%）为主要的生活型，少部分植物为地下芽植物（11.0%）。

近50%的植物种类为寿命不超过一年的一、二年生种类（含在北京地区多年生作一、二年生栽培的种类）（49.3%），其次是长寿宿根植物（21.9%）和短命宿根植物（16.4%），还有9种植物的寿命数据暂缺。

除3种豆科植物以外，其余植物不具备固氮能力。所有植物均为C3植物，无C4和CAM植物。

中国北方花卉混播常用植物生长性状表　　表2–7

序号	中文名	冠层高度[a]	开花高度[b]	生长型[c]	生活型[d]	寿命[e]	固氮能力[f]	光合途径[g]
1	千叶蓍	3	3	4	3	NA	0	1
2	花葱	2	2	1	4	3	0	1
3	大阿米芹	2	2	4	5	1	0	1
4	春白菊	1	3	4	5	1	0	1
5	耧斗菜	2	3	5	3	3	0	1
6	蓟罂粟	NA	NA	5	5	1	0	1
7	海石竹	1	2	1	3	3	0	1
8	射干	2	5	2	4	3	0	1
9	五色菊	2	1	4	5	1	0	1
10	翠菊	3	3	4	5	1	0	1
11	青绿苔草	2	2	6	3	NA	0	1
12	矢车菊	3	3	4	5	1	0	1
13	菊花	2	2	4	3	2	0	1
14	一年生飞燕草	1	2	4	5	1	0	1
15	大花金鸡菊	2	3	5	3	NA	0	1

续表

序号	中文名	冠层高度[a]	开花高度[b]	生长型[c]	生活型[d]	寿命[e]	固氮能力[f]	光合途径[g]
16	蛇目菊	2	3	4	5	1	0	1
17	波斯菊	3	4	4	5	1	0	1
18	硫华菊	3	4	4	5	1	0	1
19	紫色达利菊	3	3	4	3	3	1	1
20	中国石竹	2	2	4	3	2	0	1
21	常夏石竹	2	2	4	3	2	0	1
22	异果菊	2	2	4	5	1	0	1
23	蓝刺头	2	3	5	3	2	0	1
24	紫松果菊	2	4	5	3	3	0	1
25	七里黄	2	2	1	5	1	0	1
26	花菱草	1	1	5	5	1	0	1
27	宿根天人菊	2	3	5	3	3	0	1
28	山桃草	3	4	4	3	NA	0	1
29	黄花菜	3	6	2	4	3	0	1
30	蓝香芥	2	2	5	3	1	0	1
31	喜盐鸢尾	4	4	2	4	3	0	1
32	西伯利亚鸢尾	3	2	2	4	3	0	1
33	莱雅菊	2	2	4	5	1	0	1
34	大滨菊	1	3	5	3	2	0	1
35	西洋滨菊	2	2	5	3	2	0	1
36	蛇鞭菊	2	3	5	4	3	0	1
37	柳穿鱼	1	1	4	5	1	0	1
38	宿根蓝亚麻	3	4	4	3	2	0	1
39	香雪球	1	1	4	5	1	0	1
40	百脉根	2	2	4	3	NA	1	1
41	一年生羽扇豆	2	2	4	5	1	0	1
42	剪秋罗	3	3	4	5	1	0	1

续表

序号	中文名	冠层高度[a]	开花高度[b]	生长型[c]	生活型[d]	寿命[e]	固氮能力[f]	光合途径[g]
43	千屈菜	2	3	4	3	NA	0	1
44	马洛葵	3	3	4	5	1	0	1
45	白晶菊	1	1	4	5	1	0	1
46	草木樨	3	4	4	5	1	1	1
47	中国勿忘我	2	1	5	3	1	0	1
48	长果月见草	2	2	4	3	3	0	1
49	美丽月见草	2	2	4	3	NA	0	1
50	高山罂粟	1	1	3	3	2	0	1
51	冰岛罂粟	1	2	1	5	1	0	1
52	虞美人	2	2	4	5	1	0	1
53	钓钟柳	2	3	4	3	2	0	1
54	随意草	2	3	4	3	NA	0	1
55	桔梗	3	4	4	4	NA	0	1
56	白头翁	2	1	2	4	3	0	1
57	除虫菊	1	3	2	3	3	0	1
58	抱茎金光菊	2	4	5	3	1	0	1
59	黑心菊	3	4	5	3	2	0	1
60	红花鼠尾草	1	1	4	5	1	0	1
61	粉萼鼠尾草	2	2	4	5	1	0	1
62	宿根鼠尾草	2	3	4	3	3	0	1
63	轮峰菊	2	3	5	5	1	0	1
64	高雪轮	1	3	5	5	1	0	1
65	矮雪轮	1	1	4	5	1	0	1
66	万寿菊	3	3	4	5	1	0	1
67	孔雀草	2	2	4	5	1	0	1
68	瓣蕊唐松草	1	4	5	3	3	0	1
69	柳叶马鞭草	2	3	4	5	1	0	1

续表

序号	中文名	冠层高度[a]	开花高度[b]	生长型[c]	生活型[d]	寿命[e]	固氮能力[f]	光合途径[g]
70	细叶美女樱	2	2	4	5	1	0	1
71	加拿大美女樱（绒毛马鞭草）	3	4	4	3	2	0	1
72	穗花婆婆纳	2	2	4	3	2	0	1
73	百日草	2	4	4	5	1	0	1
缺失值比例（%）		1.4	1.4	0	0	12.3	0	0

[a] “冠层高度”一栏中，1——0 ~ 20cm；2——20 ~ 40cm；3——40 ~ 60cm；4——60 ~ 80cm；5——80 ~ 100cm；6——100cm 以上。
[b] “开花高度”一栏中，1——0 ~ 20cm；2——20 ~ 40cm；3——40 ~ 60cm；4——60 ~ 80cm；5——80 ~ 100cm；6——100cm 以上。
[c] “生长型”一栏中，1——基生莲座状植物；2——根茎伸长且具叶的植物；3——垫状植物；4——直立、多茎草本植物；5——半基生、多茎草本植物；6——草丛状植物。
[d] “生活型”一栏中，1——高位芽植物；2——地上芽植物；3——地面芽植物；4——地下芽植物；5——一、二年生植物。
[e] “寿命”一栏中，1——寿命不超过 1 年；2——寿命 1 ~ 6 年（短命宿根植物）；3——寿命 6 年以上。
[f] “固氮能力”一栏中，0——无；1——有。
[g] “光合途径”一栏中，1——C3 植物；2——C4 植物；3——CAM 植物。

（3）繁殖性状、种子性状和抗旱性

多数植物的自播能力较弱（64.4%），少数植物具有适中（21.9%）和较强（13.6%）的自播能力。50.7%植物的横向扩散能力很弱或接近于无，尤其是一、二年生植物；少数植物具有适中（38.4%）和较强的横向扩散能力（6.8%）。

种子性状包括果序持续时间和平均萌发时间。多数植物的果序在0 ~ 20天（45.2%）和20 ~ 40天（38.4%）内倒伏或消失，少数植物的果序能坚持40 ~ 60天（5.5%）或60天以上（11.0%）。能够快速萌发的种类占比38.4%，中速萌发的种类占比39.7%，还有19.2%的种类萌发速度较慢。

选取的植物中，43.8%的植物具有较强的耐旱性，还有19.2%和11.0%的植物分别具有适中或较弱的耐旱性，有两种植物（冰岛罂粟和矮雪轮）几乎不具备耐旱性。此外还有17种植物的耐旱性数据暂缺（表2–8）。

中国北方花卉混播常用植物繁殖性状、种子性状和抗旱性性状表　　表2-8

序号	中文名	自播能力[a]	横向扩散能力[b]	果序持续时间[c]	平均萌发时间[d]	耐旱性[e]
1	千叶蓍	3	161.36	1	1	4
2	花葱	3	19.20	2	2	4
3	大阿米芹	1	0.00	1	1	NA
4	春白菊	1	0.00	2	3	2
5	耧斗菜	2	27.75	1	3	4
6	蓟罂粟	1	0.00	1	2	3
7	海石竹	1	NA	2	3	2
8	射干	1	166.40	4	3	4
9	五色菊	1	0.00	1	1	NA
10	翠菊	1	0.00	1	2	NA
11	青绿苔草	1	27.75	2	2	4
12	矢车菊	1	0.00	1	1	2
13	菊花	1	75.09	2	2	4
14	一年生飞燕草	1	0.00	2	2	NA
15	大花金鸡菊	3	54.54	2	1	4
16	蛇目菊	2	0.00	2	1	3
17	波斯菊	2	0.00	1	1	NA
18	硫华菊	2	0.00	1	1	NA
19	紫色达利菊	2	56.01	3	2	3
20	石竹	1	21.88	2	2	4
21	常夏石竹	1	21.88	2	2	3
22	异果菊	1	0.00	2	1	NA
23	蓝刺头	1	NA	4	1	3
24	紫松果菊	3	28.27	4	2	3
25	七里黄	1	0.00	1	2	2
26	花菱草	1	0.00	1	1	4
27	宿根天人菊	2	79.41	2	1	4
28	山桃草	3	179.34	4	1	4
29	黄花菜	2	44.84	1	2	4
30	蓝香芥	1	0.00	1	1	4
31	喜盐鸢尾	1	171.52	1	3	4
32	西伯利亚鸢尾	1	30.95	1	3	NA
33	莱雅菊	1	0.00	2	1	4

续表

序号	中文名	自播能力[a]	横向扩散能力[b]	果序持续时间[c]	平均萌发时间[d]	耐旱性[e]
34	大滨菊	2	34.21	2	2	4
35	西洋滨菊	1	49.57	2	1	4
36	蛇鞭菊	2	39.72	2	2	4
37	柳穿鱼	1	0.00	1	1	2
38	宿根蓝亚麻	1	17.10	2	1	4
39	香雪球	1	0.00	1	1	2
40	百脉根	3	153.94	1	NA	4
41	一年生羽扇豆	1	0.00	2	2	NA
42	剪秋罗	1	0.00	1	2	3
43	千屈菜	1	75.94	2	3	4
44	马洛葵	1	0.00	3	2	NA
45	白晶菊	1	0.00	2	2	2
46	草木樨	3	82.52	2	NA	4
47	中国勿忘我	1	0.00	2	1	NA
48	长果月见草	2	6.55	2	2	3
49	美丽月见草	2	66.80	4	1	3
50	高山罂粟	1	0.00	1	3	NA
51	冰岛罂粟	1	0.00	1	2	1
52	虞美人	1	0.00	1	2	NA
53	钓钟柳	1	41.60	1	2	3
54	随意草	1	82.96	2	3	4
55	桔梗	1	36.08	3	3	4
56	白头翁	1	NA	1	3	4
57	除虫菊	1	0.00	1	2	3
58	抱茎金光菊	2	0.00	2	2	4
59	黑心菊	3	46.84	4	2	4
60	红花鼠尾草	1	0.00	2	2	4
61	粉萼鼠尾草	1	0.00	2	1	3
62	宿根鼠尾草	2	50.27	4	1	4
63	轮峰菊	1	0.00	1	2	NA
64	高雪轮	1	0.00	1	1	NA
65	矮雪轮	1	0.00	1	1	1
66	万寿菊	1	0.00	1	1	2

续表

序号	中文名	自播能力[a]	横向扩散能力[b]	果序持续时间[c]	平均萌发时间[d]	耐旱性[e]
67	孔雀草	2	0.00	1	1	NA
68	瓣蕊唐松草	2	11.54	1	3	4
69	柳叶马鞭草	1	0.00	2	3	4
70	细叶美女樱	1	0.00	1	2	3
71	加拿大美女樱（绒毛马鞭草）	3	69.23	4	2	4
72	穗花婆婆纳	2	25.22	3	3	3
73	百日草	3	0.00	1	1	NA
缺失值比例（%）		0	4.1	0	2.7	23.3

[a] “自播能力”一栏中，1——弱（0～1）；2——中（1～10）；3——强（10以上）。
[b] “横向扩散能力”一栏中，单位为 cm^2。
[c] “果序持续时间”一栏中，1——短（0～20d）；2——中（20～40d）；3——长（40～60d）；4——很长（60d以上）。
[d] “平均萌芽时间”一栏中，1——快速（<20d）；2——中速（20～40d）；3——慢速（>40d）。
[e] “耐旱性”一栏中，1——非常弱（<20%）；2——弱（20%～50%）；3——中（50%～80%）；4——强（>80%）。

（4）不同功能性状间的相关性分析

对花期等16个功能性状进行相关性分析，可看出这些功能性状间的联系（表2–9）。

花部性状中，花期（FT）与花期长度（FL）、开花高度（HI）之间为正相关关系，即混播中早花植物的开花高度矮、花期长度短；晚花植物花期长，开花高度高。花期长度（FL）、果序持续时间（SHD）、自播能力（SS）三者之间互相正相关。首次开花时间（TSF）与寿命（LO）、横向扩散能力（LS）、平均萌发时间（MGT）正相关，与生活型（LF）呈显著负相关。

生长性状中，冠层高度（HC）与开花高度（HI）、横向扩散能力（LS）、自播能力（SS）显著正相关。生活型（LF）与寿命（LO）、横向扩散能力（LS）、自播能力（SS）、果序持续时间（SHD）均呈极显著负相关。生长型（GF）与平均发芽时间（MGT）显著负相关。固氮能力（NF）与自播能力（SS）显著正相关。

耐旱能力（DT）虽然与首次开花时间、冠层高度、开花高度、生活型、寿命、横向扩散能力和自播能力均呈显著正相关。

表2-9

各功能性状间的相关性

		FT	FL	TSF	PA	HC	HI	GF	LF	LO	NF	LS	SS	SHD	MGT	DT
FT			.003	.132	.624	.210	.007	.278	.299	.757	.949	.563	.486	.080	.462	.025
			73	71	31	72	72	73	73	64	73	70	73	73	71	56
FL		.344**		-.228	.386	.023	.023	.091	.657	.380	.736	.929	.000	.000	.030	1.000
		73		71	31	72	72	73	73	64	73	70	73	73	71	56
TSF		.170	-.083		.916	.067	.011	.306	.000	.000	.693	.000	.103	.071	.000	.001
		71	71		29	71	71	71	71	62	71	68	71	71	69	55
PA		-.092	.161	.021		.089	-.047	-.345	.220	.963	.389*	.714	.246	.042	.335	.870
		31	31	29		30	30	31	31	28	31	30	31	31	29	20
HC		.149	.268*	.219	.639		.000	.802	.601	.385	.129	.002	.021	.186	.756	.006
		72	72	71	30		72	72	72	63	72	69	72	72	70	55
HI		.318**	.267*	.300*	.807	.548**		.887	.161	.028	.538	.001	.000	.032	.200	.005
		72	72	71	30	72		72	72	63	72	69	72	72	70	55
GF		.129	.200	-.123	.057	-.030	.017		.250	.022	.892	.578	.293	.211	.004	.027
		73	73	71	31	72	72		73	64	73	70	73	73	71	56
LF		.123	.053	-.518**	.234	-.063	-.167	-.136		.000	.522	.000	.004	.000	.069	.000
		73	73	71	31	72	72	73		64	73	70	73	73	71	56
LO		-.039	-.112	.722**	-.009	.111	.277*	-.286*	-.717**		.066	.000	.322**	.322**	.000	.005
		64	64	62	28	63	63	64	64		64	61	64	64	63	47
NF		.008	.040	-.048	.031	.181	.074	.016	-.076	.602		.025	.004	.746	.793	.528
		73	73	71	31	72	72	73	73	64		70	73	73	71	56

续表

	FT	FL	TSF	PA	HC	HI	GF	LF	LO	NF	LS	SS	SHD	MGT	DT
LS	.070	.011	**.610****	.070	**.367****	**.397****	-.068	**−.690****	**.829****	.267*		.483**	.430**	.016	.000
	70	70	68	30	69	69	70	70	61	70		70	70	68	53
SS	.083	**.406****	.195	.182	.271*	**.424****	.125	**−.331****	.010	**.336****	.000		.005	.192	.007
	73	73	71	31	72	72	73	73	64	73	70		73	71	56
SHD	.206	**.433****	.216	.821	.158	.253*	.148	**−.423****	.009	.039	.000	**.325****		.668	.069
	73	73	71	31	72	72	73	73	64	73	70	73		71	56
MGT	.089	-.258*	**.471****	-.185	-.038	.155	**−.339****	-.217	**.473****	.032	.292*	-.157	.052		.267
	71	71	69	29	70	70	71	71	63	71	68	71	71		54
DT	.299*	.000	**.445****	-.039	**.364****	**.376****	.295*	**−.482****	**.403****	.086	**.562****	**.358****	.245	.154	
	56	56	55	20	55	55	56	56	47	56	53	56	56	54	

注 1. 对角分隔线上方的数据为显著性（双侧），下方的数据为 Pearson 相关性指数。显著性（双侧）和 Pearson 相关性指数下方的数据为 N 值。

2. **代表在 0.01 水平（双侧）上显著相关；* 代表在 0.05 水平（双侧）上显著相关；所有 $P<0.01$ 的结果都加粗显示。

3. 所有植物在“光合途径”性状中不存在差异，故从表中删除。

物种性状库中包含73种植物，基本覆盖了北方地区常见的花卉混播植物，其中一、二年生植物与多年生植物的比例约为1：1。测量的性状中，既有容易获得和量化的软性状，如生长型、生活型等；也有难以在许多地区和大量植物中定量的硬性状，如本研究中的横向扩散能力、自播能力、平均发芽时间、耐旱能力等。没对更多自然群落研究中使用的硬性状进行测量，如比叶面积、干重、叶面积等进行测量。这是因为植物的生态特性可能由多种因素影响，比如耐旱性可能与比叶面积、叶片气孔数量和结构、光合作用途径等性状相关，植物的自播能力与种子的传播方式、释放高度、沉降速率、种子大小、种子形状、种子附属结构、种子休眠、种子质量等性状相关，其作用机理复杂，且这些性状均不能直接表征植物的耐旱性和自播能力。直接确定标准来测量植物的耐旱性和自播能力，简化了问题的同时也更方便实际应用。本研究提供的数据库在使用尽可能少的功能性状的同时，能够更好地与花卉混播群落的构建过程和生态系统的服务直接关联。

功能间具有显著相关性。对于茎顶开花的植物，冠层的高度会影响开花高度，且冠层较高的宿根植物能够在光照资源竞争上具有优势，并具有更强营养繁殖扩张能力，物种库中晚花植物的开花高度倾向于更高，“越顶策略（Overtopping strategy）”假说可解释，即较低植物选择早开花的策略，无论是风媒植物还是虫媒植物，都更有利于避开更高植物形成的物理障碍而利用风或吸引昆虫传粉，使草本植物群落的花期具有顺序。首次开花时间与平均萌发时间（MGT）具有相关性，即萌发快的物种常开花迅速，生活型（LF）与寿命（LO）、横向扩散能力（LS）之间的关系与一、二年生植物和多年生植物的生长繁殖策略的选择一致，即一、二年植物开花迅速的同时还具备寿命短、横向扩散能力弱的特点，倾向于把营养集中于种子繁殖；而多年生植物正好相反，更倾向于营养繁殖。

分析73种常用花卉混播在性状上的组成比例，有助于筛选更多植物进入花卉混播使花卉混播向景观多元化发展，避免商业花卉混播组合的景观同质。花卉混播植物之中早春和秋季开花的植物种类较少，着重向物种库中增加这两个阶段开花的、适用于花卉混播的植物，有利于进一步延长花卉混播群落的观赏期。

播种当年开花的宿根植物能够同时兼顾群落早期和中期的景观，如黑心菊、宿根天人菊、千屈菜等，在未来应继续扩充这类植物。为使花卉混播的群落冠层外观看起来更丰富自然，可增加群落冠层的复合程度，增添各个生长型的种类，尤其是基生莲座状植物、垫状植物、根茎类植物和丛生植物。

豆科植物具有较强的竞争能力（如有性繁殖能力较强的草木樨和无性繁殖能力较强的百脉根等），引入混播群落之中不利于物种共存，但固氮作用能对于群落生产力和可持续性的贡献。物种库中紫色达利菊种子产量大、自播能力强，但幼苗喜光，易在群落下层被淘汰，是一个竞争能力适中且具有固氮能力的植物，对于群落的可持续性和土壤N含量的恢复很有帮助，应多筛选这类豆科植物。同时，物种库中已有很多果序持续时间长的物种，在延长群落的观赏期的同时使景观更富野趣，以后可筛选更多果序具有观赏性的植物。

将混播植物生长特征的进行了定量描述，有利于设计师更好地了解植物在环境胁迫下生存策略的权衡，理解植物与其所处环境之间的关系，从而设计出因地制宜的混播群落，充分发挥混播群落的功能。使基于功能多样性的花卉混播群落研究得以展开。未来还可以对能够更加准确反映生态系统功能和服务的硬性状进行测量，尤其是能够直接体现植物竞争能力的功能性状，如耐阴能力、相对生长速率等。本研究中少数性状之间的相关性尚存疑，可能是由于样本量不足或样本分布不均匀造成的。通过增加物种库物种和性状的数量，在未来能为这些结果给出更可靠的解读，揭露植物不同功能性状之间的联系。

3 花卉混播群落种间竞争与管理

研究混播中不同花卉在群落中的竞争关系，对于构建结构稳定的混播群落具有重要的指导作用。群落内不同种间竞争是指对环境资源要求基本相同的种或品种共存时，其生活力、生长速度和繁殖力因彼此间相互抑制而下降的现象。植物受竞争影响程度取决于自身及相邻植物大小、数量、植物利用资源的特性等因素。群落的稳定性取决于构成群落不同种的生态位重叠程度，生态位重叠程度越大，物种对有限资源的竞争越激烈，群落稳定性越差，群落的种类组成和结构因竞争而变化。群落中稳定共存的物种间存在一定的生态位分化。

构建混播群落时，要选择形态特征和发育特性相互适应的植物，以有利于互补地利用空间和时间，利用光、热、水、肥、气等环境因素，才能获得稳定的人工群落，实现虽由人作宛若天成的景观效果。

混播构成的人工群落，并非只是个体相加的简单机械集群，而是群体集合效应的反映。植物在群落内的景观效果与片植栽培生长时不同，多年生植物差别更大，不能由以往植物片植栽培的表现，判断它们在群落中的特征和表现。

花卉混播景观由20 ~ 30多种花卉混合播种构成，从种子萌发、幼苗生长，到开花、种子散落等全部生命周期都存在着与群落中邻近植物的竞争。竞争从播种后出苗开始，因此种粒大小、播种密度、生长速率、结实期等都会影响混播群落内不同花卉的竞争力。

3.1 种粒大小

高萌发率、高幼苗存活率的种子，在混播群落中的竞争力较强。对于多年生花卉而言，播种后第一年生长速度快，或第1 ~ 2年具有很强的耐阴能力的植物，具备良好的群落生存能力。

种子大小与幼苗活力存在相关性，对种子大小的研究有助于分析花卉混播景观建立初期种子萌发及幼苗存活情况。根据种子大小可以把种子分为大粒种子（>5.0mm）、中粒种子（2.0 ~ 5.0mm）和小粒种子（<2.0mm）。通过平均发芽

时间（MGT）可判断种子萌发速度及发芽整齐度，以此可将种子萌发分为快速（0～2天）、中速（2～6天）和慢速（>6天）。对北方经常使用的31种花卉的种粒大小及实验室种子萌发情况进行测定，选出其中14种花卉，以种粒大小及萌发速度设计5个组合，分别进行实验室和露地萌发对比实验（表3-1）。

花卉种子大小和平均发芽时间 **表3-1**

	植物名称	种子大小（mm）	种粒类型	萌发率（%）	MGT（天）	萌发速度
一、二年生花卉	矮波斯菊	7.85	大粒	88.0	1.10	快速
	向日葵（矮）	6.00	大粒	81.3	1.60	快速
	矢车菊	5.88	大粒	85.0	1.20	快速
	硫华菊	6.40	大粒	49.5	1.40	快速
	屈曲花	3.00	中粒	57.3	1.00	快速
	蛇目菊	2.53	中粒	73.0	1.00	快速
	霞草	2.60	中粒	16.0	1.80	快速
	月见草	4.00	中粒	89.0	1.60	快速
	醉蝶花	2.00	中粒	96.7	1.60	快速
	虞美人	0.66	小粒	87.7	1.18	快速
	花菱草	1.16	小粒	75.0	2.40	中速
多年生花卉	松果菊（白花）	5.00	大粒	73.3	1.30	快速
	喜盐鸢尾	5.40	大粒	83.3	1.20	快速
	瓣蕊唐松草	4.30	中粒	84.0	1.70	快速
	春白菊	3.20	中粒	73.3	1.30	快速
	春黄菊	2.60	中粒	34.3	1.50	快速
	重瓣金鸡菊	3.20	中粒	33.3	1.90	快速
	荷兰菊	2.40	中粒	74.3	1.40	快速
	黑心菊	2.30	中粒	99.4	1.30	快速
	小花葱	3.00	中粒	84	3.00	中速
	宿根亚麻	3.80	中粒	73.3	5.30	中速
	棉团铁线莲	4.80	中粒	64.0	2.60	中速

续表

	植物名称	种子大小（mm）	种粒类型	萌发率（%）	MGT（天）	萌发速度
多年生花卉	七里黄	2.40	中粒	53.3	3.80	中速
	长尾婆婆纳	0.60	小粒	97.3	1.00	快速
	阔叶风铃草	1.10	小粒	46.0	2.10	中速
	石竹	1.88	小粒	38.7	17.80	慢速
	滨菊（矮）	1.70	小粒	6.7	8.00	慢速
	地榆	2.00	小粒	18.7	23.00	慢速
	千叶蓍	1.50	小粒	4.0	7.00	慢速
	蛇莓	1.10	小粒	86.7	6.40	慢速
	鼠尾草	1.40	小粒	44.0	8.00	慢速

种粒大小对萌发率具有显著影响（图3-1）。在实验室理想条件下，小粒种子的萌发率显著高于中粒种子；而露地播种时，大粒种子的萌发率显著高于小、中粒种子。大种子的吸水速率比小种子高很多，露地播种萌发率高。当然也存在一定的例外，如喜盐鸢尾的萌发率在实验室、温室、露地条件下基本一致；矮波斯菊、矢车菊、白花松果菊和小花葱的实验室萌发率是露地的2～4倍；花菱草、石竹和七里黄的实验室萌发率为露地的7～10倍；虞美人、瓣蕊唐松草、棉团铁线莲、黑心菊的实验室萌发率是露地的10倍以上。综合不同类型种子的萌发情

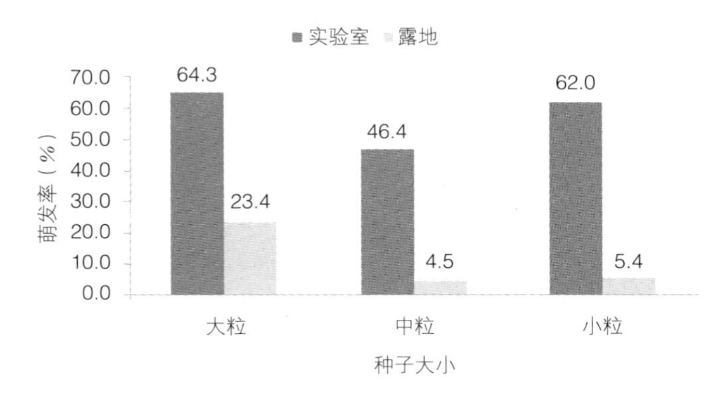

图3-1　不同大小种子的实验室和露地萌发率比较

况，实验室条件下大粒种子的萌发率约为露地的2～3倍，而中、小粒种子约为露地的5～10倍。因此，可根据实验室种子的萌发率推测露地播种的萌发率。应用花卉混播计算花卉的用种量时，在考虑应用场地土质和降雨量的前提下，比试验田的用种量适度增加，露地直播大粒种子按实验条件萌发率的2～5倍计算，中小粒种子可按实验条件萌发率的8～10倍计算用种量，避免种子使用过多造成浪费和增加种苗间的竞争。

露地播种小粒种子的萌发高峰天数少。小粒种子的萌发高峰最短，平均在25天左右。自然环境下，小粒种子因自身营养物质较少，具有萌发快的特点，这是小粒种子适应环境的生存对策，在露地播种实验中也得到证实。大、中粒种子里的营养物质充足、萌发过程长，环境压力对其生存的威胁少于小粒种子。

不仅种粒大小对种子萌发有影响，植物的生长周期对种子萌发也有影响。一、二年生花卉的萌发速度和整齐度高于多年生花卉，实验室、温室和露地条件下分别快10倍、7.5倍和2.5倍。多年生花卉的萌发过程因种而异，露地条件下大部分栽培品种可在14～20天萌发；但多年生野生花卉种子萌发慢且不整齐，萌发过程可持续1～2个月，萌发率因种而异差别很大，有些还存在各种不同类型的休眠。如果混播中应用野生花卉，形成有地域特色的景观，首先应研究野生花卉种子的萌发特性。不同野生花卉的种子生物学特性与差异较大，而且野生花卉种子萌发特性可以检索到的研究资料很少。可以从原生境出发进行分析，推测多年生野生花卉的类型。以往对商品花卉的应用方式决定了商业化花卉的种类十分有限，大量的野生花卉缺少使用的动力，因此基础研究不足。

种粒大小对幼苗存活率影响显著。幼苗存活率为播种后140天幼苗平均数与最大萌发幼苗数之比。中粒、大粒种子的幼苗存活率在50%以上（图3–2），显著高于小粒种子（38%）。种子大小与萌发率之间不存在简单的线性关系。大粒种子和中粒种子幼苗的存活率显著大于小粒种子，约是其1.5倍。小粒种子幼苗抵御不良环境能力差，幼苗死亡量大。但小粒种子的单株结种能力强，如果结合地上部分收割，可以保证群落内小粒种子植物的更新。

从种子大小对萌发率的影响可以得出种子大小对萌发率有显著影响（P=0.035）。大粒种子平均萌发率（28.7%）大于中粒种子（23.1%）和小粒种

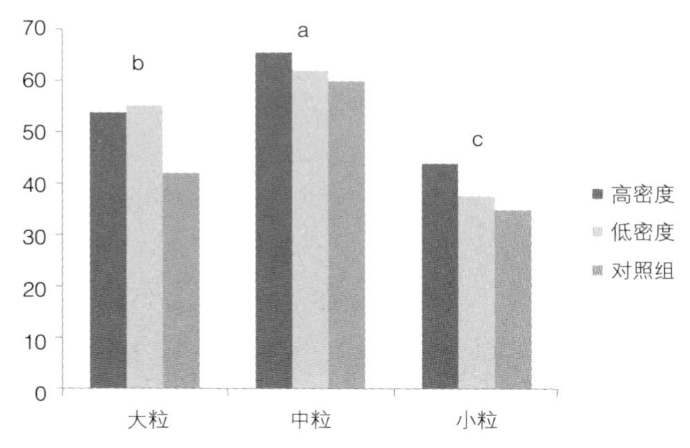

图3-2 播种密度与种粒大小对幼苗存活率影响

子（15.7%），且大粒种子萌发率显著大于小粒种子（P=0.031），但大粒种子与中粒种子的萌发率、中粒种子与小粒种子的萌发率差异均不显著（P=0.505，P=0.192）。种子大小与萌发率之间不存在简单线性关系（P=0.347，P=0.123）。研究花卉生活周期对萌发率影响得出供试的一、二年生花卉平均萌发率（23.6%）大于多年生花卉（21.0%），但差异不显著（P=0.562）。研究栽培花卉品种与野生花卉对萌发率的影响得出栽培花卉平均萌发率（24.6%）大于野生花卉（18.0%），但差异不显著（P=0.109）。射干、月见草、石竹的萌发率较高，约为44.1%，高萌发率属于具有杂草属性的多年生植物，与多年生植物的寿命存在一定的关联。

大粒种子的存活率（75.9%）和中粒种子（72.6%）大于小粒种子（47.3%），但差异不显著（P=0.218）。供试的一、二年生花卉华北蓝盆花和白晶菊的存活率较高，分别为76.8%和52.9%；多年生花卉菊花、蓝刺头、萱草、柳叶马鞭草、春白菊、射干、海石竹、七里黄、花葱的存活率较高，均达到了70%以上，高存活率的植物适宜在混播中使用。James等（2001）认为具有较高存活率的植物可能与它们萌发较早、属于大粒或中粒种子以及根系生长较快有关。供试的花卉中具有高存活率的均为萌发较早的大粒或中粒种子。多年生小种粒的冰岛虞美人和高山罂粟的存活率较低，为30%以下，这可能与植株较矮，处于群落底层得不到充足的阳光，以及根系生长慢有关。

华北蓝盆花和白晶菊的存活率较高，分别为76.8%和52.9%；虞美人因在群落内150天已完成生活史，故在样方内未观测到有存活的植株；华北蓝盆花和白晶菊具有较长的生长周期。多年生花卉中，菊花、蓝刺头、萱草、柳叶马鞭草、春白菊、射干、海石竹、七里黄、花葱的存活率较高，均达到了70%以上；冰岛虞美人和高山罂粟的存活率较低，分别为19.2%和27.5%（表3-2）。

花卉种子大小、种子萌发率与存活率 **表3-2**

类型	植物名称	种子大小（mm）	萌发率 (%)	存活率 (%)
一、二年生花卉	白晶菊	2.66 ± 0.04	11.7 ± 3.9	52.9 ± 19.2
	花菱草	1.47 ± 0.06	41.5 ± 7.8	10.3 ± 2.7
	华北蓝盆花	5.04 ± 0.28	21.2 ± 12.1	76.8 ± 20.2
	蓟罂粟	1.22 ± 0.02	7.1 ± 1.7	0
	矢车菊	5.63 ± 0.18	37.7 ± 1.1	6.5 ± 1.4
	虞美人	0.84 ± 0.05	23.0 ± 2.8	0
多年生花卉	白头翁	3.88 ± 0.07	8.2 ± 2.8	53.3 ± 36.2
	瓣蕊唐松草	6.16 ± 0.09	5.0 ± 2.2	44.4 ± 19.2
	冰岛虞美人	0.98 ± 0.08	15.6 ± 0.5	19.2 ± 2.6
	春白菊	2.30 ± 0.07	10.1 ± 2.7	86.1 ± 12.7
	海石竹	1.54 ± 0.18	9.5 ± 1.2	73.3 ± 30.6
	花葱	2.75 ± 0.14	25.6 ± 10.0	70.0 ± 14.3
	菊花	2.31 ± 0.01	13.6 ± 6.4	100.0 ± 0.0
	蓝刺头	8.52 ± 0.10	33.3 ± 19.2	100.0 ± 0.0
	柳叶马鞭草	1.65 ± 0.04	1.7 ± 0.2	90.5 ± 16.5
	耧斗菜	1.75 ± 0.11	5.1 ± 3.2	51.7 ± 44.8
	七里黄	2.47 ± 0.14	23.4 ± 2.7	71.0 ± 15.7
	射干	5.39 ± 0.17	46.7 ± 30.6	83.3 ± 28.9
	石竹	2.38 ± 0.17	41.7 ± 8.0	52.9 ± 3.7
	萱草	4.80 ± 0.26	26.7 ± 11.5	91.7 ± 14.4
	高山罂粟	0.87 ± 0.06	11.7 ± 2.9	27.8 ± 25.5
	月见草	3.89 ± 0.19	43.9 ± 2.6	55.6 ± 13.9

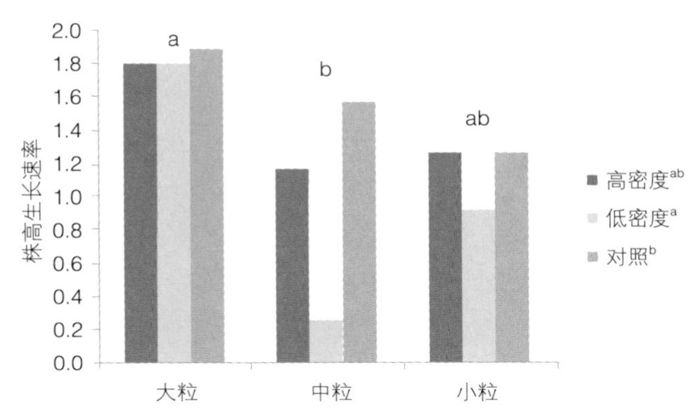

图3-3　种粒大小和播种密度对幼苗高生长速率的影响

英国学者对22种花卉在城市废弃土壤中萌发率、存活率的影响研究中得到的结论和课题组的研究结论一致，英国的实验表明大粒种子在播种后150天幼苗存活率高于小粒种子（Hitchmough，2001；Tony，2003）。小粒种子幼苗抵御不良环境能力差，导致幼苗大量死亡。

一、二年生花卉的萌发率显著高于多年生花卉，但一、二年生花卉在露地的幼苗存活率明显低于多年生花卉。在播种植物以恢复白垩草地的研究中表明，植株是否多年生比播种初期的气候条件对幼苗的存活率起到更重要的作用（Michael & Karend，1996）。

种粒大小对第一年幼苗的生长速率也存在显著影响。大粒种子的幼苗生长速率显著高于中、小粒种子（图3-3）。大粒种子植株生长强壮。

高萌发率、高幼苗存活率和高生长速率的植物，如矮波斯菊、松果菊、矢车菊、石竹，是花卉混播中具有强竞争力的植物。英国的花卉混播播种实验得出，牛至（*Origanum vulgare*）、牛眼菊（*Buphthalmum salicifolium*）和毛剪秋罗（*Lychnis coronaria*）属于高萌发率、高幼苗存活率和高生长速率的植物。

3.2　种子萌发率

花卉混播由多种花卉组成，如果大部分花卉同时开始萌发且同步进入萌发高峰期，则幼苗密度过大，将导致部分幼苗由于生长空间不足而死亡。因此，研究种子萌发时间对指导花卉混播植物间的合理配置非常重要。

为了比较露地混播时不同花卉的萌发率，采用22种花卉混合播种，在混播地随机设定3个样方，调查样方内植物生长发育情况。播种后不同花卉种子的萌发率和萌发模式不同。矢车菊、蓝刺头、虞美人、花菱草、萱草萌发开始时间和到达萌发高峰期快，属于快萌型；华北蓝盆花、虞美人、白晶菊、花葱、石竹、萱草、冰岛虞美人、蓟罂粟、菊花、七里黄和月见草属于中萌型，其平均萌发时间为20～40天；柳叶马鞭草、白头翁、瓣蕊唐松草、春白菊、高山罂粟、海石竹、楼斗菜和射干的平均萌发时间大于40天，属于滞萌型。矢车菊、花菱草、蓝刺头、高山罂粟、海石竹和菊花是集中萌发类型；其余属于随机萌发型，种子萌发时间比较分散（表3–3）。

花卉露地平均萌发时间、萌发率、萌发响应、萌发潜力和萌发模式类型　表3–3

植物名称	平均萌发时间（天）	萌发率(%)	萌发响应类型	萌发潜力类型	萌发模式
华北蓝盆花	28.3 ± 4.2	30.3 ± 21.9	M	H	A
柳叶马鞭草	55.6 ± 13.2	1.7 ± 0.2	S	L	A
矢车菊	15.0 ± 0.3	40.1 ± 1.1	Q	H	S
虞美人	22.3 ± 1.0	27.9 ± 2.9	M	M	A
白晶菊	30.7 ± 5.7	16.8 ± 5.5	M	M	A
花葱	31.9 ± 5.2	36.8 ± 15.8	M	H	A
花菱草	15.1 ± 0.8	41.5 ± 7.8	Q	H	S
蓝刺头	18.0 ± 3.1	33.3 ± 19.2	Q	H	S
石竹	27.4 ± 2.5	58.3 ± 21.1	M	H	A
萱草	27.7 ± 8.0	33.3 ± 15.3	M	H	A
白头翁	48.3 ± 2.2	11.4 ± 4.8	S	L	A
瓣蕊唐松草	56.3 ± 19.2	7.9 ± 1.9	S	L	A
冰岛虞美人	28.6 ± 1.6	23.1 ± 1.0	M	M	A
春白菊	47.0 ± 5.9	13.1 ± 2.7	S	L	A

续表

植物名称	平均萌发时间（天）	萌发率 (%)	萌发响应类型	萌发潜力类型	萌发模式
高山罂粟	41.2 ± 1.0	11.7 ± 2.9	S	L	S
海石竹	46.5 ± 1.5	9.5 ± 1.2	S	L	S
蓟罂粟	28.8 ± 2.2	9.1 ± 3.0	M	L	A
菊花	30.5 ± 6.4	13.6 ± 6.4	M	L	S
耧斗菜	45.4 ± 2.1	6.1 ± 2.6	S	L	A
七里黄	28.8 ± 1.8	30.2 ± 2.3	M	H	A
月见草	24.1 ± 0.7	51.5 ± 2.6	M	H	A
射干	64.4 ± 15.8	60.0 ± 20.0	S	H	A

注：萌发响应类型：快萌型 Quick（Q），平均萌发时间少于 20 天；中萌型 Medium（M），平均萌发时间为 20 ~ 40 天；滞萌型 Slow（S），平均萌发时间大于 40 天。萌发潜力类型：高萌型 High（H），萌发率 >30%；中萌型 Medium（M），萌发率为 15% ~ 30%；低萌型 Low（L），萌发率 <15%。萌发模式类型：集中萌发型 Synchronous（S），90% 以上萌发种子集中在开始萌发后的 20 天内，随机萌发型 Asynchronous (A)，大于 10% 的种子在不同月份内萌发。

花卉混播中，高萌型花卉大部分萌发开始时间早，进入萌发高峰期快，平均萌发时间短；低萌型花卉大部分萌发开始时间晚，平均萌发时间长。柳叶马鞭草、瓣蕊唐松草、海石竹、蓟罂粟和耧斗菜萌发率低于10%，为了保证其幼苗量，需增加播种比例。

对比实验中混播花卉的平均萌发率接近30%，其中快速萌发类的播种比例占68.8%，中速萌发种类占17.8%，慢速萌发类占13.4%，混播群落结构稳定并取得了良好的景观效果。当播种量确定后，为保证花卉混播平均萌发率大于30%，快速萌发类的播种比例可增加至65%以上。

生活周期对种子萌发也存在一定的影响。一、二年生花卉平均开始萌发时间、萌发高峰期和萌发持续时间比多年生花卉短（图3–4），开始萌发时间和萌发高峰期差异极显著（$P<0.001$，$P=0.008$），但萌发持续的时间差异不显著（$P=0.106$）。比较栽培花卉品种与野生花卉对开始萌发时间的影响，栽培花卉品种的平均开始萌发时间、萌发高峰期和萌发持续时间比野生花卉短（图3–5），

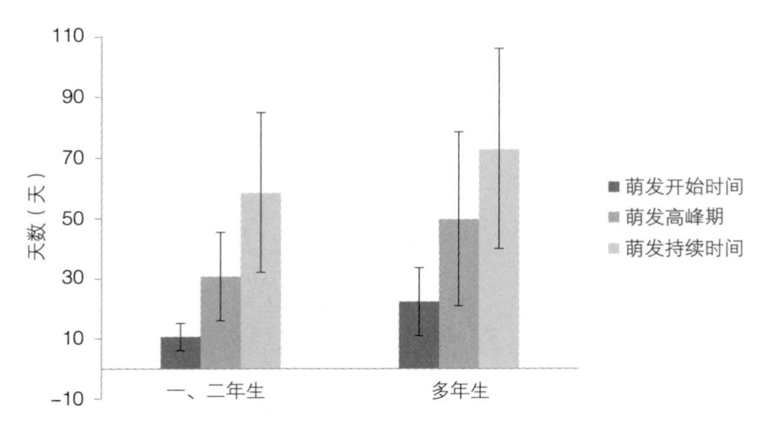

图3-4 花卉生活周期对萌发开始时间、萌发高峰期和萌发持续时间的影响

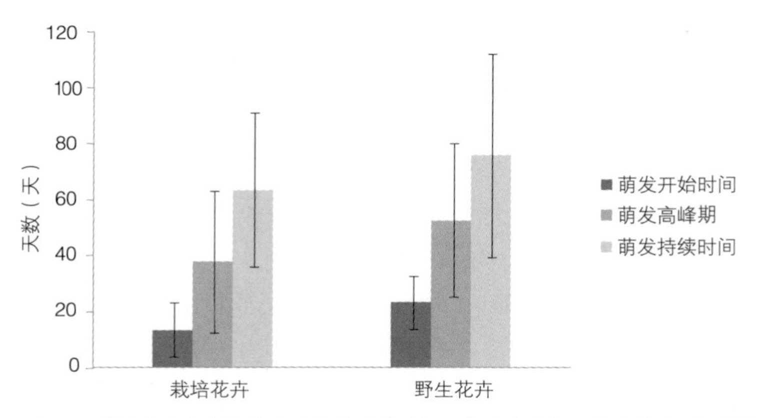

图3-5 栽培花卉与野生花卉对萌发开始时间、萌发高峰期和萌发持续时间的影响

开始萌发时间和萌发高峰期差异显著（$P<0.001$，$P=0.030$），但萌发持续的时间差异不显著（$P=0.158$）。

一、二年生和多年生花卉一起混播时，第一年的景观效果主要由一、二年生花卉构成，第二年及以后的景观效果由多年生花卉构成。为保证花卉混播建植当年良好的景观效果且次年景观效果的持续性，生长期中不同花卉的花期需均衡分布，合理配比植物在群落中的占比，形成开花高峰期。

3.3 播种密度

播种密度对种子的萌发率、幼苗存活率影响不显著。萌发环境及种子活力是影响萌发率的关键因子，实验表明播种密度不影响萌发率，但对幼苗期的株高生长速率具有显著影响。高密度（1200粒/m^2）播种处理植物的高生长速率是低密度（600粒/m^2）处理的1.5倍（图3-3）。

播种密度大，幼苗量多，群落内植物的空间竞争加大，植物加速生长，争夺有限资源，因此过高的播种密度会有大量的幼苗被竞争淘汰。幼苗淘汰的过程不能被人为控制，幼苗竞争淘汰的种类和数量不可控。竞争淘汰后群落景观效果可能与设计配比效果不同，因此在花卉混播中，播种量不是越大越好。

花卉混播播种密度试验表明，1200粒/m^2和600粒/m^2的播种密度对种子萌发无显著影响。3种植物为一组，设置同条件单播每一种作为对照的花卉混播试验中，14种花卉构成5个组合比较，种子大小对种子萌发的影响显著，种子大小与萌发率之间不存在简单线性关系，大粒种子和中粒种子的幼苗存活率显著大于小粒种子，约是小粒种子1.5倍。再次验证了可根据实验室种子的萌发率推测露地条件下的萌发率，为保证幼苗萌发数量，在混播应用中，大粒种子实际用种量为理论的2倍，中、小粒种子为10倍，从而确保景观的建立。小粒种子萌发时间最短，而中、大粒种子萌发所需时间较长。

3.4 植株高生长

株高生长速率是影响花卉混播结构稳定的重要因素。每种花卉株高的快速生长期不同，交错配置快速生长期不同的花卉，可降低群落内的种间竞争，维持群落结构的稳定。苗期生长速度的快慢对植株占有环境资源存在一定影响。株高变化曲线，按春、夏、初秋三季的生长速度，可确定不同植物在各生长季的生长速率。

对22种花卉混播（表3-4）连续观测，合理配置混播中的植物，不同植物在种子萌发、株高快速生长和停止生长方面彼此交错，能有效减少混播群落内植物间的竞争，提高种苗的存活率，保持物种多样性。每15～20天的样方测量为了解植物不同时期高生长的变化提供了研究基础。虞美人、矢车菊、华北蓝盆花、柳叶马鞭草是第一年不同时期花卉混播的上层植物；花葱、白晶菊、花菱草、蓝刺头、石竹和萱草是第一年花卉混播群落的中层植物；白头翁、冰岛虞美人、春白菊、瓣蕊唐松草、海石竹、耧斗菜、七里黄、射干、高山罂粟、月见草、菊花是第一年花卉混播群落的底层植物。

混播中22种花卉在群落各层次的时期　　表3-4

植物名称	底层	中层	上层
华北蓝盆花	7月14日～7月22日	7月23日～8月4日	8月5日～10月31日
柳叶马鞭草	7月14日～9月3日	9月4日～9月19日	9月20日～10月31日
矢车菊			7月14日～10月31日
虞美人	9月27日～10月31日	7月14日～7月23日、9月4日～9月26日	7月23日～9月3日
白晶菊	7月14日～8月4日	8月5日～10月31日	
花葱	7月14日～7月22日	7月23日～10月31日	
花菱草	8月20日～10月31日	7月14日～8月19日	
蓝刺头	7月14日～7月27日	7月28日～10月31日	
石竹		7月14日～10月31日	
萱草	7月14日～9月3日、10月14日～10月31日	9月4日～10月13日	
月见草	7月14日～10月31日		
射干	7月14日～10月31日		
七里黄	7月14日～10月31日		
菊花	7月14日～10月31日		
春白菊	7月14日～10月31日		
耧斗菜	7月14日～10月31日		
白头翁	7月14日～10月31日		
海石竹	7月14日～10月31日		
冰岛虞美人	7月14日～10月31日		
瓣蕊唐松草	7月14日～10月31日		
野罂粟	7月14日～10月31日		
蓟罂粟	7月14日～8月12日		

花卉混播建植第一年各植物在群落中所处的层次也存在动态变化。如播种后第65天开始出现明显的上层、中层和底层3层结构，生长至花卉混播群落上层，矢车菊需65天，虞美人需74天，华北蓝盆花需87天，柳叶马鞭草需132天；生长至花卉混播群落中层，花菱草和石竹需65天，花葱需74天，蓝刺头需79天，白晶菊需87天，萱草需116天。因此，为避免同层次的植物竞争过于激烈，在选择花卉混播植物材料时需结合达到预期群落结构层次的时间，合理协调并错开同层次各植物达到预期群落结构层次的时间。

花卉混播建植一年后各植物在群落中的层次会发生不同程度的变化。花葱在建植第一年生长盛期处于中层，一年后处于底层。瓣蕊唐松草、春白菊、耧斗菜、菊花在建植第一年生长盛期处于底层，一年后处于中层，填补第一年处于群落上层的一年生花卉白晶菊、花菱草和柳叶马鞭草的位置。蓝刺头、射干第一年生长盛期分别处于中层和底层，一年后均处于上层，刚好一定范围内填补第一年处于群落上层的一年生花卉华北蓝盆花等植物的空间。

选择适宜的花卉混播植物，使得多年生花卉在次年能有效填补第一年死亡的一年生花卉在群落中的位置，可以更有效地维持群落的稳定性。但还需把握多年生花卉一年后的高度、盖度及多度等变化，最好能使填补的多年生花卉与死亡的一、二年生花卉的重要值等大致相当。

多年生植物的第一年多位于群落的底层，如月见草、射干、七里黄、菊花、春白菊、耧斗菜、白头翁、海石竹、冰岛虞美人、瓣蕊唐松草和野罂粟等，第一年建植自出苗后位于群落底层，第二年才会发育达到正常的高度。

不同花卉在各组合内的株高生长变化不同，其速度有快有慢，生长速度的快慢对植株在抢占资源的多少上有一定的影响。按照年株高变化曲线（图3–6），春、夏、秋三季的生长速度，确定不同植物在各生长季的生长速率：

Ⅰ组合：瓣蕊唐松草（慢–快–中）、七里黄（快–中–慢）；

Ⅱ组合：喜盐鸢尾（快–快–中）、石竹（快–快–中）、棉团铁线莲（慢–中–中）；

Ⅲ组合：矢车菊（快–中–停滞）、花菱草（中–中–停滞）、虞美人（中–中–停滞）；

Ⅳ组合：阔叶风铃草（慢–停滞）、小花葱（中–中–中）、白花松果菊（快–

快–中）；

Ⅴ组合：矮波斯菊（快–慢–停滞）、黑心菊（中–快–快）、瓣蕊唐松草（慢–慢–慢）。

设计花卉混播群落时，结合花卉的生长速率选择植物，可以有效避免植物间的竞争，提高幼苗的存活率。

3.5 密度

对花卉在露地第一年生长季生长前期、中期、后期的植物间相对竞争强度进行分析，有助于指导设计配比和花卉材料选择。幼苗期植物间竞争关系是影响植物在群落中生态位的关键时期。以露地环境的数据进行三种花卉幼苗期相对竞争强度的分析（图3–6），每个组合研究三种花卉之间的相互影响。其中，Ⅰ组合七里黄的竞争力优于瓣蕊唐松草，在高密度条件下两种花卉间的竞争较小；Ⅱ组合石竹的竞争力优于棉团铁线莲，在高密度条件下两种花卉间的竞争小；Ⅲ组合矢车菊的竞争力优于花菱草和虞美人，三种花卉在高密度条件下相互影响最小；Ⅳ组合白花松果菊在高密度条件下的竞争力优于花葱，低密度条件下竞争力相当；Ⅴ组合矮波斯菊、黑心菊的竞争力优于瓣蕊唐松草，在高密度条件下竞争小于低密度条件。

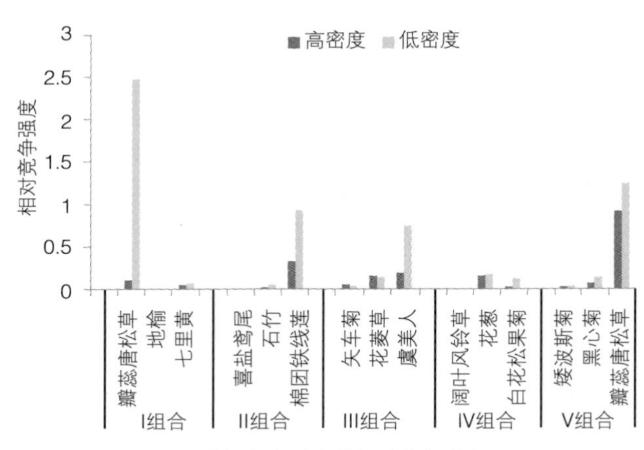

图3–6 各组合中每种花卉在露地的相对竞争强度

混播建植第一年，在合理配置和管理得当的情况下，随着生长时间增长，物种数量随着植物生命周期的结束而变化。虽然种间竞争也可导致群落物种组成发生变化，但影响相对较小。Nigel（2004）也认为一般每个季节的优势种在3～5种时景观效果较好。据此推断，在设计各层植物的构成时，一般第一年上层、中层和底层的优势种之比约为2∶2∶1，因此优势种植物中能当年开花的植物为7～9种时，即可达到较合理的群落构成和良好的景观效果。

花卉混播在播种后一个半月左右开始呈现良好的景观效果。第一年花卉混播景观效果在7～10月较好，群落的密度为115～180株/m^2，入冬前仅为79株/m^2。设计花卉混播植物群落时，密度虽然很难精确把握，但可预测种子萌发后幼苗量在200～250株/m^2，其中当年开花植物150株/m^2左右，第一年即可保证在物种间竞争激烈的生长盛期，群落的密度仍在100～200株/m^2左右，且景观效果较好。

随着生长时间的增加，物种丰富度、多样性、均匀度符合先增加后减小的趋势，优势度符合先减小后增加的趋势，且差异显著。优势度与其他指标表现出了相反的变化趋势。丰富度、多样性、均匀度间均呈正相关，且相关性较高。优势度与其他指标均呈负相关，且与多样性的相关程度最高。在设计花卉混播植物群落时，要避免单一植物单位面积内的植株数量过高，优势度过于明显，从而导致物种多样性、丰富度和均匀度的降低。

3.6 结实量

植物结种量影响土壤种子库内种子的种类和数量，对种群补充后代、稳定发展具有重要作用。混播群落建植后第二年春季，调查混播群落中结实量对群落植物种类和数量的影响。虞美人、波斯菊、矢车菊、石竹的结实量大，少部分种子在第二年能够萌发。石竹在混播群落中每丛平均花量为142朵，平均结种2300粒，每丛可以带来46.5株自播幼苗萌发。矢车菊混播群落中每株平均花量为2888朵，每株结种2000粒，群落中发现每株有13.5株自播幼苗萌发。矮波斯菊混播群落中每株花量600朵，每株结种27000粒，群落中发现每株有42.5株自播幼苗萌发。只有少量多年生花卉如阔叶风铃草、白花松果菊、瓣蕊唐松草，在第一个生长季开花，且花量小，不能在第二年自播萌发。如黑心菊种植时是种子自播萌发力强的多年生花卉，但在混播群落中，它的种子几乎没有自播萌发。群落建成后第二年进行调查时，如石竹、波斯菊这样结实量极大的花卉，可自播维持本种的存在；而冰岛罂粟、花菱草、二月兰这类二年生花卉，单播播种的自播能力很强，但在混播中，结实期刚好是群落内大量植物旺盛生长的夏季，结实量虽然大，但是种子不能落入土壤中，因此第二年混播群落内未见二年生花卉自播种子萌发。第二年在混播群落周边的空地、路边等处，可以看到它们自播萌发。

结实期种子的回落对种子的萌发及混播群落中植物的种类和分布有重要影响。在花卉混播试验地外观测到回落种子萌发的现象，石竹和矢车菊在9月下旬时回落的种子已开始萌发。但大部分回落的种子却未能正常萌发，原因可能与枝叶遮挡未能回落到土壤中，风向、土壤湿度、种子休眠，以及成为土壤种子库等有关。除了采用补播的方式，还可采用人工辅助将所结种子撒回群落土壤表面并覆土等措施。但花卉混播种子回落到萌发是一个相对复杂的过程，种子的回落规律及影响种子萌发的内在和外在原因还有待系统研究。

一、二年生花卉对第一个生长季的景观构成起到关键作用，矢车菊、罂粟、大阿米芹、石竹等在混播组合中的景观营建起到决定性作用。多年生花卉黑心菊、草原松果菊在第一年秋季开花，对当年后期的景观起到一定作用。选择播种后当年开花的多年生花卉对快速营建草花混播组合景观有益。

种粒大小对花卉混播有显著影响。大粒种子在萌发率、幼苗存活率和株高生长速率方面优于中、小粒种子。中、大粒种子的幼苗存活率比小粒种子高18%。大粒种子的株高生长速率是中、小粒的1.5倍。大粒种子表现最好，但并非说花卉混播组合景观只能选用大粒的种子进行混播以保证景观的快速建成，而是应将大、中、小粒按照场地需求有机地搭配混合，使花卉在不同时期，生长有快有慢、相互协调，合理利用资源，才能减少群落负面竞争的影响，保持景观的动态平衡与群落的稳定。

播种密度对混播花卉的萌发和幼苗存活影响不大，但对露地幼苗的生长速率有显著影响。因此，混播中用种量是一个非常重要的指标。用种量少不能达到良好的覆盖效果及景观效果；过大的用种量更不可取，不仅会增加成本，还可能导致竞争。通常控制在0.5～3g/m^{2}的播种量即可满足景观需求。如在北京八家郊野公园采用1.66g/m^{2}的播种量，根据出苗量和实际效果分析，该播种密度可满足景观需求。

结实量对于预测第二个生长季自播幼苗的重建有重要参考价值。能自播繁衍的一、二年生花卉及多年生花卉对次年草花混播组合景观群落的物种构成和数量补充有重要贡献，可适当地在花后保留植株。

花卉与禾草类混播，或者是一、二年生的混播组合，每年结实期的修剪必不可少。在结实期进行修剪才能保证花卉种子的回落，第二年才能获得良好的景观效果。对于结实量大且易于自播的花卉在花后应进行修剪处理，只有对混播群落在正确的时期进行有效的干扰，合理控制种子的回落，才能保持景观的持续性和稳定性。

4　营建和养护管理

混播和花海景观是由播种营建，与草坪、花坛、人工乔灌草群落等植物景观相比，建植成本低。花卉混播的建植过程包括场地调查、场地整理、播种时间、播种方法、播种量5个主要方面构成。

混播和花海施工之前，需要进行场地现存植物调查，分析场地现有植物的性质、群落结构和植物构成，为设计奠定基础。

比较现有植物同业主所要求的景观效果有多少差异。现有场地情况可列出三种可能的情况：第一种情况存在原生植被，根据植物生长情况又存在3个不同类型：①现有的场地有稳定且长得很好的当地野花，其中有些具有很高的观赏性，这种情况是非常幸运并事半功倍的，可以直接利用现有野花，部分地点补播花卉；②现有场地有大量的本地杂草，如蒲公英、车前草等，可以用改造场地的方式，即在原有场地上，全面补种适宜花卉，将很快达到花海的效果；③场地没有丰富的植物，但附近有野花草甸，应考察野花草甸的植物类型和群落结构，为设计做有效参考。当地野花草甸会给设计提供适用种类的线索。第二种情况是现有的场地面积很大，以前是农用耕地，要完全靠设计混播和花海植物达到景观效果。好处是杂草很少，土壤条件好，建植后容易管理。第三种情况是荒地，荒地上还有大量入侵性杂草，如果荒草地一直没有修剪，而且杂草种子随意飘散，对构建混播与花海景观是巨大的挑战。很多花卉无法与强势的杂草竞争，除草管理的任务将会十分艰巨。如果不能彻底清除杂草和杂草种子，混播和花海建立后的管理任务也将非常繁重。与第二种情况相同，在荒地上构建花海和混播也需要完全依靠设计。

肥沃土壤、冲积土壤及黏土会在作为混播与花海的场地后更肥沃，并有利于杂草及小范围强健草种的生长，所以大规模单播一、二年生花卉，杂草的管理每年都十分艰巨。贫瘠的土壤能限制杂草的生长，保持种类丰富的多年生花卉。白垩质土壤、砾质土甚至沙土对多年生花卉混播和花海的营建更有利。土壤下的岩石如石灰岩也会对土壤的结构产生影响，土壤的pH值、分层结构、保水层会发生变化。场地干燥、湿润，还是湿地、沼泽，不同场地混播的花卉种类和种植方式都不同。

化肥能残留在土壤里多达20年（有些甚至50年以上）。除草剂会残留，也会对植物的生长产生不利的影响，到目前为止还没有能快速去除化学残留的方法。在设计混播和花海前，应确定化学残留的种类、浓度，以及是否会对未来植物生长构成影响。

4.1 播种时间

中国大部分地区在春秋两季播种是最适宜的。春季当最低气温持续稳定在10℃以上时播种，日平均温度20～25℃是种子播种的最适宜温度。华南地区可周年播种，但受种子萌发最适温度影响，以及该地区夏季降水多、冬季干旱的特点，春秋两季也是华南地区最适播种季。在没有花卉播种基础的地点，不同地区的气候和小气候不同，播种时间可以参考当地农作物的春播和秋播。

一年生花卉因种子萌发快，通常春播，也可以和多年生花卉一起临冬寄籽，在初冬土壤即将上冻时播种。温暖地区播种时间灵活，可多季节播种。多年生花卉应秋播，也可春播，秋播优于春播。秋播能在第二年形成一定的景观效果，春播当年宿根植物很少开花，而且春播种子萌发率不如秋播或临冬寄籽。二年生花卉适合秋播，当年秋季萌发，地上芽越冬。

4.1.1 春播

春季不同地区温度升高的时间和方式不同，春播时间存在差异。以华北地区为例，春播在3月下旬到4月上旬，最迟不晚于4月中旬。华北地区春季升温快、降雨少，若春播晚于4月中旬，高温和干旱会导致萌发率降低，幼苗死亡率过高。华中地区春播时间为3月，华南为2月，东北和西北寒冷地区适宜在4月中下旬到五月上旬播种。还有一些地区春季气温回升缓慢，降雨量大，或者春季有大量融雪，土壤含水量大，春播不能早播种，也不适合临冬寄籽，如长白山区周边的城镇。

一年生花卉以春播为主，夏秋开花。多年生花卉以秋播为主，第二年部分开花，第三年大部分宿根花卉可正常开花。春播的二年生花卉幼苗无低温春化作用，难以成花或成花效果不好。

4.1.2　秋播

中国华北地区秋播一般在8月下旬到9月中旬，若天气炎热可稍微推迟，但最迟在9月下旬前完成秋播，否则当年留给幼苗的生长时间不够，幼苗小，不能安全越冬。华中地区秋播在9月下旬到10月上旬，东北和西北地区在8月上到中旬，华南地区10月下旬秋播。常用的二月兰、板蓝根、黄堇都是二年生花卉，第二年早春开花，秋播的早晚直接影响第二年的开花量。混播组合中有二年生花卉或者多年生花卉，应选择秋播。

4.1.3　初冬播种

除春播和秋播外，还可以选择初冬播种，即临冬寄籽。一般在冬季土壤封冻前将种子播下，土壤封冻后种子进入休眠，第二年春季随土壤化冻和气温升高萌发。与春播相比，临冬寄籽的花卉萌发得早，因为冬季的低温可以打破种子的休眠，花卉的萌发率高，出苗也整齐。如千屈菜春播和秋播的萌发率较低，临冬寄籽则萌发率可达80%以上。临冬寄籽植物花期早、植株壮，有些植物花后修剪，还能在夏末形成第二次花期。需要注意的是，临冬寄籽种子不萌发，不能替代秋播。临冬寄籽的关键在于对播种时间的判断。播种早，土壤没有及时上冻，播种到土壤里的种子会被鸟类和鼠类等小动物食用，影响萌发的植物种类和数量。

4.2　场地勘察

播种营建花卉混播和花海景观前，应对营建场地进行一次全面的调查，这是不可忽视的步骤。通过实地走访勘察和资料查阅，对营建场地内外环境的特点做到熟悉掌握，并根据取得的资料和数据进行分析，制作计划，为具体的营建方案及管理措施的制定提供科学的参考依据。有些表面看起来很好的土地，底层可能是建筑垃圾。墙体北侧的土壤会阴暗和潮湿，墙体南侧光照好，墙体西侧则春秋升降温剧烈，且湿度小。

使用的目的性也影响着混播和花海的主题和风格，设计中很重要的部分是考虑花海和混播的目的性，另外设计时需要考虑的设计要素有地形、气候、场地环境、场地原有植物和当地植被等。

分析混播与花海的场地降雨量大小，决定是否需建排水设施。如果是坡地，排水很容易，但易受干旱影响，需要设计者提前分析。大面积混播和花海中，排水好的地点可以设计人行小路或者汀步，便于游人的进入和与花海的互动。根据地点的情况来决定建造什么样的花海和混播景观，是适合远观的大面积色块？还是适合近观变化丰富的花境式混播？

场地调查的目的是要了解掌握营建场地及周围自然环境和社会环境的基本现状，以便为花卉混播计划的制定和实施提供可靠的依据。可从以下几个方面进行场地调查。

（1）光照

场地所处位置的光照条件，场地内是否有遮荫，按光照条件将场地进行进一步划分，确定混播和花海中植物的喜阳或耐阴类型。

（2）地形

如果不是平整的场地，应测定场地坡向、起伏度、高程、立地条件等，地形也是影响植物生长的因素之一。坡度主要影响水分条件，坡顶和坡底的土壤水分差异很大，对不同的植物而言，坡底正常生长的植物往往在坡顶会因水分不够而无法生长。要按坡顶和坡底的水分差异，配置不同耐旱性的植物。如果坡度大于15%～20%，就不能采用直接撒播，应选择喷浆播种或开沟播种的方式来建植花海和混播景观。

（3）土壤

确定场地土壤类型很重要，除非有特殊原因，尽量不要客土。花海和混播的规模一般都在30亩（1亩≈666.67m^2）以上，大规模客土易造成浪费和影响当地的生态环境。选择植物应该适应当地的土壤环境，并能不断改良土壤。很多草本花卉的抗性强，可适应不同的土壤，如沙质土排水良好，就可以选择耐干旱、不喜大肥大水的植物。在沙质土壤上，植物生长较慢；如果是黏性土壤，可以选择耐积水、喜肥的花卉。植物生长受胁迫时，会生长缓慢或植株低矮。一、二年生花卉喜肥沃、富含有机质的土壤；多年生花卉在肥沃的土壤中会降低混播组合里种类的多样性，多年生组合适宜在排水良好、低有机质土壤中生长。

（4）原有植物

了解场地现有植物种类和生长状况。场地里看起来只有1～2种野草，但仔细调查，可能会蕴藏着其他很多种类的杂草，如狗牙根、狼尾草、田旋花，甚至苜蓿、百脉根等，现有和潜在的植物未来会影响混播与花海的景观。播种前，不同类型的杂草可用不同的方法清除，播种前清除杂草是最有效的除草方法。杂草管控一节，将详细论述。

（5）水分

确定场地周围是否有自然水源或人工水源，为后续灌溉提供可能性。分析不同年份的降雨量，花海或混播地是否积水，设计时根据场地的水分情况选择植物类型。

（6）植被

了解营建场地的自然植被类型和当地的栽培植物种类，营建地及周边以往的种植记录等。这些资料的掌握和分析是混播植物选择的基础，根据当地的植被类型确定筛选混播可用植物，同时当地植被类型对杂草控制也具有重要的指导作用。

（7）气象

调查当地的主要气象因子，包括日照数，年、月、日均温及最高、最低温，年降水量及分布，历史灾害天气等，为在选择混播植物种类和制定养护管理计划时能够主动适应气候条件，最大程度降低营建难度和养护成本。

（8）环境

调查周边土地类型，如有无道路、建筑群、农田、工厂等，还应调查该地周围的人口密度和人流量，当地居民对花海和混播的认识和喜爱程度等。营建花海和混播不仅仅是绿化项目，更重要的是对当地环境与生态的恢复与美化，与周围环境和居民生活密切相关。

以上各项调查完成后，将全部资料进行整理、整合和分析，形成调查报告。在总结调查报告的基础上，制定花卉混播的具体营建和养护管理实施方案，确定经费预算，然后按实施方案进行混播营建的具体操作。

4.3 场地整理

花卉混播营建场地的整理工作包括场地的清理和整理、土壤深翻和改良、平整土地。

花卉混播的场地清理目的是清除混播场地内有碍混播建植的石块、建筑垃圾等，以利于花卉的生长，可按景观需求少量挖方和填方。清理的原则和其他园林景观建植地的清理原则一致。距离土表60cm的土层范围内无大的岩石、石砾等，它们能使土壤在水分、养料分布和供给水平上不均匀，影响花卉的生长。石头、树桩等，如能融入设计中，可保留。

杂草清除是场地清理的重要部分。杂草会直接影响到混播群落建植是否成功，建植者应给予高度重视。一些营建地块因荒废而导致杂草丛生，特别是那些繁殖能力和蔓延能力强的禾本科和莎草科杂草，还有很多具有根茎类的豆科、菊科杂草，如若不清除干净，在混播和花海建植后，它们的生长速度快，将严重影响播种植物的生长。很多杂草有大量的地下根茎，生长季不易清除。清除杂草要彻底，不仅清除地上生长部分，更重要的是要将残留散落在土壤中的地下茎、根茎、种子清除干净。常用物理方法清除，也可以适当结合化学药剂。

物理方法：利用人工或土壤翻耕工具等操作将杂草拔除。翻挖土壤清除杂草根和根茎，播种花海和混播前2~3周在场地内喷水，让杂草种子萌发，然后除草。反复1~2遍，基本可以清除大部分杂草种子。

化学方法：使用化学除草剂杀灭杂草的方法。常用的有灭生性内吸式除草剂或土壤熏蒸等方法。

无论是化学方法还是物理方法都只有一个目的，就是将营建地的杂草和土壤中的杂草种子及杂草营养繁殖体消灭清除干净。

不保留的倒木、树根等，要将地上部分和地下部分一起清理，然后回填土壤。生长着的乔灌木，从生态环保的角度考虑，确定保留或移植，制定移植计划。

平整土地对于花海和混播十分重要。在平整的土地上播种，撒播种子时应均匀分布，可获得自然美观的混播景观。如果土地坑洼不平整，会影响种子的均匀分布，尤其在降雨和喷灌后，不同大小的种子会因土地的不平整而移动，形成某些植物的聚集区，从而影响花海的景观效果。场地面积小时，人工耙地平整最为理想。当大面积平整土地时，人工成本太高，可借助专用机械设备进行平整。在平整后应注意土壤湿度，尽早播种。

花卉混播作为节水的景观，不提倡灌溉。但是有的营建地过于干旱，为了保证植物正常生长可以适当补水。在特别干旱的季节要对混播地和花海进行浇灌，防止植物萎蔫干枯。

对于花卉混播，采用地表排水即可达到排水的目的。可以利用地势挖排水沟，排除地表积水。

花卉混播和花海的喷灌系统常采用地面临时喷灌，如铺设喷灌带等方式，在混播出苗后移除。

4.4 种子播前处理

花海和花卉混播，种子一般无须提前处理。但不同的种子发芽条件不同，如果为了尽快达到花海和混播的效果，对于发芽期长的硬种皮种子，可以采取播前处理，打破种子休眠，提高萌发率和萌发的整齐度。

硬种皮种子的种皮厚、致密度高，具有不透水性和机械阻力。豆科、锦葵科、牻牛儿苗科、茄科、旋花科、鸢尾科的花卉很多是硬实种子，如大花牵牛、羽叶茑萝、美人蕉、香豌豆和各种鸢尾。这类种子在播种前可以采用物理蚀刻或化学蚀刻处理，有利于提高萌发率和提早发芽时间。对于休眠种子，需要在湿润且低温（0～4℃）的条件下贮藏一段时间，打破种子的休眠后，才能顺利萌发。也可以用GA浸泡以代替层积处理，如芍药、野生郁金香、石蒜、鸢尾、龙胆等。有些种子上附着棉毛之类的附属物，阻碍种子吸水，如千日红、蓝刺头等。可在播种前将其与细沙混合，轻柔地搓动，去除种子上附着的毛。

4.5 确定播种量

花卉混播播种量的确定不仅决定景观效果，还关系到花海和混播投入的费用。播种量直接影响到花卉混播地植物群落的密度大小。播种量过多，植物群落密度过大，花卉植物间竞争激烈，可能造成徒长或生长不良乃至倒伏，甚至影响植物的生殖生长，导致植物死亡，达不到应有的景观效果；混播播种量过小，群落盖度小，地表无法被完全覆盖，形成“斑秃”，裸露地表杂草大量入侵，直接导致混播景观不良。因此，花卉混播播种量的确定是花卉混播成功的基础。

4.5.1 混播播种总量

花卉混播中混播组合的总用种量为0.5～3g/m^2。根据场地水分和管理条件、花卉萌发率，调查国内外不同的种业公司发现，混播组合总用种量在以上区间波动。

有研究者认为，在英国的城市中0.65g/m^{2}的用种量即可满足景观需求（Hitchmough，2001）。在日本的城市中，幼苗量在350～500株/m^{2}时即可保证花期50株/m^{2}的花卉（堀口悦代），可达到满意的景观效果。

中国种业公司开展了花卉混播新型园林景观的建立。国内公司的用种量在2～5g/m^2，普遍高于国外公司的用种量。

如何确定混播植物的种类和播种量？从景观效果要求出发，三季有花，约为9个月，每个月一种花卉为主景植物，2～3种花卉与主景植物配合，大致需要25～35种才能满足景观要求，要想达到三季有花的目的，混播选用的花卉种类常在25种左右。

草地植物群落调查的结果也可以给花卉混播提供用苗量的参考，分别对小五台、百花山、长白山、坝上草原进行样方调查，结果表明：这些草甸中生条件下植物种类丰富，每平方米存在30～40种不同类型的植物，数量为250～290株/m^2。干旱和过湿的草甸中植物种类没有中生条件丰富，每平方米存在20～30种不同的植物，数量为200～250株/m^2。

课题组的实验调查表明，混播中第一年植物的密度为200株/m^2，可有效快速覆盖地表，多年生植物构成的混播群落在第二年植物的密度降为100株/m^{2}左右，随着多年生植物株丛的增加，每平方米的植物数量会小幅降低。

4.5.2 用种量计算方法

（1）总用种量确定后，需要确定混播组合中每种花卉植物的用种量。根据整体设计，选择不同冠层高度和花期的植物，明确群落最后高度，确定群落的层数。依据植物的冠层高度，筛选不同层植物。

根据实验室和试验地对比的研究结果，100～200株/m^2左右是混播适合的植株密度。密度低于野外植物群落内植物数量的原因是因为在栽培条件下，植物的株高和冠幅均大于野生状态。如场地内杂草较多，可适当增加播种密度，但最高不应超过300株/m^2。超过则混播群落内的植物竞争力过高，会导致植物的大量死亡和生长势减弱。

（2）确定每种植物的株数。首先明确混播和花海中每种花卉在群落中的位置，根据高度可以把植物设计在混播群落不同的高度层面。根据群落的最终总体高度，可以将花海和混播分为1～5层，最早春季开花的应在群落的底部，夏季开花的在中部，秋季开花的在上部（参考专利：一种复层景观草本植物群落的构建方法）。群落结构设计既是对自然草甸的模仿，也是基于多年花海和混播实践的经验。

（3）确定每层植物的属性。筛选的植物属于焦点植物、骨架植物还是填充植物，根据属性，考虑花色和开花时间的配置效果，确定每种植物每平方米的具体株数。如使用焦点植物大花葱，1～2株/m^2就可以达到效果。

（4）根据每种植物每平方米的株数，计算播种量。每种花卉每平方米的播种量可由下面的公式计算：

每种植物用种量=（设计株数/萌发率×千粒重）/1000

计算得到的结果是理论值，影响萌发的环境因素很多，为得到更切合实际的混播花卉用量，课题组经过对比室内发芽率、温室盆栽萌发率、试验地萌发率、大田萌发率，完善了用种量计算的公式。

大粒种子在混播应用中，实际用种量为理论的2～4倍；中、小粒种子在混播中的损失量较大，应为理论用量的8～10倍，以保证幼苗萌发数量，从而保证景观的建立。选择系数取决于花海和混播场地条件，如果气候干旱、管理粗放，需要采用高系数；如果场地条件好，可以采用最低系数。

利用研究结果，精确计算混播用种量的公式为：

每种花卉用种量=（设计株数/萌发率 × 千粒重）/1000 × 系数

系数是可变的，变量的采用与播种地的环境条件密切相关。如果条件特别恶劣，可以调整到大粒种子5 ~ 6，中、小粒种子12 ~ 15。

花卉还常与禾草类植物一起混播，国外种业公司的商业化草花混播组合景观配比一开始多为禾草与花卉，比例按景观和生态需求有所变化。若以野趣自然为主，则禾草的用量为80%以上，但多为草：花=4：1（种子重量比）。这种配比用于城市以外的郊野，在营建大面积混播草地时效果良好，且能够快速覆盖地面，但却存在一定的局限：如需要营建色彩丰富的景观效果时，以禾草为主的组合无法满足需求。在城市内使用禾草与花卉的混播，禾草的用量不应大于20%，一般在10%~ 20%（未发表）。花卉混播中使用禾草类植物可以获得更自然的景观效果，且禾草的存在还能有效抑制杂草的生长。

4.6 播种方法

不同的播种方法会对混播植物均匀度造成一定影响，形成不同的景观效果。

4.6.1 撒播

混播最常用的方法是将全部种子混合，均匀撒播在场地内的方法。具体的操作方法有两种：

第一种是按配比全部混合后在场地上均匀撒播，可用干燥洁净的河沙与种子混合，用河沙增加了种子的体积，播撒时更易播种均匀。通常干净河沙用量为河沙：种子=2：1。用河沙的另一个好处是河沙颜色不同于土壤，播种过的地方很容易分辨。撒播适合于大面积的混播地。可以将场地细分成很多块，每块中分别横排后再竖排撒播，达到均匀撒播的效果。也可以将大粒种子和中、小粒种子分开，用播种盘，像播种草皮一样来播种。

撒播营建的花卉混播景观，植物覆盖地表能力强，群落整体均匀，各种花卉混合生长，景观形式富于自然野趣。唯一的缺点是空间构成过于一致。设计组合时，从群落结构和层次出发，合理配置低、中、高层植物，形成富于变化的效果，或结合高大植物点播、种植球宿根，产生更加立体的效果。

第二种方法是分批次撒播：播种时，不将组合中所有的种子同时播下，种子大小悬殊时，同时撒播很有可能导致播种不均匀。因此，应分批次进行播种，将大粒种子和中、小粒种子分别混沙，均匀撒播，以减少因种子大小不同而造成的播种不均现象。

4.6.2　点播

用网格分割方式安排混播组合内单种花卉的空间配置，重点在于将主要材料，通常是多年生花卉或者观赏草类，作为混播地的主要骨架结构，单独拿出按网格进行密集点播，其他材料（一、二年生）则均匀撒播。

点播方式建立的花卉混播景观能够充分保证每个物种获得足够的生长空间，优势物种或骨干物种所形成的密集效果与周围平均分布的点缀植株形成良好而具有趣味性的构图，且重点植物位置确定，方便来年春天进行补播。但是点播景观效果整体和重点部分可控，虽自然野趣较少，常出现第一年地表的覆盖不够，但大粒种子和种球适合点播。

4.6.3　条播

以流线型的斑块安排混播的空间组合，条播法主要有两种方式。一种是每种材料单独播种，不进行种子混合，按照植株高度从高向低在样地中依次从前向后按流线型条状撒播，前排矮，后排高。前排矮生植物条与条间距离为20cm，随着植物高度的增加，条间距也增加到40～50cm。这样播种的植株按照高矮顺序从前至后体现出来的景观具有花带的特性，布局整齐、有规律，植株间高低配合良好，十分适合大面积花田或花带的营造。但是花序之间颜色与距离过于明显，使得整个景观效果较之点播法更加呆板。

条播法的第二种方式是把种子混合后开沟条播覆土。条与条的距离在30～40cm，也可以把大粒种子和中、小粒种子分开，大粒混合的种子条播间距40cm，中、小粒混合种子条间距20cm。条播方法有利于苗期的除草，减少人工的识别难度。同时在坡度大的场地，为防止种子流失，应采用条播的方法，撒播在坡度大的地方不能使用。条播后在植物苗期，具明显的位置效应，有利于区分杂草和花卉。植物快速生长，向不同方向竞争光和养分，很快就看不出条的痕迹，景观效果与均匀撒播的相似，但是更节约种子用量，也有利于节约管理成本。

有些种子需要低温处理打破休眠才能萌发，在进行混播播种的时候，可以将组合中需要低温处理的种子提前进行低温处理、物理处理、赤霉素处理等，再和其他种子一起撒播，这样效果会更好。

撒播后，用耙子搂平撒播场地。可以均匀喷灌，没有条件喷灌的，可用草帘或遮阴网覆盖地表后浇水，以防止种子随水聚集，导致混播不均匀。无论用哪种方法，播种后都应保持土壤湿润，直至出苗为止。过于干燥或斜坡等特殊场地，可使用草帘、地膜等覆盖物，协助保湿以利萌发，不能降解的覆盖物应在出苗后移走，以防影响幼苗的生长。

不同地区建造混播和花海景观时，气候条件不佳的场地构建花海和混播具有一定挑战性，大面积的如甘肃金昌（图4-1）。该地的年降水量只有

图4-1　甘肃金昌花海

140～350mm，混播和花海的构建，要具备一定的浇灌条件。另外，花海和混播地块可大可小，不是越大越好，几十平方米的小地块也可以营建花海，在几十平方米的地上，可营建不同类型富于变化、多姿多彩的花海景观。甚至也可以在大的容器里，营建一个植物丰富、此起彼伏变化的混合播种盆栽。

在坡地上播种花海具有一定的挑战性，坡上的土壤易干旱，坡下的植物易积水。因此在设计有地形变化的混播场地时，应在坡上种植耐旱植物，坡下播种耐水湿的植物。斜坡通常有阳坡和阴坡之分，由于光照条件的差异，要根据坡向选择不同的植物，阳坡选择喜光的植物，阴坡应用耐阴的植物。

建造混播和花海时还应将孩子和小动物的因素考虑在内。孩子们非常喜欢自然的混播和花海，他们可以在里面捉迷藏、做游戏，近自然的群落给了孩子们放松的私密空间，即使大人们漫步其中也能感受到自由和放松。可适当在一些地块选用较高的植物，并在其中留有自然曲折的道路，像迷宫一样，给孩子们更多的乐趣，形成一种互动式放松的景观。

建造花海和混播的时候也要防止小动物对其的影响，猫和狗的尿液会影响土壤的酸碱性。此外，猫和狗喜欢在播种后的场地上搞破坏，如在我们自己的实验基地中，狗和猫特别喜欢在整地播种后的场地上群居晒太阳、挖深洞等。

建造花海和混播草甸的目的之一是获得一种近自然的大地景观。不管场地以前的景观如何，不论是长满杂草的荒地，还是堆满建筑垃圾、城市垃圾的场地，混播和花海都可以让他们变成达到设计目的的景观。不一定非要用开花植物来营建混播和花海，也可以用叶色来达到设计效果。如不同类型的彩叶草，叶子会从橙黄色、亮绿色变成令人惊讶的青铜色、黄铜色和巧克力颜色，形成持久有趣的观赏效果。

开花和观叶的可食用蔬菜也可建造花海或者混播，如板蓝根常和二月兰搭配，还可以用牛皮菜、芹菜、葱等作骨干植物，用香菜、韭菜、辣椒作填充植物。

不同类型植物构成的花海和混播风格不同。不论设计何种风格，设计之前都要充分思考，让设计出的混播和花海具有特色，带给人不同的感受，最忌讳抄袭他人的作品，导致景观千篇一律。

花海和混播的植物群落高度常在120cm以下，也就是最高的植物在120cm左右。但因目的的不同，也可以选择更高的植物，高的植物可以使营建的混播群落有更多层，还可以阻挡强风，改良小环境。改良环境、发挥生态作用也是建造混播和花海的一个重要目的。

4.7 混播施工计划

构建混播和花海景观需要提前制定播种和施工计划，计划中应包括翻地时间、播种期、早期杂草控制计划、夏季是否修剪、修剪后植物的处理、秋季修剪结合补种等内容。设计时可以适当加入当地野生花卉，当地野生花卉可以奇迹般茂盛起来，并使景观逐渐变得像自然野生般的状态。

4.7.1 杂草控制

杂草控制是混播计划中最重要的部分，直接关系到混播和花海的营建是否成功，也是投入人工的最大部分。

早期杂草控制是在春季播种前结合翻地，彻底清除容易蔓延的杂草。杂草到处都是，它们可能在土壤里、水里、空气中，令人烦恼！尤其是我们不清楚自然中杂草的生长方式，控制它们十分不易。播种前浇水并覆盖场地，杂草快速生长时，除草是一种常用并有效的方法。裸露的土地看起来什么都没有，但是实际上存在着杂草种子库，所有的杂草都在等待着合适的时机，当温度、光照、水分适合时，它们就会马上发芽。杂草的界定往往是根据场地的用途来划分的，如小麦地里的玉米就是杂草；在花园中是杂草，在混播和花海地中可能并不是；酢浆草在传统的草坪中被认为是一种杂草，虽然很低矮，但长在平整的草坪中会让人看起来很碍眼，而在混播和花海中，则可作为底层植物。

在大多数情况下杂草就是杂草，虽然它们有不同的生态习性，但共性都是能够以特别快的速度生长，快速开花和结实。如果不能成功清理杂草，混播和花海就成为“一年好，二年衰，三年亡”，亡于和杂草的竞争。

清除杂草的方式可能是违背生态保护的，决定用哪一种方法前，可以先了解处理杂草已有的经验。任何方法都不可能控制所有的杂草，只能对一些类型有效。

（1）隔离法：播种前覆盖河沙，厚度在8cm左右，播种于覆盖的沙子表面，河沙的隔离能有效抑制土壤种子库中种子的萌发。这种方法在小面积的场地使用效果好。需要注意的是，覆盖的河沙也需要提前检查里面是否有杂草种子。

（2）除表土：去除土壤表面5～10cm的表土，这种方法会增加成本，并对弃土地区的生态环境造成破坏。除表土能有效清除土壤种子库里的种子，但留下的底土瘠薄，不利于一、二年生花卉的生长。

（3）烘烤法：在土壤上面铺设塑料薄膜一年以上，通过太阳的照射闷死杂草，但是这种方法的应用深度有限。

（4）覆盖法：整地、浇水后用地膜覆盖场地2～15个月，杂草萌发后会因缺少光照而死亡，且地膜覆盖可使地面温度升高，杀死土壤中的杂草种子，但这种方法受时间过长的限制。

（5）耕种法：对一年生杂草有效果，但对于多年生杂草，可能会使其越长越多。可以从春季到夏季，每隔两个星期深耕一次，能破坏多年生杂草的生长，使杂草没有机会重新长出来。冬季或者第二年开始播种。

（6）焚烧法：这种方法只可以在郊区使用，冬季进行焚烧处理，但很多地方因为空气污染而禁止焚烧，而且焚烧也会有一定的危险，如风大、高温、低湿度的环境，这种方法应谨慎采用。

（7）修剪法：修剪法可消除一年生杂草，特别是在一年生杂草的结实期。修剪通常对多年生的禾草和花卉影响不大，可以用刈草机进行修剪，剪下来的植物可以作为覆盖物使用或者统一留作堆肥。

（8）化学杂草控制法：首先强调的是，如果使用合理，化学防治法可以很好地去除杂草，并且只留下很少残留。对于不同的杂草，应采用合理的化学剂，这一点可以咨询销售除草剂的公司。

（9）放任生长法：如果场地实在不适合消除杂草或者杂草太多，可以考虑另外一种方法，即放任其生长，增加设计使用的草类和花卉的量，让它们自己去竞争，适者生存，给杂草充足的空间，这样它们也就不再是杂草了，如果不能打败，那就加入，使杂草融入群落，成为景观的一部分。

4.7.2　夏季修剪

在六月末至八月底之间应进行一次夏季修剪，尤其对于一、二年生花卉混播，夏季的修剪会在短期内损失一些花。应保留部分场地不修剪，为昆虫保留栖息地，昆虫如依靠草甸生长的蝴蝶能在不修剪的场地繁衍；保留的场地可每年不同。面积较大的场地可用机械修剪，中、小场地可人工用电动修剪工具修剪。尽量少用割草机，因为割草机留茬太短，而且对野生小动物存在危险。未修剪部分夏季结实的种子，能飘落到修剪后的场地上。在禾草与花卉的混播中，夏季修剪是非常重要的管理措施。修剪场地的野生小动物可转至未修剪部分，减少对昆虫栖息地的破坏。修剪后3～7天，移除剪下的干枯杂草与任何腐烂的碎草都有可能使留茬后的花卉窒息死亡。

4.7.3　秋冬修剪

秋冬季需要对残余的杂草进行清理。秋天收割残余的草，并确保清除所有修剪下来的草。杂草在秋末重新生长得非常茂盛，可以在十月中下旬或者春季发芽前整体修剪。秋季修剪时，种子能落入土壤中发芽。可将需要补种的花卉种子混合在一起，修剪后撒进场地中。最好在阴雨天前进行补播。种子会在秋天或春天发芽，新萌发的幼苗能抑制杂草的生长。

4.8　混播与花海的施工

根据场地的大小，确定采用哪种机械翻地。小型场地可使用起草机，起草机能高效移除表层杂草及几厘米的表层土，也可以用来疏松土壤，移除表层土露出不肥沃的底土。如有必要，在深翻后进行整理，清除任何遗留下来的杂草根或根茎，防止杂草蔓延。耕作时，翻土不必翻太深。圆盘耙、重型耙或者旋耕机适合大型场地。如果种植场地过于松软，留出时间利用浇水或降雨让种植床土壤沉降。小粒种子撒播后，需要用耙子耙地，以保证种子与土壤紧密接触。播种应选择无风天气，最后压实地表，使种子与土壤紧密接触。

4.9　混播与花海养护管理

花卉混播管理工作看似简单，但是对管理者的要求较高。以往的植物景观管理是针对不同季节每种具体植物的修剪、去残花、除芽等。花卉混播的管理是从群落的角度出发进行的管理，不是单独对每种植物的管理。需要明确，群落修剪时期的修剪高度，如管理措施不当或时间不正确，都会给群落带来毁灭性的损失。管理方式的改变需对管理者提前进行培训。

4.9.1　初期管理

播种后最重要的是幼苗期的杂草管理。如果杂草被彻底清除，夏季修剪可不进行。花卉种子萌发受很多因素影响，一些种子可能继续休眠，当年不萌发，部分幼苗遭受虫或真菌的侵袭而死亡。苗期清除杂草，以免其过度生长致使花卉幼苗生长不良。最好能够坚持记录，在场地中标记出一至多个1m^2的样地，每周记录样方中的植物种类、植物生长及变化情况。如果样地的条件较为复杂，应该增加样方，记录值得注意的局部变化，为今后的管理和设计提供依据。

处理修剪后的植物很重要，忽视会导致不必要的景观损失。播种早期的2～3年里，花海和混播的场地中问题较少，但应及时收获种子，并补播到需要的场地中。

秋后修剪，清理混播和花海场地。干枯的一年生植物茎秆要清除，一旦有杂草，剪掉并且尽快运走，防止杂草种子掉落场地。要及时清理修剪掉的残余物。杂草和定植的植物还没长大时，是补播或栽植球根的好机会，花卉种类越多，物种多样性越丰富，野生小动物的多样性也会随着越丰富。

播种后保持土壤湿润能促进种子萌发，提高出苗率。此后除非特别贫瘠和干旱，不必补充肥料和水分。

4.9.2　播种一年后的管理

多年生花卉的混播和花海经历第一个生长季以后，管理上会轻松很多。让人忧心忡忡的杂草，在多年生花卉茁壮生长后，明显不占优势。一年后的管理相对简单，主要集中于景观效果方面。管理主要是保持花卉多样性，以确保每个季节的景观效果。

可根据不同花卉的生长情况评估修剪的时间。修剪能帮助成熟的种子撒播在场地内，也可以收集需补种的植物种子，定点补种在场地内。每年变换草地中小路的位置，花卉种子常在路边空地上寻找发芽的机会。还可补播新的花卉种类，这也是维持混播和花海景观的一种方法。补播可在春、秋两季进行。秋季补播时间依所选花卉种类而定，一年生花卉补播时间应晚，以免秋季发芽，冬季幼苗被冻死，北方地区要在土壤封冻之前补播。宿根花卉应在8～9月左右补播，保证幼苗的营养生长量，提高越冬能力。补播时保持土壤湿润，在土壤表面开浅沟播种，保证土壤和种子接触紧密，补种播种量控制在0.5g/m^2左右，防止生长密度过大而导致徒长或者生长停滞。

混播群落的管理与单一栽培花卉或传统花境的管理存在差异。混播植物群落建成后，管理主要是针对群落的管理而不是针对个体的管理。如何维护群落的稳定性和多样性是管理的重点。

经过培训的管理者能持续地按照自然界的原则来更新混播与花海中的植物。混播与花海植物群落结构稳定后，还存在自然机会扩大群落的生物多样性。但是对于大多数游人而言，只需要看到一个丰富的令人满意的花海或者混播景观，未必关注到植物变化的细节。设计成功的混播景色是随着季节而变化的，像不断变化的草原。而且随着混播群落结构的逐步成熟，将不断有新的花卉从自然融入群落。

5　花卉混播草皮（卷）

花卉混播草皮（flowering turf）是一种类似草皮卷，可以提前播种育苗并卷起运输的花卉混播方法。花卉混播草皮由下垫层（承载材料）、基质和植物三部分构成。混合各类花卉种子，播种在下垫层（椰丝垫、无纺布等）上的草炭、椰糠等基质中，播种45～55天后，基质上长成密集的根系层，可如常规的草皮卷一样卷起、运输和铺植。花卉混播草皮一般重15～22kg/m^2，厚20～25mm，宽0.75～2.0m，可根据育苗场地的具体情况调整规格。花卉混播草皮根据所用植物类型，分为一年生和多年生两种不同类型。多年生花卉混播草皮卷的构成植物以多年生为主，应用后可保持多年植物景观。

花卉混播草皮选用植物与花卉混播相似，常常添加20%的禾草类植物，以利于快速成毯。成毯后的混播花卉草皮，可直接铺于平整好的场地上，铺设后每日喷水，保持土壤湿润，以利根系与土壤的结合。一周后根系深入土壤，不再需要额外灌溉。混播草皮铺设后快速开花，形成混播或花海景观。

花卉混播草皮优点：

（1）建植快速：即建即用，铺设混播草皮后10～20天可形成花海般的景观效果。

（2）杂草少：花卉混播草皮不用土壤，克服了土壤种子库中的杂草，应用中铺植过程也能抑制应用地土壤种子库中杂草的生长。节约了构建混播景观的苗期清除杂草需要消耗大量的人工。

（3）应用广泛：可直接铺植于不同场地条件，如屋顶花园、生态墙、雨水花园等需要绿化和美化的地方。

（4）施工和管理简单：与草皮卷相同，铺设容易，除非特别干旱，不必浇水和除草。多年生花卉草皮卷铺设后第二年春季发芽前，需割除地上部分的枯枝，可持续多年保持景观效果。

花卉混播草皮国内没有批量生产，使用很少。国外有专业公司生产，如Wildflower Turf Ltd、Harrowden Turf Ltd、Wildflower Turf™ 等公司，都出售花卉混播草皮的成品，用户可即买即用，十分方便。

混播草皮下垫层由可降解材料制成，环境友好，类似传统草皮卷能迅速降解，是营建花卉混播景观的相对快速的建植方法。

在实际的园林绿化中，花卉混播草皮的即铺即用性能解决工程建设和绿化建设时间上的矛盾，迎合快速见效的绿化美化要求，也为没有种植经验的私家庭院提供更多的植物选择类型。

5.1 混播草皮类型

与花卉混播一样，快速建植技术也是最早兴起并发展于欧美国家。1982年成立的英国Coronet Turf 公司开发及丰富了无土栽培草皮产品种类。随着花卉混播景观的应用范围越来越广，为满足快速建植和在不同场所建植混播景观的需求，满足传统播种建植方法的不足，该公司于2003年创建了附属企业Wildflower Turf，并首次推出了与传统草皮卷类似的混播草皮产品。目前国外有很多草业和种业公司生产销售花卉混播草皮产品，如Lindum和Meadowmat等公司。花卉混播草皮产品被广泛应用于城市绿色基础设施建设和家庭园艺中。

为满足不同环境、不同场所建植混播和花海景观需求，花卉混播草皮的植物构成种类因需要而不同，形成多种多样的商业组合类型。常见的商业混播草皮可分为5种类型：花草混播型、野花组合型、屋顶绿化型、耐阴型及单花色带型等。

（1）花草混播型

花草混播草皮是目前最受欢迎的形式。由花卉和禾本科草类构成，花卉种子比例超过70%；土壤适应范围广；有一定的耐旱性和耐阴性，能在面积为30 ~ 10000m^{2}的不同大小场所进行建植；低维护，每年需刈剪1 ~ 2次即可；适用于花海、公园、市政绿化、私人庭院及校园等各类场所的绿化。

（2）野花组合型

野花组合型混播草皮是标准草皮的一种替代品，以增加草皮的生物多样性为目的，观赏性差；多由常见野生地被植物构成，如车前草、蒲公英等，具有一定的耐旱性和耐阴性，可在面积为400 ~ 10000m^{2}的不同大小场所建植；常用于裸地的修复及再建。缺点是观赏性弱，但景观效果和植物构成接近自然植被。

（3）屋顶绿化型

屋顶绿化型花卉混播草皮是用轻质无土栽培的产品，比传统野花草地草皮耐旱性更强，适用于屋顶环境。基质除了能支撑植物生长外，还有非常好的保水性，以及具有重量轻等优点。可在面积为10～10000m^{2}的不同大小场所进行建植，适用于各类建筑屋顶绿化、墙面绿化及车库顶部绿化等。

（4）耐阴型

耐阴型混播草皮是针对林下及其他低光照区域设计的。除耐阴性强外，在阳光充足区域也能生长。耐阴型混播草皮植物种类丰富，花卉比例超过75%，观赏性较好；可在面积为10～10000m^{2}的林下或荫蔽场所进行建植。

（5）单花色带型

色带型草皮供花海景观和规则绿化应用。由单一植物播种，铺植后用于大规模的色带和色块的构建。

5.2 混播草皮的建植方法

鉴于劳动力价格不断上涨，花卉混播草皮在全球的需求越来越大，经过初步的试验和实践，从混播草皮的植物选择、基质配置、下垫层的筛选等方面进行比较分析，课题组完成了花卉混播草皮的建植方法构建。

5.2.1 植物的选择

花卉混播草皮的植物选择原则与混播设计相同，由20种以上花卉构成，在达到景观效果的同时，也为蜜蜂、蝴蝶等无脊椎动物提供了宝贵的栖息地，增加了应用区域的生物多样性。

与直接场地播种不同，混播草皮需要运输、移栽等环节，因此应选择苗期茎节短缩、具基生叶的植物。如需要快速达到繁花似锦的景观效果，可以用播种后很快开花的一、二年生植物。如果需要兼顾当年和今后的效果，可用一、二年生＋多年生的混播方式，其中的多年生花卉更多的是为景观的持续性和稳定性服务，一、二年生花卉为建植后很快开花形成景观效果，也可以完全使用多年生植物。从群落结构层次出发，配置春季开花的低矮种类（30%～50%）、春夏开花的中间层次种类（40% ~ 60%）以及夏秋开花的高大种类（10% ~ 20%）。为使基质层具有更丰富的根系层，抓牢基质并为花卉植物提供绿色背景，可适当增加禾草类植物，花卉比例一般大于草种比例，花卉类约占80%，禾草类不高于20%。在以生态修复为目的的野花组合中，禾草类的比例可增加至50%或更多，增加禾草比例形成的景观效果更接近自然草原。

种植实践表明，可用于混播草皮的花卉种类主要有蓍草类、矢车菊类、虞美人类、滨菊类、毛茛类、地榆类、飞燕草类、柳穿鱼类、三叶草类、剪秋罗类、桔梗类、百脉根类、鼠尾草类、蓝盆花类、金鸡菊类、天人菊类、马鞭草类、车前草类等，禾草主要有羊茅类、早熟禾类、黑麦草类、洋狗尾草类、灯心草类等。

5.2.2 下垫层和基质

下垫层位于混播草皮的底层，起到承载支撑整个草皮毯的作用，因此需具备透水透气的特性，并应有一定的强度和韧性，还应具有慢速降解性的能力。承载材料可用无纺纱布、椰丝垫、棕丝垫、毛毡以及经过特殊工艺制成的纺织材料等。基质是植物生长的基础，同盆栽花卉相似，可以选用草炭、椰糠，根据植物生长的需求，少量添加蛭石和珍珠岩，更利于基质的保水透气、促进根系生长以及缠绕成根系层。

在温室等特定育苗场地，将下垫层（承载材料）平铺于地表或运输框架中，然后平铺基质在下垫层上，基质厚度7 ~ 10cm。在基质中用常规方法播种，并浇水管理。种子萌发后根系在基质中生长缠绕并逐渐抓牢下垫层（承载材料），达到运输移栽不散团的程度，混播草皮毯就形成了。

播种可在露地完成，播种区地表铺设一层塑料薄膜或园艺地布作隔离层，如是水泥或者其他硬化的地表，无须做隔离层处理。直接铺设下垫层（承载材料），每个下垫层块间隔5cm。露地播种时，播种区两侧预留少量空地，以利雨季排水。温室内可以采用与露地相同的方式播种和管理。需要注意的是，温室栽培的混播草皮在场地应用前应提前控水，并适当炼苗，以适应露地环境。

5.2.3　播种

播种量：混播草皮在基质上播种，播种量比露地混播要少，采用1.0～1.4g/m^{2}总用种量，能满足播种混播草皮的播种要求。

露地播种时，将称量好的种子与细沙混合，在基质上均匀撒播，播种后覆沙，以减少因刮风下雨等因素而导致的种子损失，覆沙不必太厚，完全覆盖种子即可。播种后及时喷水，保持基质湿润，直至种子萌发。浇水时要防止将种子冲出基质层。

种子萌发后，可减少浇水频次，过湿将导致幼苗徒长，减少遮荫，以利于根系生长。

5.2.4　铺植

混播草皮地面覆盖度达到90%以上后，检查混播草皮，达到提起基质不散落、卷起不断裂、破损率不大于5%时即为成毯时间。混播草皮成毯后即可进行移栽建植。

在北京地区，花卉混播草皮的成毯时间为播种后45～60天。此时混播草皮的不同植物根系生长丰富，提起承载材料时基质不散，可以清晰地看到根系缠绕成团。铺植前应对混播草皮进行控水，以提高铺植后混播草皮的适应能力。

铺植花卉混播草皮之前需整理铺植场地。方法和铺设草坪相同，铺植后应尽快充分灌溉以利根系深入土壤。建植后10天内保证水分供给是铺植成功的关键。混播草皮的根系深入土壤后，除非过于干旱，无须额外补水。建植后每年早春萌动前修剪，留茬10cm左右。早春修剪可抑制杂草种子在秋冬季入侵。对于一、二年生花卉所占比例较多的混播草皮，为保持连年持续有花的自然效果，和花卉混播一样，需要在花卉种子成熟期修剪总面积的2/3，保留1/3不修剪，以便于一、二年生花卉种子回落到土壤中，以确保第二年该场地的花卉种类和数量提供条件。如果不进行花后修剪，一、二年花卉混播应每年进行适量补播，以保证混播景观效果。

5.3　混播草皮的应用效果

混播草皮有利于幼苗的生长。混播草皮比场地直接混播具备更好的生长环境，铺植后可很快达到观赏效果，基质内无杂草种子，节约了杂草管理成本。

混播草皮在生产基地培育，不受播种时间限制，可以根据项目要求播种培育，按工程要求铺植，快速达到观赏效果。如项目要求在清明或者五一前后达到景观效果，可在温室或大棚中播种，春季回暖后铺植于建植场所，花卉混播草皮能在清明或五一前形成景观。混播草皮比场地直播更灵活，缺点是造价高。

混播草皮的景观效果与混播植物的筛选和设计密切相关，既可以是单色花带，也可以达到山花烂漫，还能展示草色青青。

5.4 混播草皮建植案例

5.4.1 案例1：花卉混播草皮的植物和基质

选用植物为一年生花卉+多年生花卉。植物材料构成：春季开花的低矮种类为55%（底层），春夏开花的中间层次种类占30%（中层），夏秋开花的高大种类为10%（顶层）（表5–1）。

花卉混播草皮植物组合 **表5–1**

中文名	拉丁名	类型	颜色	比例
屈曲花	*Iberis amara*	一年生	玫红色	4%
花菱草	*Eschscholtzia californica*	一年生	橙色、黄色	10%
香雪球	*Lobularia maritima*	一年生	白、粉、紫色	8%
五色菊	*Brachycome iberdifolia*	一年生	蓝、紫、白色	8%
蛇目菊	*Coreopsis tinctoria*	一年生	红黄复色	6%
矢车菊	*Centuarea cyanus*	一年生	蓝紫色	10%
虞美人	*Papaver rhoea*	一年生	红色	10%
茼蒿菊	*Chrysanthemum frutescens*	一年生	黄色	10%
满天星	*Gypsophila paniculata*	一年生	粉色	8%
白晶菊	*Chrysanthemum paludosum*	一年生	白色	8%
福禄考	*Phlox drummondii*	多年生	混色	8%
中国石竹	*Dianthus chinensis*	多年生	混色	10%
早熟禾	*Poa annua*	多年生	—	—

试验设计：以基质组合和播种比例作为对照变量，每个组合中的播种密度为350粒/m^2，以保证花期50株/m^{2}以上的植株数量。设8个不同处理，分为24个试验小区，每一试验小区面积约为0.2m^2（表5-2）。播种密度根据专利《露地花卉混播组合景观的营建方法》计算，花卉用种量=（理论株数/萌发率×千粒重）/1000×系数，因播种条件好，使用最低系数，大粒种子系数为2，中、小粒种子系数为8，可保证幼苗萌发数量，满足花卉混播草皮建植效果。

混播草皮试验组合设计　　表5-2

播种比例	只播花种	花种：草种（2：1）	花种：草种（1：1）	花种：草种（1：2）
泥炭：蛭石=3：1	A1	B1	C1	D1
椰糠：蛭石=3：1	A2	B2	C2	D2

试验地分为播种区和场地建植区，面积均为30m^2。试验实施方式：播种前在育苗盘中铺设无纺布作为承载材料，无纺布底部铺塑料膜作为隔离材料，并对塑料膜打孔（4×4）以透水透气。2014年春季以撒播方式播种，花卉草皮形成根系层后移栽建植。建植前先对建植区进行除草整地，取出育苗盘中成毯的花卉草皮铺植于建植区。观测并进行常规养护管理。

对比不同播种及定植时间的组合，不同播种及定植时间可有效控制混播草皮花期。

花期观测结果表明，在春季开花的低矮种类中，屈曲花、香雪球、福禄考、中国石竹表现较好，其中屈曲花、香雪球播种到开花的速度快（40～60天），福禄考和中国石竹的耐热性强，但福禄考出苗率低；在春夏开花的中间层次种类中，矢车菊、白晶菊的花期时间长（110～130天），表现优异；在夏秋开花的高大种类中，蛇目菊较茼蒿菊植株轻盈，能更好地丰满和协调混播景观。在第二年景观中，中国石竹和蛇目菊自播苗量大，可维持良好的景观效果。

植物在草炭基质上生长，开花好于椰糠基质。混入禾草类植物有利于增加根系的成毯性，更适合长距离运输。但同时禾草用量增加，观赏效果降低。

5.4.2　案例2：不同承载材料对花卉混播草皮的影响研究

花卉草皮的承载材料主要起固根盘结的作用，能加强根系与基质的成毯和抗碎性能，使植物、基质和承载材料成为一个整体。本试验选用椰丝纤维毯（图5-1，康莱德国际环保植被有限公司）和无纺布（图5-2、图5-3）作为承载材料进行对比。其中，椰丝纤维毯规格为2.5m × 30m，厚度为5mm，纤维直径为0.3 ~ 0.8mm，纤维长度为10 ~ 20cm，密度为450g/m^2，抗拉强度为20.4kg/m^2；无纺布的规格为50g/m^2。

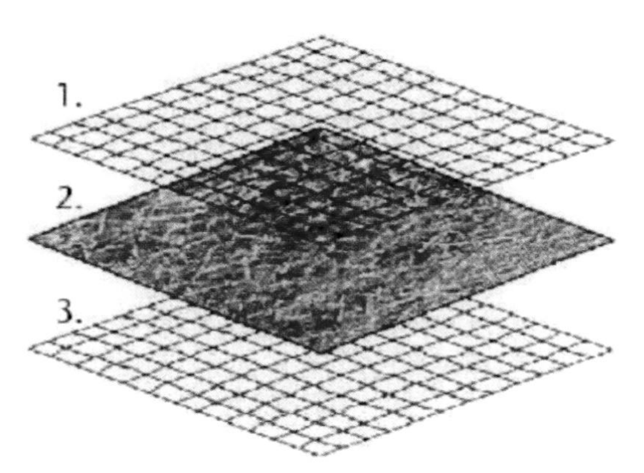

1. 网（netting）
2. 椰丝纤维层（coco fiber layer）
3. 网（netting）

图5-1　椰纤维毯结构

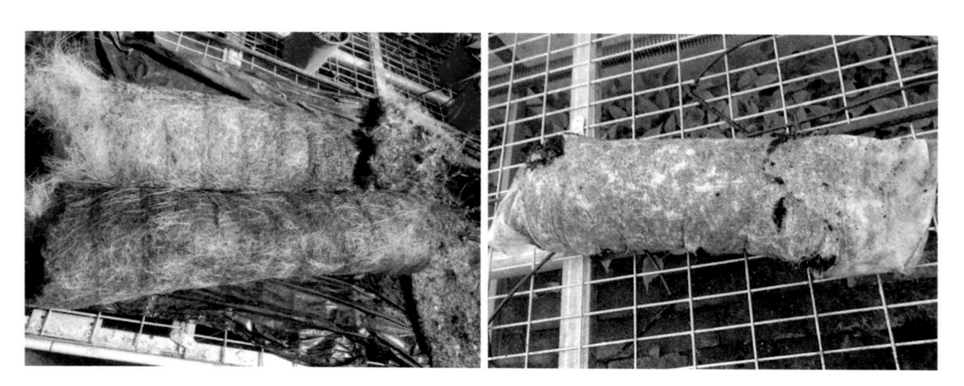

图5-2　椰丝纤维毯（左）和无纺布（右）

图5-3 播种混播花卉草皮

试验供试花卉和草坪草种子中（表5-3），一年生花卉占65%，多年生花卉占35%，设计目的是在快速获得景观效果的同时又能保证景观的连年持续性。

实验组合植物材料 表5-3

中文名	拉丁名	类型	颜色	比例
白晶菊	*Chrysanthemum paludosum*	一年生	白色	10%
翠菊	*Callistephus chinensis*	二年生	粉白双色	8%
花菱草	*Eschscholtzia californica*	一年生	玫红色	6%
金盏菊	*Calendula officinalis*	一年生	黄、橙	4%
柳穿鱼	*Linaria vulgaris*	一年生	混色	8%
柳叶马鞭草	*Verbena bonariensis*	一年生	蓝紫色	6%
屈曲花	*Iberis amara*	一年生	玫红色	10%
矢车菊	*Centuarea cyanus*	一年生	蓝色	8%
虞美人	*Papaver rhoea*	一年生	红色	6%
花葱	*Allium giganteum*	多年生	浅紫色	6%
轮峰菊	*Scabiosa atropurea*	多年生	蓝色	8%
西洋滨菊	*Chrysanthemun leucanthemum*	多年生	白色	8%

续表

中文名	拉丁名	类型	颜色	比例
宿根鼠尾草	*Salvia officinalis*	多年生	蓝色	6%
飞燕草	*Delphinium grandiflorum*	多年生	蓝、粉色	6%
早熟禾	*Poa annua*	多年生	—	—

以草炭（麦品氏托普）为基质，花种：草种=1：1为播种比例，播种于育苗盘和椰丝纤维毯各3m^2，播种密度为250粒/m^2（图5–4）。2015年3月温室播种，两种下垫层播种时基质厚度一致，播种50天后，对花卉草皮的生物量、重量、强度、破损率和成毯时间进行测量。对比两种承载材料的花卉草皮各项指标。

强度方面，椰丝纤维草毯的强度要明显大于无纺布的强度，这可能是由于椰丝纤维草毯的复合型结构本身抗拉强度大，且更有利于植物根系盘结的缘故。重量评估方面，铺设于无纺布的基质厚度及整体生物量均大于椰丝纤维草毯组合，故成毯时以无纺布为承载材料的草皮重量要明显大于以椰丝纤维草毯为承载材料的草皮。从破损率来看，测量时两个组合的破损率都基本为0，表明温室栽培生物量达到稳定时，两个野花草皮组合都达到了成毯的要求，两种承载材料对野花草皮的成毯时间无显著影响。

椰丝纤维毯组合的地下部分生物量远大于无纺布组合，说明以椰丝纤维草毯为承载材料更有利于促进植株根系的生长，增加根系盘结力，以增加野花草皮的抗拉强度。从混播草皮的重要性状来看，椰丝纤维毯组合的抗拉强度大于无纺布组合，而重量小于无纺布组合，表明以椰丝纤维毯为承载材料的野花草皮更方便成卷运输。从成毯时间来看，播种后55天左右，两个组合的野花草皮卷起再铺开的破损率均为0，表明这两种承载材料对混播草皮的成毯时间基本没有影响。

以椰丝纤维毯为承载材料的混播草皮相比无纺布具有更大的抗拉强度和更小的重量，且成毯时间快（约播种后55天）。椰丝纤维自然降解后可与土壤混为一体，为植物生长提供养分，以利于植物的生长。因此，以椰丝纤维毯为代表的环保型植被毯为花卉草皮承载材料的选择提供了一个新的方向。

图5-4 景观观测情况

（1—6月份景观；2—7月份景观；3—满天星残花拔除；4—8月份景观；5—9月份景观；6—10月份景观；7—11月份景观；8—第二年景观）

6 混播与花海的应用

随着混播和花海应用规模的扩大，植物使用类型和种类也不断增加。使用的植物材料不仅包括具有观赏价值的花卉，还包括有观赏价值果序或叶片的植物，如各种禾本科和蓼科植物等。花海景观起源于欧美，最早是因工业加工而大规模种植开花植物形成的，如用于生产香料的意大利南部大面积的香根鸢尾和法国南部的薰衣草。但20世纪70年代，随着化学工业的发展，制作香料不再使用植物原料，这些地区的经济受到了巨大的冲击。为了应对需求的变化，法国南部发展了薰衣草花海相关的旅游业。此外，花海的形成与种子和种球生产相关，如荷兰的郁金香、风信子、芍药等，在球宿根生产的基础上，发展成为旅游景观。将球宿根生产、加工地形成的大规模花卉景观，开发完善并与观光旅游相结合，花期吸引来自世界各地的游人，带动当地经济发展。花海景观中花卉的生产、观赏与旅游结合日趋完善，形成了新的旅游业态。

休闲农业观光产业逐渐兴起，以农业资源为核心，用旅游的方式展示资源，促进和加强人与自然的和谐。与之相伴随的花海景观也成为复合型休闲农业的代表之一，不仅为人们提供观赏模拟自然的大地景观的机会，还向人们提供了花卉、果树、蔬菜等科普知识，体验植物文化，开展花卉与人的互动活动，售卖花卉等相关农产品，推动地方经济发展。

6.1 花海景观的构建及存在问题

用单一花卉播种或多种植物混播构建的花海，作为一种新型的景观形式，成为我国各地不同规模城市旅游的新宠。因其具有令人震撼的景观效果，投入少，运营周期长，成为花卉景观营建的潮流模式，如雨后春笋般涌现，各地纷纷建立了不同名称的花海。有时在100km的范围内，竟然存在3个以上的花海。纵观国内的花海景观，无论对农业还是旅游业而言，都是新兴事物，花海景观的建植方法也处于模仿国外案例的初级阶段。在运营模式方面，营建形式、植物用种选择、养护管理等方面都处于发展与完善的过程中，其中存在的最关键问题是，不同地方、不同名称的花海，所用植物相似，形成的景色雷同。在这种情况下，需要从业者关注花海景观井喷式发展后，可能出现的是断崖式收缩。

在运营模式上，各地的花海景观大多停留在景观营建后的花卉观光层面。花海景观的营建地点多位于市郊或近市区的乡村，承包农用土地，大面积地建植一、二年生花卉，构成色带和色块结合的花海。传统旅游点附近也有很多快速建成的与上述类型相同的花海，花期吸引游客前去观光。花海运营主要依靠门票收入。花海承载功能单一，经营理念尚未接受国际上倡导的复合型休闲花海景观模式。实现景观的持续性发展方面，思路和方法仍需深入探讨。运营上不断延长产业链，与当地自然资源、人文地理的具体情况相结合，完善运营模式。

营建形式：目前的花海景观多采取大面积场地内种植成色块、色带或花田形式。这类营建形式，花期时初看效果十分震撼，能达到短时间最大限度地吸引游人的目的。但是久之则易让人产生审美疲劳，尤其是存在大量雷同的情况下，对花海景观的可持续性发展、长期持久吸引游人等方面，并无积极作用。花海作为观光形式，每年可以部分变换植物和景观，不断增加新的应用形式，发挥多年生混播花海的生态优势，拓展花海相关的科普教育功能。

植物应用：花海景观常用的植物种类相似且应用方式雷同，缺乏地方特色，是花海面临的共同问题。景观的雷同会让人产生景观效果刻板、千篇一律的感觉。用单一植物营建色块和色带的花海景观，不能获得良好的生态效益，应采用色块、色带与近自然的混播花海相结合。植物选用时，应增加地方特色植物，突出不同地域的植物特征。

养护管理：花海景观形式要达到纯净震撼的景观效果，建植过程中需要实现严格的植物株行距的控制、杂草和病虫害的防治，并要按季度或年度更换不同植物，是一种费人工的精细养护管理，需要较高的人工成本。为追求低养护成本，大多数花海景观采取粗放的管理模式，导致形成的景观效果在精细度和纯净度上达不到精致的要求。本是为了减少建植成本而选择建植花海景观，但是要达到预期的效果又需要高成本的养护管理，让众多花海景观营造者陷入了两难的困境。今后的管理，建议将精细管理地块与粗放管理地块相结合，提升景观的同时降低管理的人工费用。

从调查过的国内花海景观分析可知（图6-1），因运营模式和营建形式相似，植物种类存在局限，空间上的层次感和时间上的延续感有待提高。虽然景观效果震撼，但是缺乏时空上的变化，生态效益和社会效益低，难以实现可持续性发展。加之较繁复的管理步骤和高养护成本，会阻碍花海景观在我国的进一步发展。

6.2　花海景观构成形式

花海由大量的花卉和少量的乔木构成，景观效果呈现一望无际如花的海洋。人工模拟自然花海，营建的大规模色带、色块与混播共同构成了花的海洋，统称为“花海”。

6.2.1　花海中的色带

色带常由同一品种不同色系的花卉构成，一般宽度在2m以上，长度随地形和设计要求而定。构成色带的植物生长坚实、花朵着生枝顶端、开花繁密、株型紧凑、株高一致，具有相同或相近的花期，可形成红色、白色、黄色、粉色、蓝色等不同颜色的色带。构成色带的植物大多是一、二年生花卉，多年生花卉一般不用于构成精细色带。

一、二年生花卉色带：从播种到开花的时间短，持续花期为40～60天。这种色带也称为临时性色带，每年需做1～2次更换，更换方式以播种为主。常用植物主要有不同颜色的百日草、矢车菊、波斯菊、硫华菊、一年生鼠尾草类等，也可以辅助使用不开花的彩叶草、地肤等。

多年生花卉色带：选用开花整齐、花期长的多年生宿根或球根花卉，以播种（栽植）方式构建，可保持多年不变，如鸢尾类、罂粟类、婆婆纳、花葱等，温暖地区常用木茼蒿类。

6.2.2　花海中的色块

不同大小的各种色块是花海的主要构成部分。色块的面积按设计的整体意图可以大小兼顾，但是在每个观赏季节，花海应有几个体量巨大的主体色块同时开

图6-1　典型的单一植物构成的色块花海模式（北京市延庆四季花海）

图6-1 典型的单一植物构成的色块花海模式（北京市延庆四季花海）（续）

放，形成视觉焦点吸引游人。色块构成植物选择范围广，应具备花期长、花朵着生枝顶并开花繁密、群体效果好的特点。很多单株表现不好的植物，构成色块时可以非常壮观，如常用的柳叶马鞭草。色块按构成植物可以分成三类：一、二年生色块，多年生宿根色块和多年生球根色块。

一、二年生花卉色块：可选植物种类较多，色彩丰富。常用植物有油菜、二月兰、板蓝根、花菱草、香花芥、千日红、波斯菊、硫华菊、百日草、金鸡菊、虞美人、矢车菊、孔雀草、醉蝶花等，另外地被菊和柳叶马鞭草也常作为一年生色块的栽植植物。一、二年生色块的缺点是早期杂草管理需要投入大量人工，植物需一年更换1~2次，以达到长期有花的观赏效果。优点是色块富于变化，花色饱满，可达到震撼性效果。

多年生花卉色块：花期长、开花整齐的多年生花卉适合构成色块。常用植物有薰衣草、福禄考、蓝亚麻、千屈菜、黑心菊、松果菊、草原松果菊、金鸡菊、日光菊、金光菊、蛇鞭菊、达利菊、紫菀、美丽月见草、大花月见草、各种鸢尾、大丽花、飞燕草、羽扇豆、婆婆纳、老鹳草等。多年生花卉色块的缺点是每年观赏期有限，一年观赏一次（有些种类修剪后，可再次开花）。花后期存在不同程度的不良景观，最好与其他植物套种，以避免花后的不良景观。优点是管理上一次投入后可多年保持，节约人工投入和管理费用。

球根花卉色块：花期早，开花集中，色彩浓烈。常用植物有番红花、花葱、郁金香、风信子、贝母类、百合、石蒜等。与多年生色块的缺点相似，花后期景观不佳，需要清除或者其他植物的遮盖。球根投入较高，尤其是如郁金香等容易退化的球根，需要每年或者2~3年更换一次。另外有些球根花期时叶片枯黄或者消失，如大花葱和石蒜，需要与其他植物套种，才能避免花期地表裸露。优点是开花早或者晚，色彩浓烈，易吸引大量的游客。

6.2.3　混播花海

混播花海是模拟自然草甸的一种植物设计形式。建成的花卉混播景观和自然草甸景观具有很多相似之处——群落垂直结构复杂，物种构成多样，群落外貌在空间上和季相尺度上均存在丰富的变化，盛花期景观效果华丽。因此相比于传统的花海景观，利用花卉混播建植的花海景观更具优势，群落外貌季相变化丰富，群落稳定性高，生态效益和美学价值也更为突出（图6–2）。

花海景观作为一种人工景观形式，虽然当前大面积单种花卉种植模式是主流，但是随着人们对于园林景观自然性日益加强的诉求，加之花卉混播作为复层的草本植物群落，与单一层次的花海群落相比，具有丰富的生物多样性，能为传粉者提供连续的食源和蜜源，为昆虫和小动物提供栖息地，群落配置雨水截留和滞尘能力高。因此，利用花卉混播的建植方法来营建花海景观将会成为今后花海景观营建模式的重要方式。

图6–2　采用花卉混播营建的花海景观（北京试验基地）

图6–3 北京海淀区四季青桥南

国外利用花卉混播营建花海景观已逐渐成为趋势。2012年伦敦奥林匹克公园是花卉混播营建花海景观的成功展示，设计者们从不同气候带的自然草甸中吸取灵感，并营建出了具有高观赏价值、生态价值和可持续性的花海景观，这也成为伦敦奥运会成功的一部分。

我国也有一小部分花海设计者们开始尝试运用花卉混播营建花海景观，并取得了良好的应用效果。北京延庆张山营镇政府旁边公路围合的大面积绿地绿化项目中，采用花卉混播方法营建了大面积自然式花海，景观效果富有野趣，和远处的松山相映成趣，与周边的自然景色融为一体。北京海淀区四季青桥南（图6–3）的废弃铁路绿化项目中，也采用了花卉混播花海，相比单一物种种植的花海景观，这里的花海植物种类更丰富，更能在城市环境中给人们带来自然舒适的美感享受。

6.3 混播花海案例

2008年开始，于北京市昌平区小汤山基地和海淀区八家郊野公园进行花卉混播的设计与实际种植研究。从对比不同商业组合和参考野外植物群落设计的不同类型的混播组合入手，经十余年实践和试验，对比研究了播种量、群落构建方式、植物筛选方法、不同条件对混播的影响、混播群落冠层滞留雨水能力、混播群落吸引昆虫能力、花卉混播快速构建和雨水花园构建等方面，完成了不同类型混播组合群落的连续观测。从不同组合的成功和失败中更深入地认识了植物，而且恰恰是各种失败的混播组合拓宽了进一步研究的思路。

向自然植被学习。混播构建景观的特点是能提高植物景观的生态效益，满足城市回归自然的需求，达到低碳和节约成本的目的。因各地气候、植被的不同，可以参考和借鉴的国内外研究有限，持续不断地向自然植被学习，并提炼出适合混播的参考群落结构和植物构成。有时可直接借鉴自然草原植物群落构成，如混播植物单位面积的数量、群落的层次结构、花卉与禾草混播的比例等，都可将周边自然群落的数据作直接参考。在早期的混播设计中，采用以花期为主的设计原则，即按开花时间兼顾高度，筛选不同季节的植物。但是发现混播群落外观不整齐，尤其是花后期，残花的存在直接影响混播的景观。2010年坝上草原调查发现，草原宣传册的广告词写着“草原上7天换一批花”。草原上野生花卉的盛花期约在一周，盛夏草原野花此起彼伏不断开花，所以游人在不同时间可看到不同的花。观察草原植物群落外观，看不到花后期的残花景色。因为草原野生植物开花后，其他很多植物长出来，植株高过花后植物，遮盖了花后不良景观。还有些植物是抽出花葶开花，花后花葶倒落在群落中，也看不到花后的不良景观。比较和实验研究后，才确定了花卉混播结构第一的原则。采用结构第一原则设计的混播群落，解决了混播群落花后不良景观问题和群落外观的整齐度问题，获得了良好的景观效果。

向自然学习筛选适合混播的植物种类。国外的文献报道，萱草、鸢尾这类多年生花卉营养生长期长，且第一年幼苗期苗很小，在混播中不易成活，所以不适合用于混播。因此在初期混播设计中，一直没有使用这类植物。也是2010年的野外调查，发现在野外草甸上不仅有这类花卉的开花株，在出现扰动的地方植被底层也存在它们的幼苗。2012年开始，在混播组合的设计中使用了西伯利亚鸢尾、萱草、黄花菜等植物。2014～2015年，这类植物开始开花，以后持续每年开花，效果越来越好，证明了此类幼苗弱小的宿根植物，可以很稳定地存在于混播群落中，而且它们属于长寿的宿根植物，是构成长期混播景观的稳定植物。

筛选混播植物时，应关注生长速率对群落结构的影响。2009年设计了向日葵主题的混播组合。设计的目的是希望在向日葵开花时，向日葵底层开出一层如地毯般的花毯。实际播种后，发现向日葵种子萌发，从幼苗期开始生长速率就远快于其他植物，其他植物无法与其竞争光照，导致生长不良，没有达到葵花与花毯配合的景观效果。但是从这个失败中我们开始重视研究混播群落中不同花卉生长速率对配置和景观效果的影响。

“自私”植物在混播中不能使用。在课题组第一批混播设计中，考虑到秋季的景观效果，使用了高山紫菀。播种后第一年，高山紫菀在混播里表现出了良好的秋季景观，从第二年起，其无性繁殖能力过强，从播种的一株，长成五六株一丛。且从春季直到秋季现蕾前，高山紫菀一直生长旺盛，其他20余种植物无法与之竞争。第三年群落中高山紫菀成了唯一的植物，其他植物被淘汰消亡。第四年春季，我们采取了人工干预措施，清除部分植株，并在春末对保留的植株进行强剪，以控制其高度。这一年其他植物有所恢复。但是第五年不进行管理，高山紫菀的强势使它又成为唯一的植物了。这类植物从幼苗起生长速率一直高于其他植物，且无性繁殖能力强，其他植物无法与之竞争，我们称为自私型植物，它们适合单独使用，不适于与其他植物混播。

以下是课题组经过实践验证的混播组合，可为不同类型的混播组合提供设计借鉴。

6.3.1　案例1：一年生花卉混播组合

实验场地：八家郊野公园

场地预处理：播种前常规整地，播种前3天浇透水，播种后20天出苗整齐。

植物材料选择与配比：15种一年生花卉均在建植当年开花（表6-1 ~ 表6-4），开花率达100%。该组合播种后70多天达到第一次盛花期；播种后130天后进入第二次盛花期。

一年生混播组合植物组成　　表6-1

序号	种类	株高（cm）	花色	花期（月）	预期群落层次
1	异果菊	20 ~ 40	橙色	4 ~ 6	底层
2	花菱草	30 ~ 40	橙色	4 ~ 7	底层
3	白晶菊	20 ~ 35	白色	4 ~ 6	底层
4	矢车菊	40 ~ 60	蓝色	4 ~ 8	中层

续表

序号	种类	株高（cm）	花色	花期（月）	预期群落层次
5	虞美人	40～60	红色	5～7	中层
6	大阿米芹	50～65	白色	5～7	中层
7	粉萼鼠尾草	35～60	粉色	5～8	中层
8	一年生飞燕草	40～60	蓝色	6～7	中层
9	羽扇豆	50～60	混色	6～9	中层
10	抱茎金光菊	50～60	黄色	6～9	中层
11	莳萝	40～60	黄色	8～11	上层
12	翠菊	50～60	混色	8～10	中层
13	轮峰菊	60～90	紫红色	8～10	上层
14	马洛葵	60～90	粉色	7～10	上层
15	柳叶马鞭草	60～90	紫色	8～10	上层

注：设计每平方米总株数为200株。其中，轮峰菊多年生作一年生栽培，柳叶马鞭草因越冬能力较差在该混播组合中将其用作一年生花卉使用。

植物花期和混播群落结构　　表6-2

时间	主要开花植物	群落分层（植物种类）
6月上旬	无开花植物	单层（15）
6月中旬	异果菊＋白晶菊＋矢车菊＋虞美人	底层（14）＋上层（1）
6月下旬	异果菊＋花菱草＋白晶菊＋矢车菊＋虞美人＋粉萼鼠尾草＋抱茎金光菊＋一年生飞燕草	底层（10）＋上层（5）
7月上旬	白晶菊＋矢车菊＋粉萼鼠尾草＋抱茎金光菊＋一年生飞燕草＋大阿米芹	底层（6）＋上层（8）
7月中旬	白晶菊＋矢车菊＋羽扇豆＋大阿米芹＋莳萝	底层（4）＋上层（10）
7月下旬	羽扇豆＋大阿米芹＋莳萝＋轮峰菊＋马洛葵＋柳叶马鞭草	底层（2）＋中层（5）＋上层（3）
8月上旬	大阿米芹＋莳萝＋轮峰菊＋翠菊＋马洛葵＋柳叶马鞭草	底层（1）＋中层（6）＋上层（3）
8月中旬	轮峰菊＋翠菊＋马洛葵＋柳叶马鞭草	底层（1）＋中层（6）＋上层（3）
8月下旬	轮峰菊＋翠菊＋马洛葵＋柳叶马鞭草	底层（1）＋中层（4）＋上层（3）

续表

时间	主要开花植物	群落分层（植物种类）
9月上旬	轮峰菊+翠菊+马洛葵+柳叶马鞭草	底层（1）+中层（3）+上层（3）
9月中旬	轮峰菊+马洛葵+柳叶马鞭草	中层（2）+上层（3）
9月下旬	马洛葵+柳叶马鞭草	上层（3）

注：群落层次一栏中，“底层（15）”表示位于群落底层的有 15 种植物。

混播中不同植物的物候期 表6-3

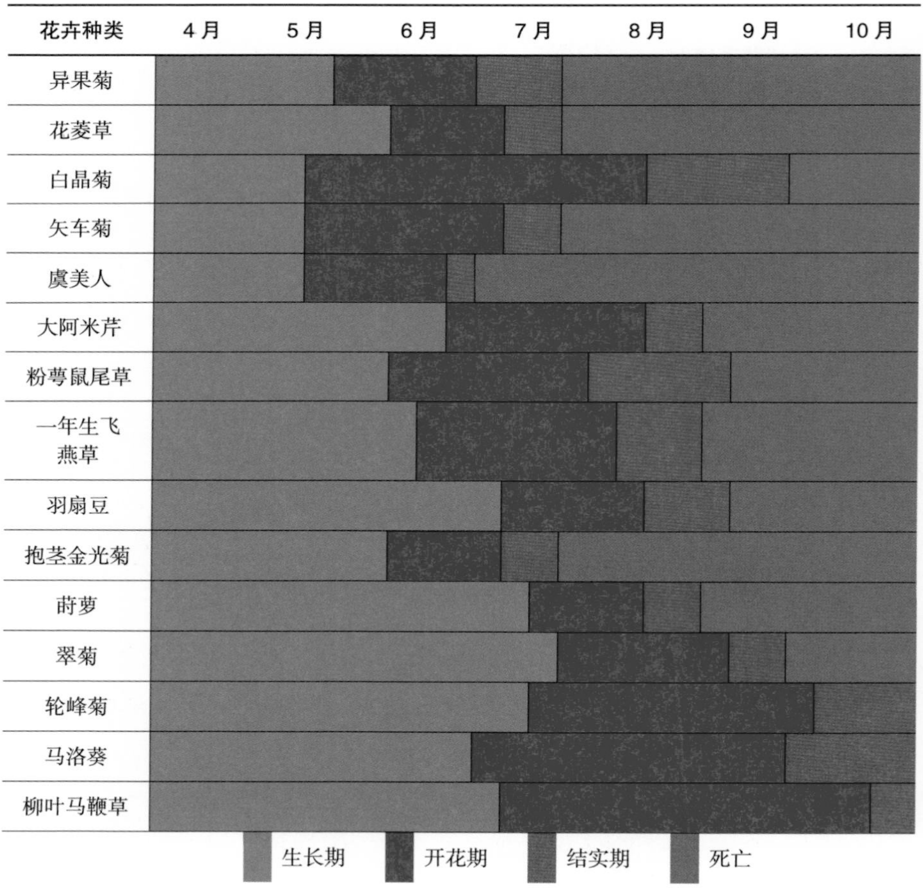

花卉种类	4 月	5 月	6 月	7 月	8 月	9 月	10 月
异果菊							
花菱草							
白晶菊							
矢车菊							
虞美人							
大阿米芹							
粉萼鼠尾草							
一年生飞燕草							
羽扇豆							
抱茎金光菊							
莳萝							
翠菊							
轮峰菊							
马洛葵							
柳叶马鞭草							

生长期 开花期 结实期 死亡

花卉混播群落层次空间动态变化　　表6-4

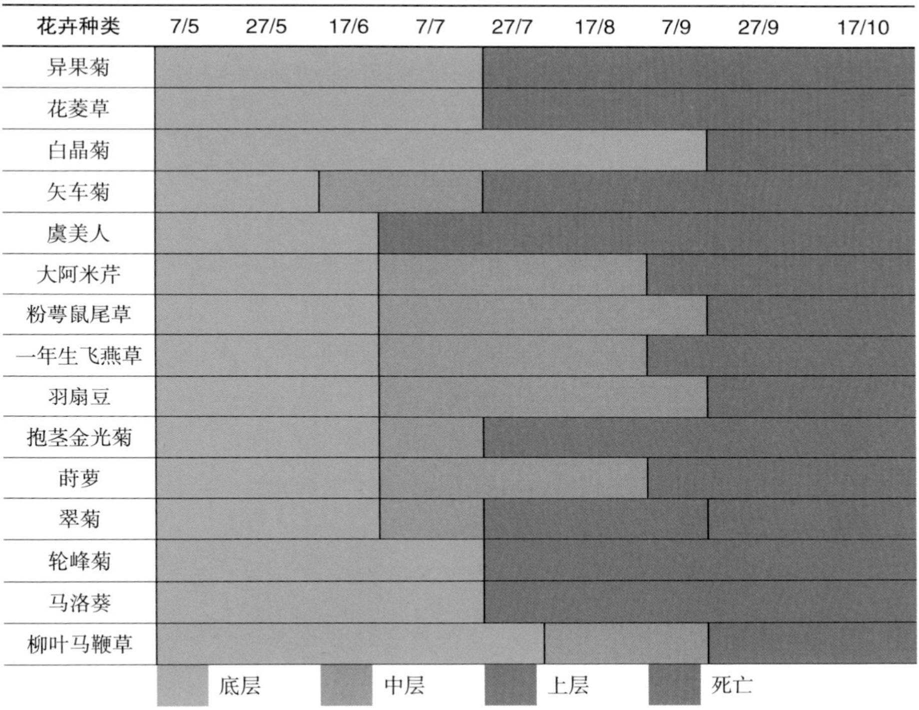

花卉种类	7/5	27/5	17/6	7/7	27/7	17/8	7/9	27/9	17/10
异果菊									
花菱草									
白晶菊									
矢车菊									
虞美人									
大阿米芹									
粉萼鼠尾草									
一年生飞燕草									
羽扇豆									
抱茎金光菊									
莳萝									
翠菊									
轮峰菊									
马洛葵									
柳叶马鞭草									

底层　中层　上层　死亡

混播使用的花卉，其生长发育节律和开花时期与设计时期相同，景观变化丰富而自然。混播中使用的大部分一年生花卉在春夏季节开花，而秋季开花的花卉仅有翠菊、轮峰菊、马洛葵和柳叶马鞭草4种，混播组合的秋季植物种类有待丰富。

一年生花卉配置的混播群落结构层次丰富，花量集中，景观效果丰富且富于变化，秋季景观效果尚有待延长和丰富。一年生混播群落在花期表现上，6月中上旬进入首次初花期，首次盛花期从6月中下旬持续一个月，至7月中旬结束。8月初开始第二次初花期，第二次盛花期从8月中下旬开始，可持续20余日。一年生混播群落观赏期可达4个月，最佳观赏期持续2个多月。群落结构的变化方面，播种后80 天左右群落出现两层群落结构，120 天左右出现上、中、下三层的复层群落结构，群落结构的变化和花期的出现有密切相关性。一年生花卉混播群落也可以形成结构层次丰富、景观连续的混播景观。

在花卉混播组合中，除虞美人外其余所有一年生花卉均按预期设计达到了相应的群落层次，与设计的相符率达93.3%。异果菊、花菱草、白晶菊始终位于群落底层，虞美人因播种晚，不耐炎热，气温很快升高，植株生长不良，未达到预期的群落中层。矢车菊、大阿米芹、粉萼鼠尾草、一年生飞燕草、羽扇豆、抱茎金光菊、莳萝和翠菊均在7月中旬由群落底层长至群落中层，而翠菊、轮峰菊和马洛葵在7月末长至群落上层，9月中旬柳叶马鞭草长至群落上层。随着植物的生长，混播群落结构从幼苗期的单层逐渐变化，不同生长季层次结构变化明显，因此不需要去除残花，且空间景观变化丰富。

播种60天后，6月上旬群落大部分植物进入旺盛生长期，异果菊、白晶菊、矢车菊、虞美人、翠菊、马洛葵较其他植物种类生长速率快。6月中旬，异果菊、白晶菊、矢车菊、虞美人次第开放，混播群落进入首次花期，矢车菊和少量虞美人（未达到设计数量）迅速由群落底层升入群落中层，抱茎金光菊、粉萼鼠尾草、一年生飞燕草等植物也进入快速生长期。6月下旬，群落内植物旺盛生长，中层结构逐渐形成，进入首次盛花期。矢车菊和虞美人的花量增多，此时粉萼鼠尾草、抱茎金光菊、一年生飞燕草逐渐进入盛花期，混播群落形成了蓝、黄、红、粉交错的花毯式景观。

7月上旬，随着气温的升高，虞美人和花菱草的长势逐渐变弱，花量减少，植株开始枯亡，但迅速被群落中其他植物的生长覆盖，群落外观看不到枯死植物。7月中旬，矢车菊、抱茎金光菊、粉萼鼠尾草等花量相继减少，进入结实期；羽扇豆、大阿米芹、莳萝等迎来盛花期，但花量较小，群落整体进入第一次末花期。7月下旬，异果菊、花菱草、矢车菊和抱茎金光菊逐渐枯亡，翠菊、轮峰菊、马洛葵、柳叶马鞭草生长速度增快，由群落底层快速升至群落上层。

8月上旬，随着翠菊、轮峰菊、马洛葵、柳叶马鞭草生长势头迅猛，位于群落上层的翠菊和轮峰菊的花量逐渐增大，而位于群落中层的大阿米芹和羽扇豆花量渐小，群落整体进入第二次初花期。8月中旬，位于群落中层的莳萝、大阿米芹和羽扇豆进入结实期，而伴随群落上层的翠菊和轮峰菊进入盛花期，整个群落进入第二次盛花期：蓝紫色和粉红色的翠菊、紫红色的轮峰菊作为主体，在紫色柳叶马鞭草和粉色马洛葵的点缀下，呈现出具有强烈视觉冲击力的蓝粉色调。

9月上旬，大阿米芹、飞燕草和莳萝枯萎死亡,9月中旬白晶菊、粉萼鼠尾草、羽扇豆也枯萎死亡，而随着位于群落上层、构成主要景观的翠菊花期结束继而枯萎死亡，该组合的景观质量下降，群落整体进入末花期。至9月末，该混播组合中物种多样性急剧下降：群落中仅剩位于上层的马洛葵、轮峰菊和柳叶马鞭草3种花卉，马洛葵和柳叶马鞭草虽处在花期但花量不大，无法支撑整体景观，加之群落层次的单一性是造成该混播组合景观质量下降的最主要原因。建议该组合在8月中下旬进行一次修剪，使秋季9月中下旬仍然具有景观效果。

组合内群落层次丰富，花量集中，景观变化丰富，秋季景观效果有待完善。初花期始于6月中上旬，第一次盛花期从6月中下旬持续至7月中旬，第二次初花期8月初出现，第二次盛花期从8月中下旬至9月上旬。由此可见，一年生混播组合的观赏期从6月上旬至9月上旬，可持续120天，其中最佳观赏期持续60余天。

从群落结构方面看，播种后80 天左右群落出现两层群落结构，120 天左右出现上、中、下三层的复层群落结构，三层结构可持续75天左右。群落层次丰富，景观连续，生长过程中无不良景观出现，实现了群落结构设计的目的（图6-4）。

2015/6/2

图6-4 一年生混播组合景观动态变化

图6-4 一年生混播组合景观动态变化（续1）

2015/8/22 2015/8/22

2015/9/3 2015/9/3

2015/9/12 2015/9/22

图6-4 一年生混播组合景观动态变化（续2）

6.3.2 案例2：多年生花卉的混播组合

实验场地：八家郊野公园（2015年播种，持续至今）

场地预处理：春播前常规整地，播种前3天浇透水，播种后40天出苗整齐。

植物材料选择与配比：混播群落植物由20种多年生花卉构成（表6-5 ~ 表6-8），播种的当年10种宿根花卉开花，播种后3个半月达到盛花期。第二年全部开花。

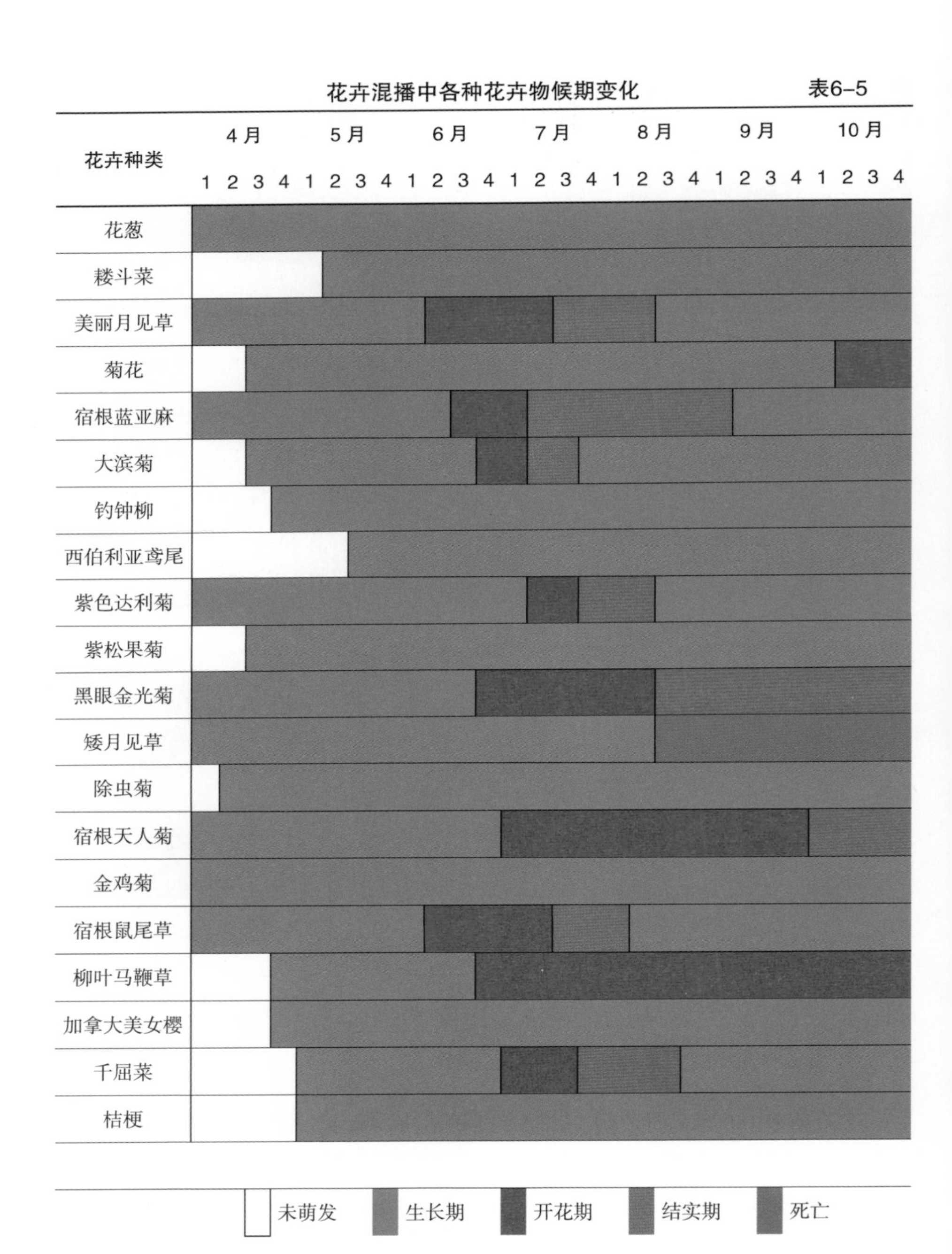

花卉混播中各种花卉物候期变化　　表6-5

花卉混播组合B群落层次空间动态变化 表6-6

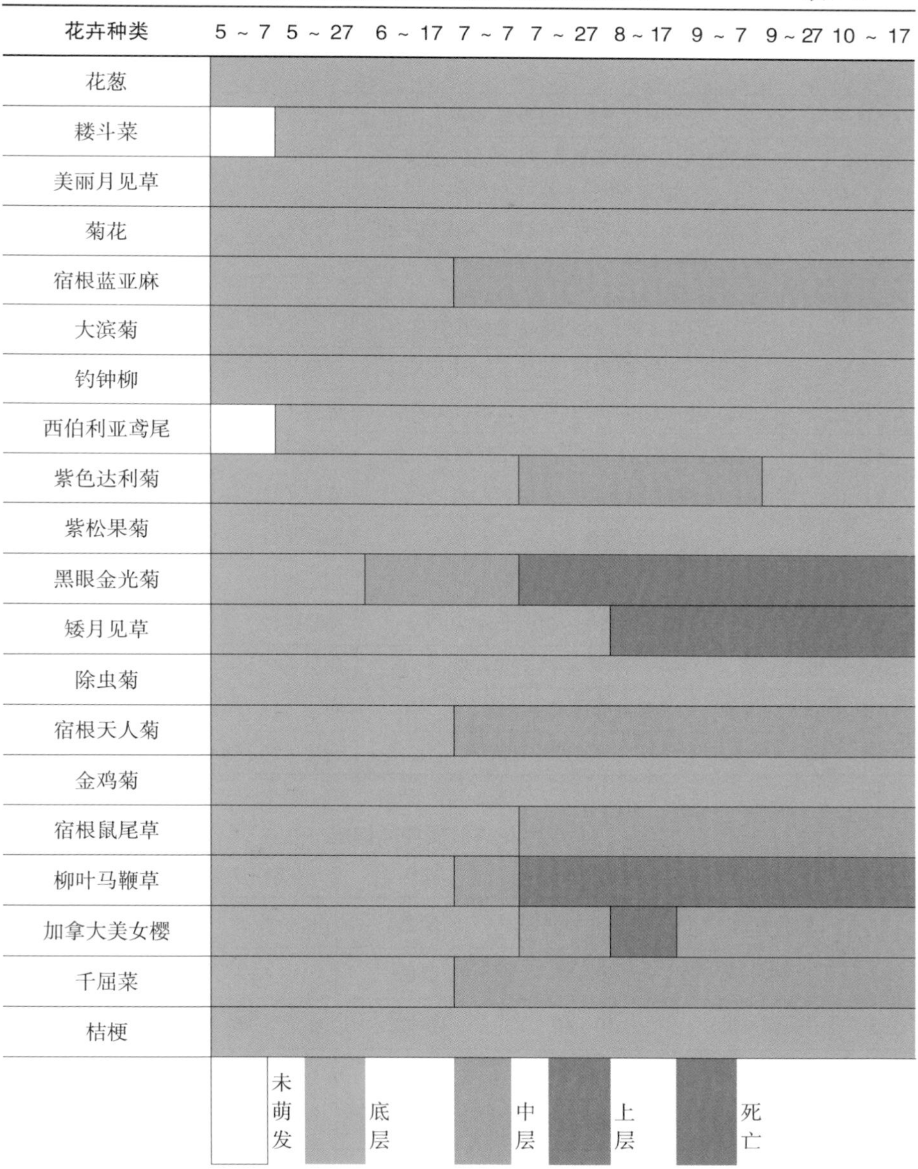

花卉种类	5～7	5～27	6～17	7～7	7～27	8～17	9～7	9～27	10～17
花葱									
耧斗菜									
美丽月见草									
菊花									
宿根蓝亚麻									
大滨菊									
钓钟柳									
西伯利亚鸢尾									
紫色达利菊									
紫松果菊									
黑眼金光菊									
矮月见草									
除虫菊									
宿根天人菊									
金鸡菊									
宿根鼠尾草									
柳叶马鞭草									
加拿大美女樱									
千屈菜									
桔梗									

未萌发 底层 中层 上层 死亡

主要开花植物及群落结构变化　　表6-7

时间	主要开花植物	群落层次
6月上旬	—	底层（20）
6月中旬	美丽月见草＋宿根鼠尾草	底层（19）＋中层（1）
6月下旬	美丽月见草＋宿根鼠尾草＋黑眼金光菊＋柳叶马鞭草＋宿根天人菊	底层（16）＋中层（3）
7月上旬	黑眼金光菊＋柳叶马鞭草＋大滨菊＋宿根鼠尾草＋宿根天人菊＋千屈菜	底层（15）＋中层（5）
7月中旬	黑眼金光菊＋柳叶马鞭草＋宿根天人菊＋千屈菜＋紫色达利菊＋美丽月见草	底层（14）＋中层（6）＋上层（1）
7月下旬	黑眼金光菊＋柳叶马鞭草＋宿根天人菊	底层（12）＋中层（6）＋上层（2）
8月上旬	黑眼金光菊＋柳叶马鞭草＋宿根天人菊	底层（12）＋中层（5）＋上层（3）
8月中旬	黑眼金光菊＋柳叶马鞭草＋宿根天人菊	底层（11）＋中层（5）＋上层（3）
8月下旬	柳叶马鞭草＋宿根天人菊	底层（11）＋中层（6）＋上层（2）
9月上旬	柳叶马鞭草＋宿根天人菊	底层（11）＋中层（6）＋上层（2）
9月中旬	柳叶马鞭草＋宿根天人菊	底层（11）＋中层（6）＋上层（2）
9月下旬	柳叶马鞭草＋宿根天人菊	底层（12）＋中层（5）＋上层（2）
10月上旬	柳叶马鞭草＋宿根天人菊	底层（12）＋中层（5）＋上层（2）
10月中旬	柳叶马鞭草＋菊花	底层（12）＋中层（5）＋上层（2）
10月下旬	柳叶马鞭草＋菊花	底层（12）＋中层（5）＋上层（2）

多年生花卉混播种类构成　　表6-8

序号	种类	株高（cm）	花色	花期（月）	预期群落层次
1	花葱	15～35	紫色	4～5	底层
2	耧斗菜	40～50	蓝色	4～5	底层
3	美丽月见草	30～40	粉色	5～6	底层
4	宿根蓝亚麻	40～50	蓝色	5～6	中层
5	大花滨菊	40～60	白色	5～6	中层
6	钓钟柳	50～60	混色	5～7	中层
7	西伯利亚鸢尾	50～60	蓝色	5～6	中层

续表

序号	种类	株高（cm）	花色	花期（月）	预期群落层次
8	紫色达利菊	50～60	紫色	6～7	中层
9	矮月见草	40～50	黄色	6～9	中层
10	除虫菊	50～70	混色	7～9	中层
11	宿根天人菊	50～60	橙红色	6～10	中层
12	金鸡菊	50～60	黄色	7～10	中层
13	宿根鼠尾草	50～60	蓝色	8～10	中层
14	菊花	50～60	混色	9～10	中层
15	黑眼金光菊	60～70	黄色	6～9	上层
16	紫松果菊	60～80	紫色	5～8	上层
17	加拿大美女樱	60～90	紫色	6～9	上层
18	千屈菜	70～90	粉色	7～8	上层
19	桔梗	70～90	蓝色	7～8	上层
20	柳叶马鞭草	70～90	紫色	7～10	上层

注：设计每平方米总株数为125株。

大部分多年生花卉播种当年因营养积累不够，常无法开花，如小花葱、耧斗菜、松果菊等。多年生花卉多在播种后第2年开花，但高密度条件下，某些宿根花卉如西伯利亚鸢尾，播种3年后才开花。当年能开花的多年生花卉，当年开花的花量小且开花植株比例低。只有黑眼金光菊、柳叶马鞭草和宿根天人菊达到了相对正常花量，而美丽月见草、大滨菊、紫色达利菊、宿根鼠尾草、宿根蓝亚麻、千屈菜等开花植株数量占总数量的比例较低，花量仅为正常花量的20%～30%。但大部分多年生花卉的花期较长，能延长组合整体的观赏时间，建植后第2年景观效果最佳，且具有丰富的景观变化，景观可稳定保持多年。

花卉混播当年群落底层的植物与预期设计一致，中层和上层植物则与预期有较大差距，有10种花卉达到预期设计的群落层次，与预期的相符率是50%。花葱、耧斗菜、美丽月见草始终位于群落底层；预期设计的中层植物仅宿根蓝亚麻、紫色达利菊、宿根天人菊和宿根鼠尾草达到群落中层，而菊花、大滨菊、钓钟柳、紫松果菊、金鸡菊和除虫菊则生长缓慢，始终位于群落底层；预期设计的上层植物黑眼金光菊、柳叶马鞭草和加拿大美女樱于8月中旬升至群落上层，而千屈菜7月初升入群落中层后则因竞争力下降未能升入群落上层，桔梗则始终位于群落底层。因此，多年生混播建植第一年难以达到预期的群落层次，大部分植物均位于群落底层，中层和上层开花植物种类少，导致空间景观丰富度欠佳。第2年所有花卉到达预期的群落层次，时间和空间景观变化变得更加丰富。

播种后2个月的6月初，美丽月见草、宿根鼠尾草、宿根蓝亚麻、金鸡菊、黑眼金光菊等生长较为迅速，但均处于群落底层。6月中旬，美丽月见草、宿根鼠尾草有少量开花，下旬花量增大，黑眼金光菊生长旺盛，迅速由群落底层升至群落中层。6月下旬，黑眼金光菊和柳叶马鞭草初花期开始。

7月上旬伴随群落内少量大花滨菊、宿根天人菊和千屈菜的开放，群落进入初花期。此时，宿根天人菊、宿根蓝亚麻、柳叶马鞭草、黑眼金光菊和千屈菜位于群落中层，其余植物种类仍处于群落底层。7月中旬，随着黑眼金光菊和柳叶马鞭草的花量增大，以及由群落中层越至群落上层，整个混播群落进入盛花期，形成以黄色的黑眼金光菊和紫色的柳叶马鞭草为主体，以宿根天人菊、千屈菜、紫色达利菊为点缀，以中、底层植物为绿色背景的具有强烈色彩对比的景观画面。此时，该混播组合上、中、下三层群落层次分明，物种多样性较高，开花植物种类较多。群落整体盛花期持续至8月中下旬。

9月上旬，天气转凉，群落整体进入第二次旺盛生长期，处于群落底层的大滨菊、美丽月见草、松果菊、菊花等生长速度加快，为群落提供了充实的绿色背景。但处于底层的除虫菊和矮月见草由于其他植物种类的竞争，生长势逐渐减弱，有植株死亡的现象发生，甚至矮月见草有被淘汰的趋势。9月中下旬，黑眼金光菊处于结实期，仅有少量植株开花，但其黑色的果序也具有较佳的观赏效果，柳叶马鞭草和宿根天人菊的花量逐渐增大，形成以绿色为背景，点缀些许黑色、紫色和红黄色的自然化景观。

10月下旬，气温持续降低，位于群落底层的美丽月见草叶子渐红，减弱了群落的绿色背景，菊花生长旺盛，但仅有少量植株开花，柳叶马鞭草和宿根天人菊进入结实期，群落整体进入末花期。

建植当年群落层次较为丰富，但中上层植株种类偏少；盛花期景观充实，夏秋季节景观过渡自然，但景观效果较为单一。6月末混播群落整体进入初花期，10月中旬花期结束，观赏期为3个半月，盛花期从7月中持续至8月中，最佳观赏期为1个月。但该混播组合因有充实的绿色背景及较高的物种多样性，景观质量始终没有严重下降，第2年景观效果将明显好于第1年。播种后80天左右出现两层的群落结构，100天左右出现上、中、下三层的复层群落结构，持续至深秋（图6–5）。

图6–5 多年生混播组合景观动态变化

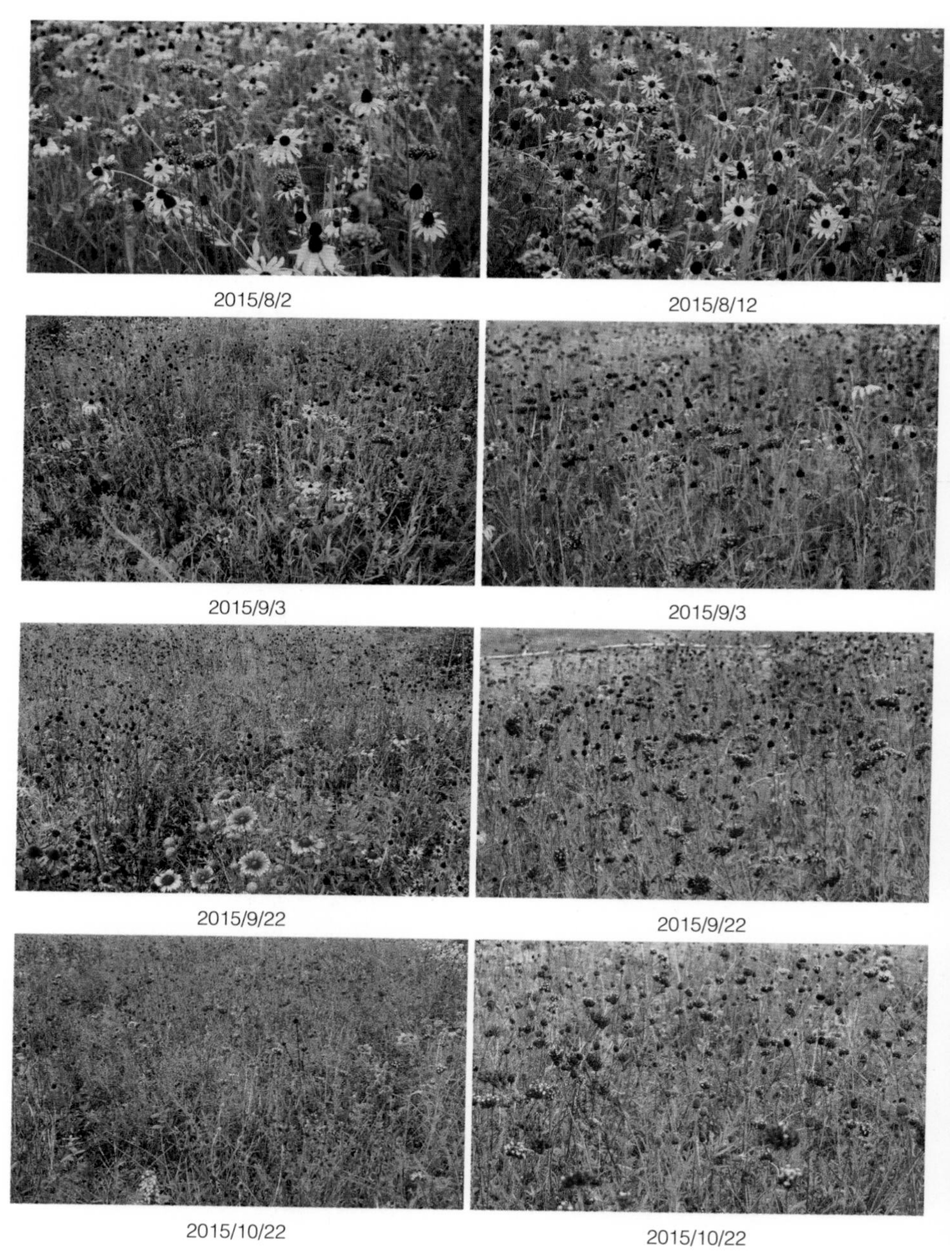

图6-5　多年生混播组合景观动态变化（续1）

图6-5 多年生混播组合景观动态变化（续2）

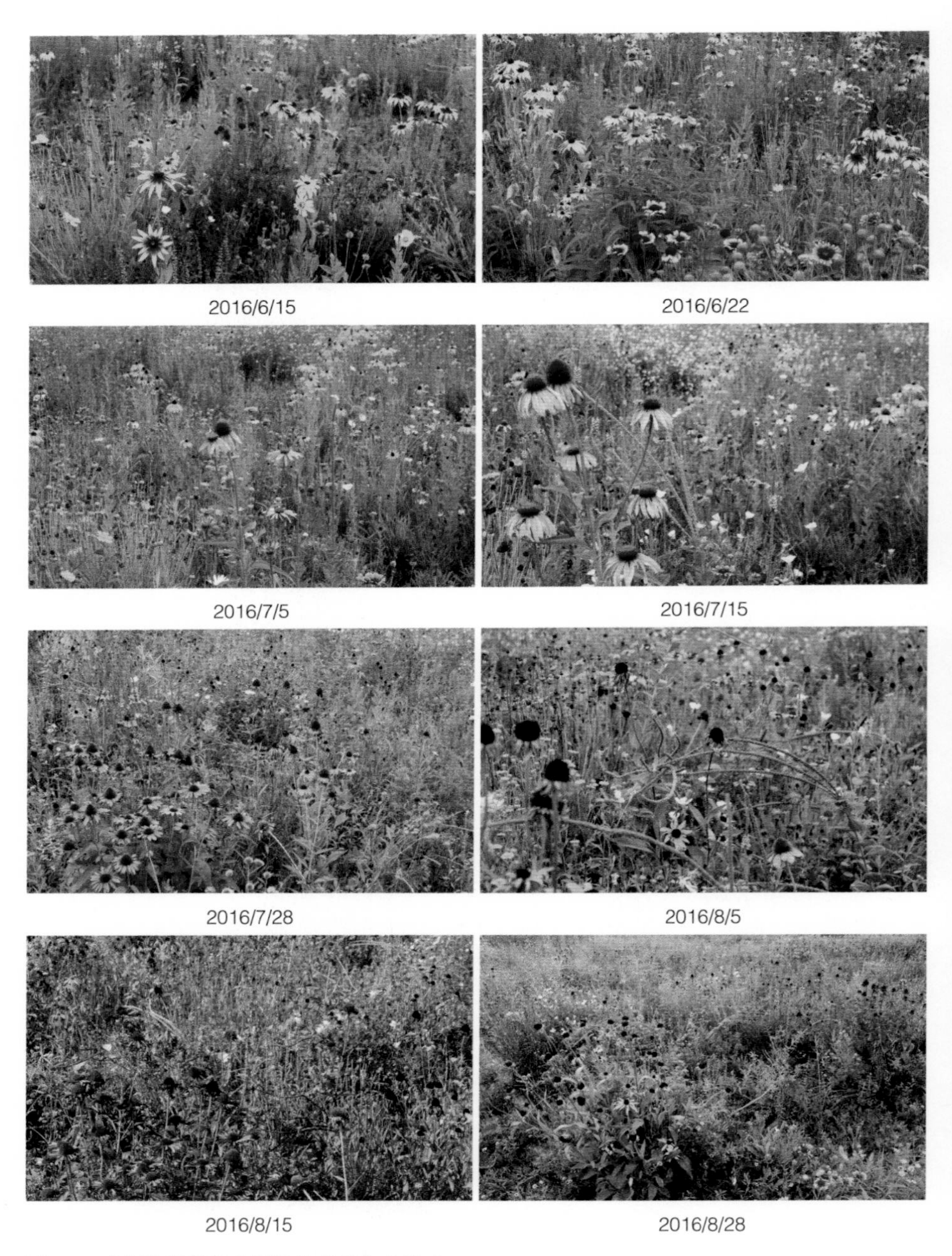

图6-5　多年生混播组合景观动态变化（续3）

图6-5　多年生混播组合景观动态变化（续4）

6.3.3　案例3：一年生+多年生花卉的混播

实验场地：八家郊野公园

场地预处理：同上

植物材料选择与配比：由11种一年生花卉和13种多年生花卉构成。一年生和多年生植物的比例约为1∶1。

构成花卉混播组合的24种花卉中，共有14种花卉在播种当年开花，总开花率为62.5%，在14种开花的花卉中有11种为一年生花卉，均在播种当年开花（表6-9～表6-12）。多年生花卉的开花率明显低于在多年生花卉混播组合中，只有宿根天人菊、黑眼金光菊和柳叶马鞭草3种多年生花卉开花。形成这种状况的原因推测是由于一年生花卉生长迅速，影响了多年生花卉对光和其他生长条件的需求，导致当年开花率不如多年生组合。

混播花卉物候期变化 表6–9

花卉种类	4月				5月				6月				7月				8月				9月				10月			
	1	2	3	4	1	2	3	4	1	2	3	4	1	2	3	4	1	2	3	4	1	2	3	4	1	2	3	4
五色菊																												
花菱草																												
柳穿鱼																												
中国石竹																												
花葱																												
耧斗菜																												
矢车菊																												
虞美人																												
中国勿忘我																												
莱雅菊																												
大阿米芹																												
抱茎金光菊																												
一年生飞燕草																												
翠菊																												
西洋滨菊																												
钓钟柳																												
宿根蓝亚麻																												
婆婆纳																												
黑眼金光菊																												

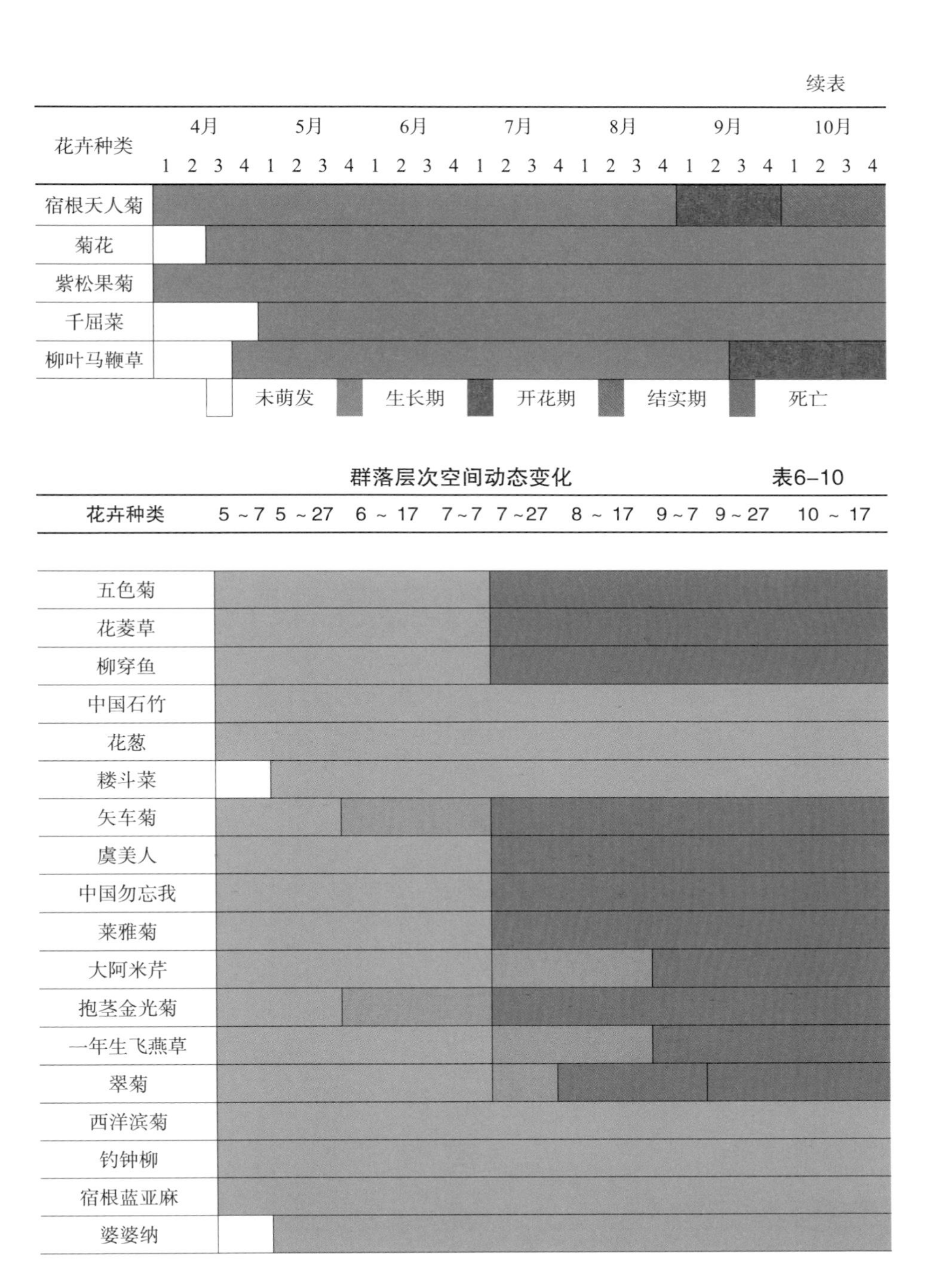
续表
花卉种类
4月
5月
6月
7月
8月
9月
10月
1 2 3 4 1 2 3 4 1 2 3 4 1 2 3 4 1 2 3 4 1 2 3 4 1 2 3 4
宿根天人菊
菊花
紫松果菊
千屈菜
柳叶马鞭草
未萌发
生长期
开花期
结实期
死亡
群落层次空间动态变化
表6-10
花卉种类
5~7
5~27
6~17
7~7
7~27
8~17
9~7
9~27
10~17
五色菊
花菱草
柳穿鱼
中国石竹
花葱
耧斗菜
矢车菊
虞美人
中国勿忘我
莱雅菊
大阿米芹
抱茎金光菊
一年生飞燕草
翠菊
西洋滨菊
钓钟柳
宿根蓝亚麻
婆婆纳

续表

花卉种类	5~7	5~27	6~17	7~7	7~27	8~17	9~7	9~27	10~17
黑眼金光菊									
宿根天人菊									
菊花									
紫松果菊									
千屈菜									
柳叶马鞭草									

未萌发　底层　中层　上层　死亡

开花植物及群落结构变化　　表6-11

时间	主要开花植物	群落层次
5月上旬	—	底层（24）
5月中旬	柳穿鱼＋莱雅菊＋矢车菊	底层（24）
5月下旬	柳穿鱼＋莱雅菊＋矢车菊＋五色菊＋虞美人＋中国勿忘我	底层（24）
6月上旬	柳穿鱼＋莱雅菊＋矢车菊＋五色菊＋虞美人＋中国勿忘我＋花菱草	底层（24）
6月中旬	柳穿鱼＋莱雅菊＋矢车菊＋五色菊＋虞美人＋中国勿忘我＋花菱草＋抱茎金光菊＋一年生飞燕草	底层（22）＋中层（2）
6月下旬	柳穿鱼＋矢车菊＋五色菊＋中国勿忘我＋抱茎金光菊＋一年生飞燕草＋大阿米芹	底层（22）＋中层（2）
7月上旬	柳穿鱼＋五色菊＋抱茎金光菊＋一年生飞燕草＋大阿米芹＋黑眼金光菊	底层（22）＋中层（2）
7月中旬	抱茎金光菊＋一年生飞燕草＋大阿米芹＋黑眼金光菊	底层（18）＋中层（3）
7月下旬	一年生飞燕草＋大阿米芹＋黑眼金光菊	底层（12）＋中层（4）
8月上旬	一年生飞燕草＋大阿米芹＋黑眼金光菊＋翠菊	底层（12）＋中层（2）＋上层（2）
8月中旬	黑眼金光菊＋翠菊	底层（12）＋中层（2）＋上层（2）
8月下旬	黑眼金光菊＋翠菊	底层（11）＋中层（2）＋上层（2）
9月上旬	黑眼金光菊＋翠菊＋宿根天人菊	底层（11）＋中层（1）＋上层（2）

续表

时间	主要开花植物	群落层次
9月中旬	黑眼金光菊+柳叶马鞭草+宿根天人菊	底层（11）+中层（1）+上层（1）
9月下旬	黑眼金光菊+柳叶马鞭草+宿根天人菊	底层（11）+中层（1）+上层（1）

花卉种类构成 **表6-12**

序号	植物名称	类型	株高（cm）	花色	花期（月）	预期群落层次
1	五色菊	一年生	20～25	紫色	6～10	底层
2	花菱草	一年生	30～40	橙色	4～7	底层
3	柳穿鱼	一年生	30～40	混色	6～8	底层
4	中国石竹	多年生	30～40	混色	5～8	底层
5	小花葱	多年生	15～35	紫色	4～5	底层
6	耧斗菜	多年生	35～45	蓝色	7～9	底层
7	矢车菊	一年生	40～60	蓝色	4～8	中层
8	虞美人	一年生	40～60	红色	5～8	中层
9	中国勿忘我	一年生	50～60	蓝色	6～8	中层
10	莱雅菊	一年生	45～60	黄色	5～7	中层
11	大阿米芹	一年生	50～60	白色	5～7	中层
12	抱茎金光菊	一年生	50～60	黄色	6～9	中层
13	一年生飞燕草	一年生	40～50	蓝色	6～9	中层
14	西洋滨菊	多年生	50～60	白色	5～8	中层
15	钓钟柳	多年生	50～60	混色	5～7	中层
16	宿根蓝亚麻	多年生	45～65	蓝色	6～8	中层
17	穗花婆婆纳	多年生	30～60	紫色	6～8	中层
18	宿根天人菊	多年生	50～60	橙红色	6～10	中层
19	菊花	多年生	50～60	混色	9～10	中层
20	黑眼金光菊	多年生	60～70	黄色	6～9	上层
21	翠菊	一年生	50～80	混色	8～10	上层
22	紫松果菊	多年生	60～80	紫色	5～8	上层
23	柳叶马鞭草	多年生	60～80	紫色	6～8	上层
24	千屈菜	多年生	60～90	粉色	6～9	上层

注：设计每平方米总株数为190株。

群落结构变化方面，群落底层植物与预期设计的一致，中层和上层的植物与预期有较大差异。12种植物与预期设计的群落层次一致，一年生花卉有8种，与预期相符率为72.7%；多年生花卉仅4种。播种到第一次盛花期时间为75天左右，到第二次盛花期时间为130天左右。第二年宿根花卉全部开花，开花率达100%。

一年生花卉中的虞美人、中国勿忘我和莱雅菊生长缓慢，无法在花期达到预期的群落中层，未达到设计的需要，其中虞美人在北京播种时间很关键，常由于春季干旱和升温过快而死亡。除多年生花卉黑眼金光菊顺利升至群落上层、柳叶马鞭草升至中层外，其他多年生花卉播种当年均处于群落底层。

播种后45天，5月中下旬，群落开始进入旺盛生长期，并有少量柳穿鱼、莱雅菊和矢车菊植株开花。6月上旬，五色菊、虞美人、中国勿忘我相继开放，群落进入第一次初花期，此时群落中包括开花植物在内的所有植物都处于群落底层。6月中旬，位于群落底层的莱雅菊、柳穿鱼、五色菊、虞美人大量开花，大阿米芹和飞燕草初花期开始，矢车菊和抱茎金光菊生长迅速而升至群落中层并达到盛花期。此时，群落出现明显的两层结构，开花植物种类多且花量集中，群落进入由一年生花卉主导的第一次盛花期，形成蓝、黄、红色彩斑斓的半自然式草甸景观。

7月初，随着气温的升高，不耐高温的虞美人和花菱草长势渐弱，出现植株枯萎死亡的现象，但很快被其他植物的生长覆盖。7月中旬，黑眼金光菊由群落底层升至中层并进入盛花期，但花量较多年生组合中少，群落中层的矢车菊和抱茎金光菊进入末花期和结实期，处于底层的五色菊、柳穿鱼等花期接近尾声，混播群落整体进入第一次末花期。7月下旬，五色菊、花菱草、柳穿鱼、矢车菊、虞美人、中国勿忘我和抱茎金光菊逐渐枯萎死亡，而翠菊、大阿米芹、一年生飞燕草和抱茎金光菊长势渐盛，由群落底层升至中层，大阿米芹和一年生飞燕草花量逐渐增加，翠菊和黑眼金光菊有少量植株开花。

8月初，长势渐盛的翠菊和黑眼金光菊由群落中层升至上层，花量增加，8月中上旬群落整体进入第二次初花期。8月中下旬，大阿米芹和一年生飞燕草进入末花期和结实期，而翠菊和黑眼金光菊进入盛花期，群落也形成了明显的上、中、下三层结构，组合进入第二次盛花期，呈现蓝粉色翠菊中点缀些许金黄色黑眼金光菊的景观，色彩柔和，显示度高。

第二次盛花期持续至9月初。但开花植物种类较少，景观略显单一。9月中旬，伴随翠菊进入末花期和结实期，大量植株开始枯萎死亡，影响了群落上层的景观质量。虽然柳叶马鞭草和宿根天人菊逐渐开放，但因同一年生花卉相比竞争力较弱，生长势和花量较少，无法达到预计的群落层次和花量，群落进入第二次末花期。但随着气温的逐渐降低，位于群落底层的西洋滨菊、花葱、石竹等多年生花卉开始进入秋季的旺盛生长期，为群落整体形成了绿色背景，该组合的秋季景观好于一年生混播组合。

一年生+多年生组合景观变化丰富、色彩柔和、近乎自然，其不足是秋季开花或赏叶的植物种类不够。6月初进入第一次初花期,6月中旬进入第一次盛花期，持续至7月中旬。8月初开始第二次初花期，持续至9月初，该组合观赏期持续4个月，最佳观赏期持续2个月。与一年生的混播相比开花植物种类较少，景观显示度和丰富度较差，但物种多样性较高；与多年生相比，物种多样性较低，但景观显示度和丰富度较佳，既有当年的景观效果，又能有持续的多年生景观效果。播种后80天左右出现两层群落结构，120天左右出现上、中、下三层的复层群落结构，持续至秋季，但中上层植物偏少（图6-6）。

2015/6/8

2015/6/8

图6-6　一年生+多年生花卉混播组合景观动态变化

图6-6 一年生+多年生花卉混播组合景观动态变化（续1）

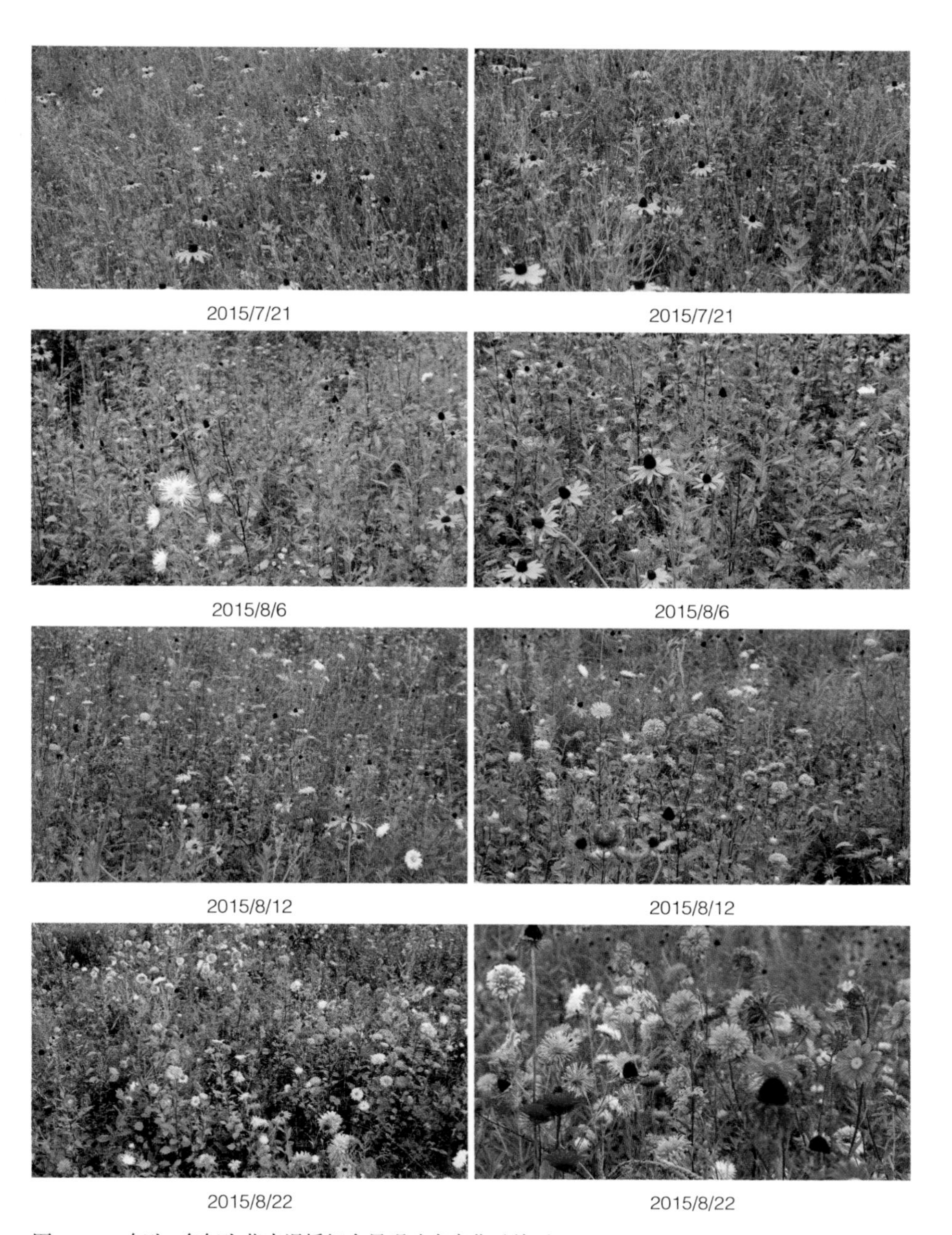

图6-6 一年生+多年生花卉混播组合景观动态变化（续2）

2015/9/3 2015/9/3

2015/4/22 2015/4/22

2015/5/6 2015/5/16

2015/5/25 2015/6/2

图6-6 一年生+多年生花卉混播组合景观动态变化（续3）

图6-6　一年生+多年生花卉混播组合景观动态变化（续4）

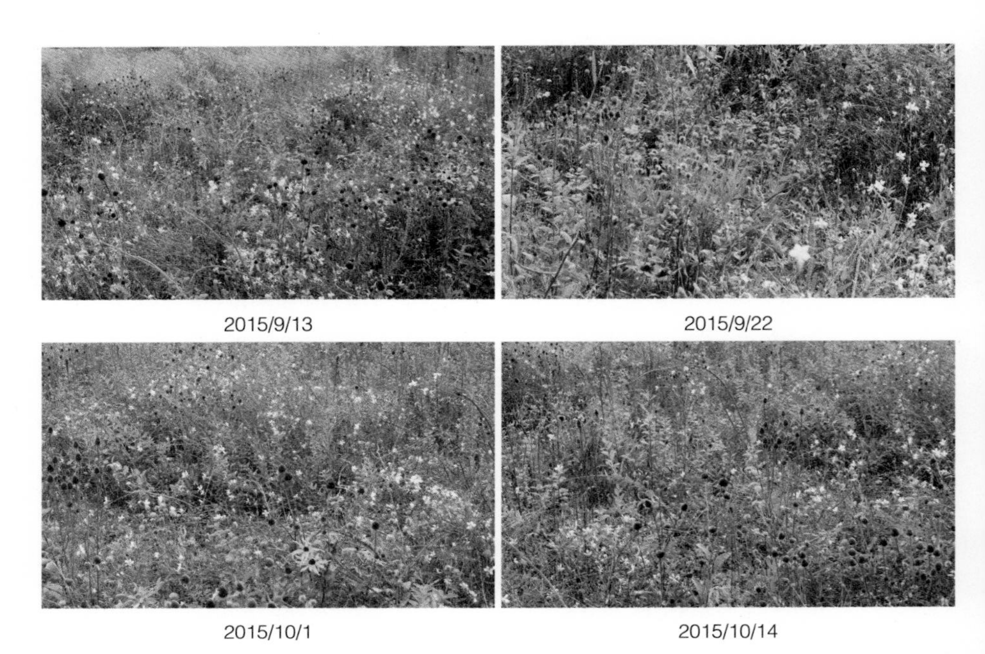

图6-6 一年生+多年生花卉混播组合景观动态变化（续5）

6.3.4 案例4：多年生花卉的混播（2012年播种，持续至今）

实验场地：北京昌平区小汤山试验基地

场地预处理：2012年春季播种，采用人工均匀撒播的播种方式，播种后常规管理。

植物材料选择与配比：由22种构成，其中一、二年生9种，多年生13种（表6-13），持续至今，每年维持了良好的景观效果。其中，冰岛虞美人、七里黄、白晶菊、花葱、花菱草、石竹、春白菊、柳叶马鞭草、矢车菊、虞美人的种子来自北京林大林业科技股份有限公司，月见草、蓟罂粟、华北蓝盆花、黄芩种子来自北京东升种业有限公司，白头翁、高山罂粟、菊花、耧斗菜、萱草、瓣蕊唐松草、蓝刺头和射干种子采自课题组试验基地和野外采集。

花卉混播中的花卉种类构成 表6-13

序号	植物名称	类型	株高（cm）	花色	花期（月）	预期群落层次
1	白晶菊	一年生	15～25	白色	4～6	底层
2	花菱草	一年生	25～35	橙色	4～7	底层
3	蓟罂粟	一年生	30～40	黄色	5～7	底层
4	七里黄	二年生	25～45	橙色	4～5	底层
5	白头翁	多年生	15～35	紫色	3～5	底层
6	花葱	多年生	20～45	紫色	7～8	底层
7	矮月见草	多年生	20～40	黄色	6～9	底层
8	海石竹	多年生	15～20	粉色	5～7	底层
9	虞美人	一年生	45～60	红色	5～7	中层
10	冰岛虞美人	二年生	30～50	混色	4～5	中层
11	耧斗菜	多年生	35～50	紫色	4～6	中层
12	西洋滨菊	多年生	40～60	白色	4～6	中层
13	瓣蕊唐松草	多年生	60～80	白色	5～7	中层
14	石竹	多年生	40～60	混色	5～9	中层
15	高山罂粟	多年生	40～50	黄色	6～7	中层
16	菊花	多年生	30～70	混色	9～11	中层
17	矢车菊	一年生	60～90	蓝色	4～8	上层
18	华北蓝盆花	一年生	60～90	紫色	6～8	上层
19	柳叶马鞭草	多年生	80～120	紫色	6～9	上层
20	萱草	多年生	60～70	黄色	6～8	上层
21	蓝刺头	多年生	50～100	蓝色	6～8	上层
22	射干	多年生	50～120	橙色	7～8	上层

设计密度为150株/m^2，播种量为3.28g/m^2。

该组合是实验组第一次以群落结构为第一原则进行的植物配置，避免了前几年出现的各种植物选择和配置方面的错误，在播种后的每年均获得了良好的景观效果，而且群落持续性好，至今仍然具有稳定的群落结构和良好的观赏效果，仍具有3个最佳观赏期。

一、二年生＋多年生的花卉混播中，一、二年生花卉在播种第2年夏季完全消失，无法通过自播重新回到群落中，但在播种当年能为混播提供第一年观赏效果，避免了多年生混播中播种当年景观效果不佳的问题。

多年生花卉混播中会出现幼苗期被淘汰的情况，但多年生植物可持续且稳定存在，在群落结构中出现重要值逐渐上升、重要值逐渐下降和重要值规则波动等五种类型，除第一类外，其余类型均在群落中占有不可或缺的地位。

混播群落总密度和花卉种类数量在播种后第3～4年逐渐稳定，平均盖度在4个生长季内没有显著差异，群落稳定性在播种后第3年达到最高。播种第1年群落总密度和花卉种类数量显著（P<0.05）大于播种两年后，播种第2年，群落总密度和花卉种类数量开始下降，一、二年生花卉消失。第3～4年逐渐稳定，短命的宿根植物也逐渐消失。Simpson多样性系数在群落建植第1年最高，第2年开始下降，第3～4年处于稳定状态，多样性与群落总密度和花卉种类数量呈现极显著的正相关，而与群落盖度没有明显的相关性。混播群落建植第1年群落稳定性较低，第2年先升后降，第3年群落稳定性最高，第4年稍有下降趋势，此后稳定持续多年。群落稳定性和多样性没有显著的相关性，稳定性可能来自群落优势种和构成混播组分的功能群或干扰活动的控制。预测该花卉混播群落在简单的人工维护下可持续存在10年以上。

一、二年生花卉在花期后，因其他宿根花卉的存在，无法通过自播再回到群落中，但其生长速度较快，能为混播群落贡献播种当年的景观效果，且在播种当年的重要值较高，在花卉混播群落中占有十分显著的地位。一、二年生与多年生混播中不宜选择生长缓慢且苗期耐阴性差的一年生花卉，适宜的一年生花卉可分为以下两类。

（1）萌发早、生长速度快的一年生花卉

这类花卉在播种后最早萌发，生长迅速，播种后短期内在群落中占据较高的重要值，且开花较早，能在播种后一个半月至两个半月为群落提供早期的景观效果，如矢车菊、虞美人、粉萼鼠尾草、高山勿忘我等。

（2）萌发稍晚、苗期耐阴的一年生花卉

花卉萌发相对较晚，密度会因自疏作用和种间竞争而下降，但重要值却能随着生长中后期生长速度的增长而逐渐上升，归因于这类花卉苗期具有一定的耐阴性。虽然在群落生长前期生长速度较慢，但能在群落底层正常生长，在生长中后期随着中上层植物的枯萎死亡而迅速生长，这类花卉往往是提供混播夏秋季节景观的主要来源，如华北蓝盆花、翠菊、马洛葵等。

多年生花卉能为花卉混播贡献播种第2年及以后的长期景观，同时有助于维持群落的多样性和稳定性。花卉混播中不宜选择适应性差、生长不良的多年生花卉，适宜的多年生花卉可分为以下4类。

（1）持续且稳定存在的多年生花卉

生长速度中等偏快，萌发能力较强，具有较高的密度，能迅速在混播群落中占有较高的重要值，并能维持在较高的水平，在群落中占有显著的优势，抗干扰能力强且能稳定存在，是群落的优势种，能为混播群落贡献主要的景观，如小花葱、石竹等。

（2）重要值逐渐上升的多年生花卉

在群落中的密度不大，或维持稳定，或有所下降，但重要值逐年升高，其前两年生长缓慢，自第3年起生长速度增快，迅速占据群落的重要位置，这类花卉能在混播建植后期（3年后）为群落贡献丰富的景观，如鸢尾、萱草等。

（3）重要值逐渐下降的多年生花卉

在混播建植当年密度中等，生长速度中等，但建植3年后重要值逐渐下降，甚至第3～4年有被淘汰的趋势。这类花卉虽然最终会被淘汰，却因生长速度相对较快能为混播群落贡献建植中期（第2～3年）的主要景观，如蓝刺头、西洋滨菊等。

（4）重要值规则波动的多年生花卉

生长速度较快、密度较小，仅在花期重要值显著升高，而在花期前后重要值和密度显著下降，甚至为零，每年呈现规则波动。这类花卉波动的重要值说明其仅在花期贡献较高的重要值，而在其他时间则处于半休眠或地上部分枯萎的状态。这类花卉会持续存在于群落中，也是较为重要的一类多年生花卉，既能在花期起到丰富群落景观的作用，又能在其他时期合理避开群落中其他植物的竞争，从而降低群落的种间竞争，有利于群落稳定性的维持，如白头翁、瓣蕊唐松草、菊花等。

混播群落的多样性可能对稳定性没有明显的促进作用。在建植第1～2年群落多样性最高，但稳定性最低，第3～4年多样性维持在较低水平，但稳定性最高。尤其是第2年夏季群落多样性尚未降至最低，而变异性和同步波动性达到顶峰，稳定性却降至最低。第3年群落多样性降至较低且稳定的水平，而群落稳定性却达到峰值。因此，在该花卉混播群落中多样性和稳定性虽没有明显的相关性，但有一定负相关的趋势，即较低的物种多样性也能形成较高的群落稳定性。分析原因可能有以下两点。

一是这种群落稳定性可能是由群落的优势种和构成混播的组分功能群控制的。中国石竹和小花葱自群落建植第2年起，一直占有较高的密度和重要值。虽然小花葱的重要值有升高的趋势而中国石竹的重要值有下降的趋势，但此消彼长使两者重要值的总和始终维持在相对稳定水平。而其他的物种如萱草、耧斗菜等重要值逐渐升高，蓝刺头、西洋滨菊等重要值逐渐降低，白头翁、月见草、菊花分别在春、夏、秋三季在群落中才占据较高的重要值，其他季节则处于半休眠状态或地上部分枯萎而使重要值降低或为0，这三个组分也使得群落能维持较高水平的稳定性。而高山罂粟、海石竹、柳叶马鞭草这些在建植初期即被淘汰的物种对群落稳定性的作用不大，却在第2年被淘汰后引起较大的波动性，使群落稳定性下降至最低。第3年，群落的优势种仍然占有重要地位，加之重要值逐渐升高、逐渐下降和规则波动的三个混播组分将群落的稳定性维持在较高水平。而第4年，群落稳定性有降低的现象，这可能是由于物种多样性持续在较低水平引起的量变过程，而混播建植初期、中期和后期影响群落稳定性的因素可能并不相同，而要确定第4年混播群落稳定性的波动原因还需对群落进行更为持续的观测。

二是这种群落稳定性可能是由干扰活动所致，包括人为干扰和外来花卉种类的入侵。混播群落建植第1年，群落中杂草较多，但均被人工拔除。第2年，杂草种类和数量有所减少，并有试验地周围其他外来花卉种类的入侵。为了验证混播群落对杂草的控制和抵抗外来物种入侵的能力，针对杂草和外来花卉种类进行有选择的拔除，仅拔除观赏性较差或入侵能力较强的杂草和花卉。针对杂草，只拔除狗尾草、马唐、三籽两型豆、旋覆花等对景观构成严重影响的杂草，而对蛇莓、紫花地丁、早开堇菜等不对群落内物种生长和群落功能结构造成重要影响的低矮杂草予以保留。这样不但能增加春夏季节地表覆盖率和群落的郁闭度，还能有效抵御其他杂草的入侵，这也是群落平均盖度能维持在较高水平的重要原因。外来入侵的花卉包括荷兰菊、串叶松钱草、黑心菊、喜盐鸢尾、宿根鼠尾草、宿根天人菊等。高山紫菀和串叶松钱草长势迅速，入侵能力极强，故将其拔除；宿根鼠尾草和宿根天人菊等因数量较少，未对群落构成影响，因此在群落动态分析中将其忽略不计；而黑心菊和喜盐鸢尾的入侵对群落功能结构造成重要影响，在第3～4年重要值升至与原有混播种类相当的水平，且对群落多样性和稳定性起到积极的促进作用。因此，有选择地人工拔除和保留杂草与外来入侵物种对花卉混播群落稳定性起到了不可忽略的促进作用。可见，在人工混播群落中，适宜的干扰活动对群落多样性和稳定性起到了十分重要的作用（图6–7～图6-10）。

图6-7　多年生混播组合2013年景观动态变化

图6-8　多年生混播组合2014年景观动态变化

2015/4/20 2015/5/1 2015/5/10 2015/5/20 2015/5/30 2015/6/11 2015/6/24 2015/9/28

图6-9 多年生混播组合2015年景观动态变化

图6-10 多年生混播组合2016年景观动态变化

7 混播在海绵城市及城市绿化中的应用

扩建发展中的城市也出现了不同类型的生态环境问题，如大城市的雨洪控制，在城市规划中，植物生态功能受到越来越多的重视，绿化美化逐渐被城市绿色基础设计替代。植物景观形式的关键在于不同种植物的和谐搭配，形成类似自然群落的人工群落。植物设计的过程需要考虑种间影响、种间竞争等互作关系，从而使得人工群落更稳定和更丰富。

对于草本植物而言，花卉混播群落还具较高的生态效益，在截留雨水、减少水土流失、恢复废弃地生产力、增加城市绿地生物多样性等方面都有着其他园林绿地形式不可替代的巨大作用，符合建设节约型、生态型和可持续发展园林的需求。

花卉混播具有很强的生态效益和景观价值，且应用形式多样，在城市公园、道路两侧、分车带、高速公路、学校和私家庭院、城市排水洼地、屋顶花园、乡村及废弃地景观恢复等地都可以看到花卉混播的应用。

7.1 混播营建雨水花园

城市中建筑物和硬质铺地越来越多，给城市的排雨泄洪带来了很大的压力，大城市夏季暴雨带来城市内涝，因此雨水花园（rain garde）作为一种新兴的具有雨洪管理功能的园林景观应运而生。雨水花园是指以植物为主体景观，具有雨水收集和管理功能的小型园林。种植植物的略凹陷的地面，用来暂时储存、收集、渗透多余雨水，起到减缓雨水径流的作用；生态浅沟（bioswales）可以把雨水花园周围的停车场、街道、人行道的雨水引入雨水花园，也可以做成下凹可渗透式，用于储存多余雨水；雨洪收集池是高床种植池，用于直接收集屋顶雨水。因此可以看出，雨水花园从建筑物表面、人行道、街道等硬质路面收集雨水，暂时储存、过滤，再缓慢释放到城市排水系统或土壤中，以缓解城市雨天的排水泄洪压力，同时还能利用植物的过滤作用对雨水进行初步净化和过滤。与升级城市排水系统相比，雨水花园建造成本小，雨洪管理功能强，还可以给城市带来可观的生态效益和景观效果。

雨水花园如何进行收集、储存、过滤、缓慢释放雨水的过程呢？答案就是雨水花园中的植物群落。一个完整复杂的植物群落，其丰富的冠层和根系层对雨水的截留、吸收和利用能力是十分巨大的，结合城市园林低成本、低维护，回归自然的新潮流，花卉混播群落是适合雨水花园的一种植物景观建植形式。

2008年，英国谢菲尔德大学的Nigel Dunnett利用混播植物群落建植雨水花园，在常用于绿色屋顶建植的种植基质（压砖和绿肥的混合物）上，基质厚度至少200mm，下垫陶粒，最后引水入排水系统中。管理措施包括每年2月进行一次修剪，3～4月进行一次除杂草。混播群落中使用的植物有细香葱（*Allium schoenoprasum*）、白花海石竹（*Armeria maritima* 'Alba'）、西洋蓍（*Achillea* 'Moonshine'）、智利鸢尾（*Libertia formosa*）、智利豚鼻花（*Sisyrinchium striatum*）、火炬花（*Kniphofia uvaria*）、芒（*Miscanthus sinensis*）、紫菀。早春到初夏开花的植物有细香葱、白花海石竹、西洋蓍，夏季开花的植物有智利豚鼻花、智利鸢尾、火炬花，秋季具有观赏价值的是芒草和紫菀，群落达到了三个季节有花。利用花卉混播作为雨水花园的植物景观建植形式，不仅能够满足雨水花园的功能需求，还具有良好的景观。

7.2 混播营建生态浅沟

与雨水花园一样，生态浅沟也是针对城市景观水敏设计（water-sensetive urban design）的一种新型园林景观。生态浅沟通常包括：人行道——弧形的不透水硬质地面，起到将雨水导入浅沟的作用；生态浅沟——收集、储存、过滤雨水；行道树区域——地表铺设透水的砂砾，让树木的根系起到收集过滤雨水的作用。整个系统还可以与城市绿地系统中的水网相互连通，形成联系城市绿地间的网络和骨干。与传统的城市排水系统将雨水汇入地下排水管道的理念相反，生态浅沟就是要将雨水在城市中的循环可视化，让雨水尽可能多地保留在浅沟内，一部分通过蒸发（包括植物吸收蒸腾）返回大气，一部分下渗进入土壤，一部分最后汇入城市水网。这样可以达到减缓城市排水系统压力、充分管理利用雨水的目的。

如果没有植物群落，生态浅沟则无法达到生态的目的，植物群落是生态浅沟的主体。植物群落复杂的冠层和根系系统能够起到截留雨水、减缓雨水径流、过滤雨水的作用，而且还能减少维护群落所需的灌溉用水，降低维护成本。一般而言，生态浅沟具有季节性积水的特点，即雨季浅沟中积水较多，旱季浅沟中则可能没有积水，甚至和其他露地条件一般干旱。因此，在选择适合生态浅沟的植物种类和搭配组合时要特别注意，除了考虑美学因素以外，植物还必须满足既能耐受季节性积水的土壤条件，又具有抗旱能力的要求。

花卉混播运用在生态浅沟中最为著名的例子就是Nigel Dunnett为2012年伦敦奥林匹克公园所设计的生态浅沟。弧形的人行道两侧，一侧是建立混播群落的生态浅沟，另一侧是行道树区域。生态浅沟中混播群落的植物种类大部分都是原生欧洲湿润草甸的花卉植物。从生态适应性角度来说，沟底积水最多的地方，选择的植物耐水湿能力也较强，主体植物有草甸碎米荠、剪秋罗、灯心草，填充植物有银叶老鹳草、缬草等，而密花千屈菜（*Lythrum salicaria*）则作为重点植物。浅沟两边的坡地土壤含水量不及沟底，因此选择的耐水湿植物要具有抗旱性，主体植物是滨菊、草地碎米荠、剪秋罗，药水苏和大矢车菊作为填充植物配置。另外从群落外貌结构上，沟底选择高大的竖线条植物，沟边选用丛生的高度在低、中层的植物。

7.3 混播营建绿色屋顶

随着城镇化进程的加快，高密度的建筑物逐渐增多，城镇中可渗透的表面不断减少，雨洪管理成为大城市亟须解决的问题。绿色屋顶作为增加城市绿地的方式，受到公众及公共绿化部门的重视。

用花卉混播建植绿色屋顶是可行且具有良好生态效益的。谢菲尔德大学利用一年生草甸花卉混播建植了绿色屋顶。该绿色屋顶的一年生混播群落利用种子建植，安装容易，价格低廉。大多数植物种类具备一定的耐旱性，具有较长的花期，而且该绿色屋顶需要很少的灌溉和养护措施。一年生草甸花卉种类丰富，花期长，从播种后一个月开始有花，景观效果一直延续到10月底，表现优良的物种有香雪球、蓝蓟、细小石头花（*Gypsophila muralis*）、香屈曲花（*Iberis amara*）、伞形屈曲花（*Iberis umbellata*）、柳穿鱼和姬金鱼草（*Linaria maroccana*）。这个案例也说明利用花卉混播来建植绿色屋顶是可行的，而且相较传统的绿色屋顶建植方法，具有景观丰富、成本低廉、养护简单的优点。同时还建议，如用混播建植绿色屋顶，在水分充足时，建议采取低播种密度，以确保植物个体生长良好。当水资源匮乏时，建议采用较高的播种密度来确保足够的植物数量。

7.4　混播与城市景观自然化

城市建设中，生态的恢复和重建是非常重要的一个命题。园林绿化作为建设城市生态的重要工程之一，起到了十分重要的作用。近年来，不再单纯地追求园林景观的优美或新颖，而是更多地注重园林景观生态效益、经济效益和景观效益的统一，希望园林景观在营建自然环境、改善生态环境和可持续发展方面发挥更可观的作用。

飞速发展的城镇化过程中，越来越多的自然绿地被城建用地取代，居住环境中自然环境缺失，随之给居民心理和生理方面带来一系列不利影响，成为城镇发展中亟待解决的问题。营造园林景观成为城市建设者们解决问题的方法。但是传统的园林景观同质性强、养护管理造价高、植物材料有限、人工雕琢痕迹重、形式过于呆板，对于城市生态的恢复、居民心理的疗愈、满足居民对人居环境的生态要求等方面的作用越来越弱。城市居民在享受城市园林景观带来美感的同时，更多的是想在有限的城市空间中找到回归自然的感受，也越来越注重城市环境本身的生态功能；而乡村居民的环境因长期不受重视，也迫切需要通过园林景观的建设来打造自然、淳朴又充满野趣的乡村特色。

公园和道路绿化作为城镇园林绿化的重点工程项目之一，越来越多地开始尝试放下传统园林建设中的样板搭配，接受采用花卉混播建植景观的方式来美化环境。在公园和道路等人们日常生活中到访频率较高的地点建植花卉混播景观，不仅能够将类似自然草甸华丽丰富的景观外貌带到日常生活中来，更重要的是，相较于传统的园林景观，混播地的生物多样性更高，吸引着大量的蝴蝶、蜜蜂、鸟类，甚至小型的哺乳动物等重返城镇生态系统，给城镇环境带来了与众不同的生机与活力。而且混播地对于居民而言，具有更高的可接近性和可参与度，可以走近混播地欣赏景观，甚至进入其中开展一些活动。因此，在公园和道路绿化上建植混播景观获得了人们很高的评价。

7.5 混播营建雨水花园案例

7.5.1 北京雨水花园试验设计

该雨水花园为蓄水型雨水花园，蓄水深度为15cm，自上而下的结构分别为20cm种植土层、50cm填料层和20cm砾石层，各层之间用透水土工布相隔，砾石层下铺设防渗膜，种植土上铺设5cm厚细沙以防止杂草滋生（图7–1）。总占地面积为45m^2，分9个小区，每个小区面积为5m^2（2.5m × 2m），小区间以12cm宽混凝土相隔，各小区之间由直径5cm孔洞相连，各小区除填料层外其余结构均相同，3种填料层与3个花卉混播组合构成区组试验（图7–2）。

3个混播组合各由11种花卉组成，设计密度均为200株/m^2，花卉混播组合的配比。于2013年9月初播种，播种密度为3 ~ 4g/m^2。播种后常规管理，冬季进行

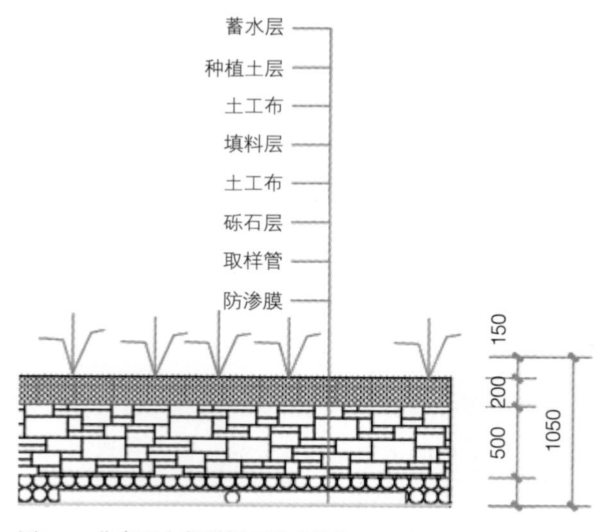

图7–1 北京雨水花园剖面图（单位：mm）

A1	B1	C1
A2	B2	C2
A3	B3	C3

图7-2 北京雨水花园中各小区填料层与混播组合试验设计

越冬覆盖，2014年春季和秋季分别利用喷灌设施进行两次人工灌溉，2015年春季和秋季分别利用喷灌设施进行一次人工灌溉，其余时间均利用天然降水维持雨水花园植物的生长。

7.5.2 深圳雨水花园试验设计

该雨水花园为下渗型雨水花园，占地面积24m^2，分为上、中、下三级，每级面积为8m^2（2.5m × 3.2m），上、中级与中、下级台阶高差分别为77cm和75cm，蓄水深度为15cm，底部不设防渗层，令收集的雨水慢慢渗入地下以补充地下水。每级台阶自上而下分别为25cm的种植土层（2/3当地土+1/3腐殖土）、30cm的填料层、20cm的砾石层（粒径20 ~ 30mm），上、中、下三级台阶的填料层分别为炉渣层（粒径0.5 ~ 5mm）、细沙层（粒径2 ~ 10mm）和陶粒层（粒径5 ~ 25mm）。其中种植土层和填料层之间用5cm深的细沙相隔，填料层与砾石层用两层土工布相隔，以防止结构受到破坏。每层在距下一层种植层表面25cm处设管径为100mm的排水管，使雨水于上一级台阶流入下一级台阶，多余雨水排出该雨水花园系统。每级台阶距顶端5cm处设溢水管，用于未渗透的多余雨水直接排入下一级台阶或排出雨水花园，并在每级台阶设相应的取样井（有防渗层）用于雨水的采集（图7-3、图7-4）。

深圳雨水花园中混播组合的设计密度为200株/m^2。于2013年7月中旬（雨季）播种，播种密度为7.5g/m^2，每级台阶中播种的混播组合及播种密度均相同。播种后常规管理，仅在播种后的2个月内，若10天内无有效降水时，利用喷灌设施进行人工灌溉，其余时间均利用天然降水维持雨水花园植物的生长。

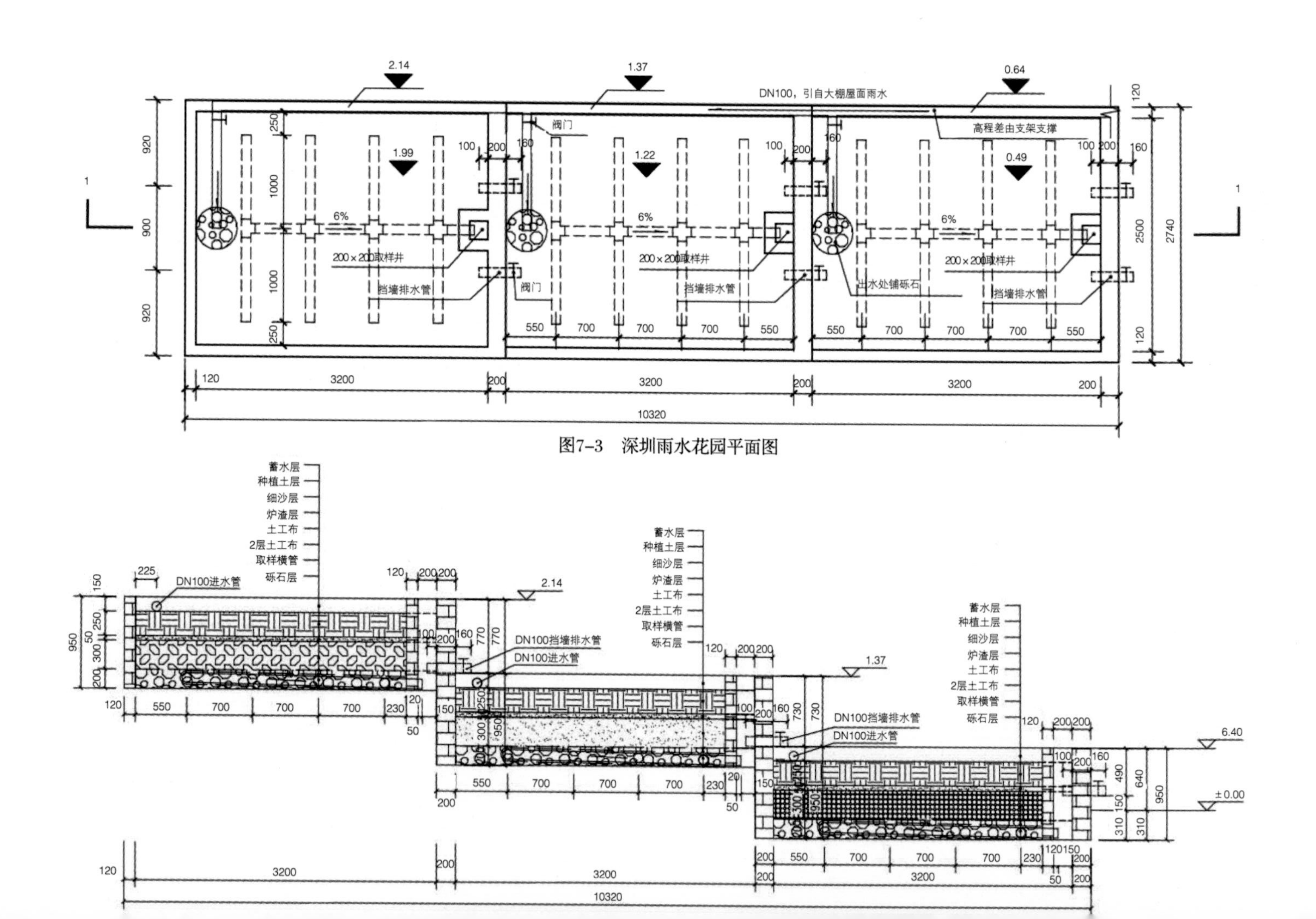

图7-3　深圳雨水花园平面图

渗透性适当低的填料层更能满足北京地区雨水花园的需求。在北京地区雨水花园中，植物在不同填料层小区中的萌发率、存活率、花卉种类数量、密度均无显著差异；不同填料层小区中植物株高和冠幅在播种第一年萌发期和第二年返青期无显著差异，第二年生长季和第三年出现显著差异；植物生长势在各填料层雨水花园中的整体趋势为：炉渣层>无填料层>沸石层。

在评价植物是否适合在雨水花园中生长时，生长特性最为重要，其次为抗性和观赏特性。宿根天人菊、美丽月见草、西洋滨菊、金鸡菊、蓍草、黑心菊、大花滨菊、常夏石竹、紫松果菊、婆婆纳、宿根蓝亚麻适合在北京地区的雨水花园中生长，红花鼠尾草、马利筋、青葙、黄菖蒲、美丽月见草、蓝花鼠尾草、柳叶马鞭草、金鸡菊、粉萼鼠尾草、美女樱、宿根蓝亚麻、西洋滨菊、萱草适合在深圳地区的雨水花园中生长。在雨水花园中选择生长势中等偏上的植物最为合适。对一年生植物应重点对耐水淹性进行选择，而对多年生植物则应重点对耐旱性进行选择，且应适当增大多年生花卉而降低一、二年生花卉的比例。对于植物选择范围小的地区，可根据雨水花园所在地区的气候条件，选择原产地与该地区气候条件接近的植物或当地的乡土植物。

雨水花园的填料层是其结构中重要的组成部分，但设计者常常忽略对其材料的选择。渗透性太好的填料层不利于涵养水分，植物难以生长良好；而渗透性太差的填料层则增加了雨水渗透时间，植物根系长期经受水淹，也不利于植物的生长。北京地区的雨水花园是否需要填料层、需要什么样的填料层值得探讨。雨水花园的雨水渗透性与其下凹深度、服务汇水面面积、渗透系数、设计暴雨重现期、周边设施的布置情况等多种影响因素有关。试验中雨水花园的各小区除填料层不同外各种因素均相同，而各填料层的渗透系数不同导致具有不同填料层小区中的雨水渗透能力、种植层土壤含水量、水分蒸发量也不同，沸石的渗透系数为700～800m/d，炉渣的渗透系数为100～200m/d，各填料层的雨水渗透能力排序为：无填料层>沸石填料层>炉渣填料层。

北京市2014年降水量为439mm，2015年降水量为585mm，且降雨均集中于7～8月。因此，无填料层的雨水花园种植土层土壤处于短期水分饱和而长期干旱的状态，对植物的生长不利；沸石填料层的雨水花园种植土层土壤处于短期湿润而长期干旱的状态，对植物的生长更为不利；炉渣填料层的雨水花园种植土层土壤处于湿润和干旱交替的状态，较为适合植物的生长。对于大部分多年生草本植物，长期干旱比短期水淹对植物生长的影响更严重。虽然这种影响不是致命的，即使各种填料层的雨水花园中植物的萌发率、存活率、密度等没有明显差异，但是对植物长势的影响较大：炉渣填料层的雨水花园中植物长势最佳，无填料层的雨水花园中植物长势次之，沸石填料层的雨水花园中植物长势最差。

降水后模型如图7–5所示，降水后若干小时雨水渗透完成时，无填料层的雨水花园雨水渗透最快，渗透后雨水积聚于砾石层和种植土层，植物根系较长时间浸泡在积水中；沸石填料层的雨水花园雨水渗透迅速，渗透后雨水积聚在砾石层和填料层，而种植土层蓄积的水分较少，仅能维持较短时间的湿润状态，植物根系能吸收有效水分的时间较短；炉渣填料层的雨水花园雨水渗透相对较慢，相同时间后雨水积聚于填料层，能较长时间维持土壤水分充足而供给根系吸收。积聚的雨水随着蒸发和植物吸收利用逐渐减少，若干天后，没有填料层的雨水花园积聚的雨水耗尽，而沸石填料层的雨水花园积聚的雨水明显少于炉渣填料层的雨水。

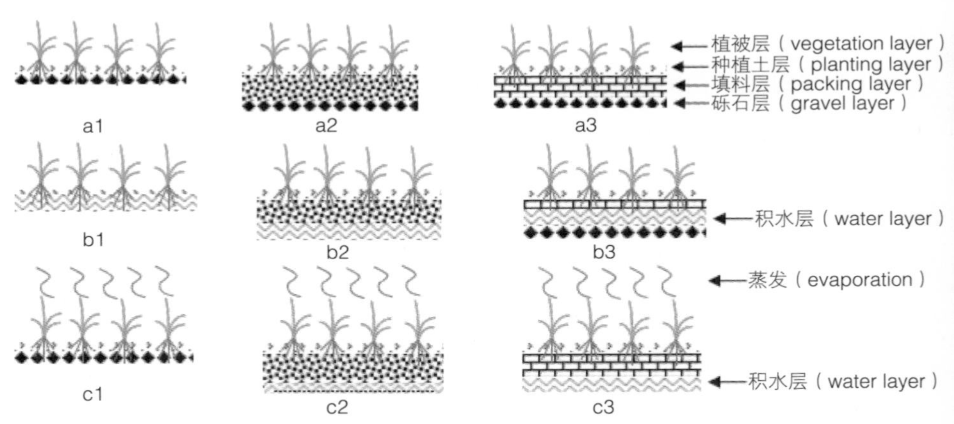

图7–5 不同填料层的雨水花园中雨水渗透及水分蒸发模型

（注：a：无填料层的雨水花园；b：沸石填料层的雨水花园；c：炉渣填料层的雨水花。
a1~a3：降水前各填料层的雨水花园状态；b1~b3：降水后若干小时雨水渗透完成状态；c1~c3：若干天后除去蒸发和植物生长利用水分后状态）

沸石的渗透性最好，但成本较高，且并不利于北京雨水花园中植物的生长；炉渣渗透性相对较差，但成本低、容易获得、可回收，且有利于北京雨水花园中的植物生长；不用填料层虽能降低更多成本，但也将植物置于更为极端的环境胁迫中，也不利于植物的生长。因此在北京地区建设雨水花园时使用填料层是必要的，且不宜用渗透系数太大的材料作为填料层，渗透系数适当低的填料层更适合北京地区的雨水花园，更利于植物的生长。

雨水花园不是传统的水景园，应将二者区别开来，大部分雨水花园在设计时要求降雨后短时间内渗透，而非在种植层表面停留，水生植物很难生长。雨水花园中选择植物首先要抗旱性强，其次是要耐水淹，又要兼顾景观效果。

北京市地处内陆，平均年降水量为600mm左右，且降水分布极不均匀，集中在夏季，春秋季节干旱。北京地区2014年和2015年降水量均不足600mm，低于平均水平。在观测过程中发现，在最大降水量（36.6mm，2014年9月1日）过后，雨水花园中植株死亡率不足5%，而植株死亡多发生于干旱季节，降水量较少的2014年6月、10月和2015年5月、10月，雨水花园中均有宿根蓝亚麻、婆婆纳、常夏石竹、蛇鞭菊等死亡的现象，且死亡率超过20%，因此侧重于耐旱性多年生植物的选择对北京地区雨水花园十分重要（表7–1）。

北京地区雨水花园所用植物种类 **表7–1**

序号	植物名称	类型	株高（cm）	花色	花期（月）
1	常夏石竹	多年生	15 ~ 30	混色	5 ~ 7
2	金鸡菊	多年生	20 ~ 30	黄色	7 ~ 10
3	美丽月见草	多年生	30 ~ 40	粉色	6 ~ 8
4	宿根天人菊	多年生	30 ~ 40	橙红色	6 ~ 10
5	西洋滨菊	多年生	30 ~ 50	白色	5 ~ 8
6	钓钟柳	多年生	50 ~ 60	混色	6 ~ 9
7	黑心菊	多年生	40 ~ 60	黄色	6 ~ 9

续表

序号	植物名称	类型	株高（cm）	花色	花期（月）
8	大花滨菊	多年生	40 ~ 50	白色	6 ~ 7
9	穗花婆婆纳	多年生	30 ~ 60	蓝色	6 ~ 8
10	蓍草	多年生	30 ~ 60	混色	6 ~ 7
11	宿根蓝亚麻	多年生	40 ~ 60	蓝色	5 ~ 8
12	剪秋罗	多年生	50 ~ 80	红色	5 ~ 9
13	千屈菜	多年生	60 ~ 100	粉色	6 ~ 9
14	蛇鞭菊	多年生	80 ~ 120	紫色	7 ~ 9
15	紫松果菊	多年生	60 ~ 80	紫色	5 ~ 8
16	蓝刺头	多年生	60 ~ 90	蓝色	6 ~ 8
17	除虫菊	多年生	40 ~ 60	混色	5 ~ 7
18	冰岛虞美人	二年生	30 ~ 60	混色	6 ~ 8
19	春白菊	二年生	30 ~ 50	白色	7 ~ 10
20	矮雪轮	二年生	10 ~ 20	粉色	4 ~ 6
21	七里黄	二年生	25 ~ 45	橙色	6 ~ 9
22	高雪轮	二年生	50 ~ 70	粉色	4 ~ 6

深圳市地处亚热带沿海地区，平均年降水量达1933.3mm左右。2014年年降水量为1976.99mm，集中在3 ~ 9月，占总量的93.51%，在4 ~ 5月强降水过后，发现雨水花园中大量矢车菊、黑种草、红花亚麻、粉萼鼠尾草等一年生植物死亡；而在12月末，连续2个月的干旱使雨水花园中一些随意草、中国石竹、黑心菊、婆婆纳等多年生植物死亡。2015年年降水量为1500.8mm，5月强降水集中多发，1月、10月和12月降水异常偏多，2月、4月、6月和11月降水显著偏少60%以上，3月降水异常偏少85.6%。2015年雨水花园中大部分为多年生植物，在干旱

的2～4月，黑心菊、大花山桃草、随意草、金鸡菊等出现死亡现象；在降水集中的5～10月，强降水过后雨水花园中植物死亡较少，仅有少量的美丽月见草、天人菊死亡，但连续的阴雨天气使红花鼠尾草、马利筋、美丽月见草等出现徒长现象；降雨量较常年偏多的秋冬季，雨水花园中植物未受太大影响（表7–2）。

深圳地区雨水花园所用植物种类 表7–2

序号	植物种类	类型	株高（cm）	花色	花期（月）
1	柳叶马鞭草	多年生	80～100	紫色	5～9
2	大花山桃草	多年生	60～80	白色	7～10
3	随意草	多年生	50～60	粉色	6～9
4	金鸡菊	多年生	30～50	黄色	6～10
5	中国石竹	多年生	30～50	混色	6～9
6	宿根蓝亚麻	多年生	30～60	蓝色	4～6
7	马利筋	多年生	50～100	红色	6～8
8	穗花婆婆纳	多年生	30～60	紫色	5～10
9	宿根天人菊	多年生	40～60	橙红色	5～9
10	萱草	多年生	60～70	橙色	6～8
11	黄菖蒲	多年生	60～80	黄色	4～6
12	美丽月见草	多年生	30～40	粉色	6～8
13	西洋滨菊	多年生	30～50	白色	5～8
14	蓍草	多年生	30～60	混色	6～7
15	千屈菜	多年生	60～70	粉色	6～8
16	黑心菊	多年生	40～60	黄色	6～9
17	美女樱	一年生	20～40	混色	6～10
18	春白菊	一年生	30～50	白色	5～10
19	白晶菊	一年生	30～40	白色	4～6

续表

序号	植物种类	类型	株高（cm）	花色	花期（月）
20	银苞菊	二年生	60 ~ 80	白色	6 ~ 10
21	矢车菊	一年生	40 ~ 65	蓝色	4 ~ 8
22	蛇目菊	一年生	50 ~ 60	橙红色	6 ~ 10
23	粉萼鼠尾草	一年生	50 ~ 80	粉色	7 ~ 9
24	红花鼠尾草	多年生	40 ~ 50	红色	8 ~ 10
25	蓝花鼠尾草	一年生	40 ~ 60	蓝色	7 ~ 9
26	红花亚麻	多年生	40 ~ 60	红色	5 ~ 9
27	香雪球	一年生	10 ~ 20	混色	6 ~ 7
28	黑种草	一年生	40 ~ 60	蓝色	6 ~ 7
29	柳穿鱼	一年生	30 ~ 40	混色	6 ~ 9
30	青葙	一年生	50 ~ 80	粉色	5 ~ 8

大部分一年生植物不耐水淹，而耐短期干旱的能力较强，一年生植物应侧重对耐水淹性的选择，而多年生植物则应侧重对耐旱性的选择。且值得注意的是，虽然雨水花园主张较少的人工维护和干预，但为保证植物的存活率和景观的维持，仍需在干旱季节进行适当的人工灌溉。

不能忽视对雨水花园中景观的维持，选择观赏期较长、花量较大的植物，不但能维持长时间的景观，还可降低整形、修剪等维护成本。一、二年生花卉能快速形成景观，但因生活周期的限制，观赏期较短，不但使局部出现裸露地表，残留的枯枝落叶也严重影响景观效果。例如，北京地区雨水花园中的高雪轮、春白菊、冰岛虞美人、七里黄等二年生植物虽能在播种第二年形成春季的主要景观，但与多年生植物共存自播率极低，在第三年存活率几乎为零；深圳地区雨水花园中的香雪球、柳穿鱼、春白菊、白晶菊在第二年春季强降水过后大量死亡，使雨水花园出现较多的裸露地表，严重影响景观效果。而多年生花卉虽然营养生长期较长，但较长的观赏期可长期维持景观，同时多年生植物较为发达的根系吸附和降解污染物的能力也较强。因此，在雨水花园中应适当增加多年生花卉而降低一、二年生花卉的比例。但若需要快速形成景观效果，可适当加入一、二年生花卉。

较好的生长特性是充分发挥抗性和观赏特性的基础，实践发现，在种子萌发初期利用灌溉设施保证种植土层处于湿润状态，大部分种子均能顺利萌发。但一些种子细小的植物在雨水花园中的萌发相对困难，例如，千屈菜本是典型的既耐干旱又耐水淹的植物，但在北京和深圳雨水花园中的综合分值均不高，原因在于其种子极小，且萌发需要较为湿润的环境条件，而雨水花园中因为结构的设计使灌溉水难以蓄积在土表而迅速渗入填料层和砾石层中，增加了萌发的难度，这也导致了千屈菜较低的综合评价分值。这类植物采用幼苗或成苗移栽建植更为合适。

较高的萌发率不代表好的生长势，如北京地区雨水花园中的剪秋罗、蓝刺头、钓钟柳、除虫菊等萌发率均较高，但因群落中其他植物的竞争和环境的胁迫导致萌发后生长势较差。因此，因极端的生存环境所迫和其他植物的竞争，雨水花园中不应选择生长势太弱的植物，应选宿根天人菊、黑心菊、西洋滨菊等生长势中等偏上的植物。

观测过程中发现，红花鼠尾草、蓝花鼠尾草、马利筋、柳叶马鞭草、美女樱这类在北方地区常作一年生栽培的花卉，在深圳地区不但可作为多年生花卉使用，还非常适合在雨水花园中生长。此外，青葙是唯一一个在深圳雨水花园中植物综合评价分值较高的一年生花卉。究其原因，这些植物原产地均来自热带和亚热带地区，而青葙是深圳地区的野生归化植物，因此对深圳地区的气候有着较好的适应性，且在雨水花园中表现良好。由此可见，对深圳这类可选择草本植物范围较小的地区，可根据所在地区的气候条件，选择原产地与所在地区气候条件接近的植物或当地的乡土植物。

雨水花园、植被浅沟、下凹绿地、屋顶花园等低影响开发措施作为实现海绵城市创建的一条重要途径，在中国还没有完善的理论和实践经验，而中国幅员辽阔，特殊的地理条件造成了各个城市降水、温度、光照等气候条件各异。各个城市的气候条件不同，面临的问题也不同，可选择和适用的植物更是千差万别。

8 花卉混播营建昆虫野花带

传粉昆虫为农作物提供了重要的传粉生态服务，害虫的自然天敌则为农业生产提供了重要且成本较低的生物防治功能。第二次世界大战后集约化的耕作方式、农药的使用、气候变化等导致农田周边的传粉者生境破碎甚至消失，尤其是专一食性的特化传粉者、独居性传粉者等更易消失，农用地的生境管理迫在眉睫。仅就美国而言，传粉者和害虫天敌可为其提供每年45亿美元的生态系统服务价值，包括作物产量的提升、野生植物群落的维系等。农用地生境管理关系着地球生态环境和人类社会的健康发展。

传粉者和害虫天敌的生态保育主要针对其在景观尺度中的活动、觅食等需求，进行其生境的保护、重建或修复及管理。重点在于调整其活动范围内的景观资源布局、各类生物间的竞争–合作等关系。对农业景观生态系统的结构性调整具体体现在：①构建农田边际的非作物生境，如树篱（hedgerows）、昆虫野花带（wildflower strips）、禾草带（grassmargins）、甲虫堤（beetle banks）等，提供丰富的蜜粉源、永久的庇护所等；②多样化的农作物种植，间作、轮作等避免作物种类单一化导致的传粉者等同质化；③利用现有农田附近的景观资源（森林、河流、湖泊、田间原生野花群落等），以保护为主，如设置生态焦点区域（Ecological Focus Areas，EFA），即农业景观中的一些面积较小、具有生态价值的半自然栖息地或保护区，在此实施休耕政策。

野花带是一种以混播方式建植于农田、果园、菜地等农用地边缘，呈条状或片状的生态缓冲区。通过配置不同功能植物形成群落组合，为传粉者、害虫天敌提供蜜粉源和栖息地，改善农用地的生境质量；强化害虫天敌支持系统，达到提高授粉率、减少农药使用、改良修复农地土壤、净化水源、抑制杂草等多样的生态系统服务功能。昆虫野花带通过增加花量、开花植物的多样性及不同的植被结构来吸引多样的传粉者，改善传粉者生境。较之其他生态保育途径，最大优势即在于易于建植与转化，如可以根据作物类型不同、目标昆虫偏好不同、景观美学价值不同灵活选择混播物种。

不同国家对农业景观中昆虫野花带的称谓不尽相同，常见的称法有wildflower strip/wildblumenstreifen（通用）、wildflower plantings（德国、美国）、blühstreifen/bande fleurie/flower strip（比利时、法国）、weed strip（瑞士、德国）等。本文以wildflower strip（昆虫野花带）为这类保育型非农植物带的代表名称，简称“野花带”。

8.1　昆虫野花带的功能

昆虫野花带是多种生境交替融合的生态缓冲区，为传粉昆虫提供蜜粉源，更提供了活动、繁殖、栖息的场所，使其完成全部的生命周期。多年生的野花带以0.2～2英亩（约0.08～0.8hm^2）的面积最能维持稳定的野生传粉者居群，且与农田的距离应控制在30m以内，如与其他生境管理方式（如树篱，树林等）区域形成完整的生态网络，能发挥更多样的功能。

8.1.1　为昆虫提供蜜粉源和庇护场所，改善农用地生境质量

昆虫野花带支持的传粉者类群丰富，包括传统上人工管理养殖的蜂种、蝶类、蛾类等。不同的野花带植物组成、结构、形式、植物数量多少等对不同访花者的移动、取食偏好、寄主选择等均有影响。此外，野花带的群落组成在时间、空间上的变化会满足不同传粉者对生境及食源质量的需求。昆虫野花带中有花植物资源的丰富度、可用性对传粉者类群的觅食、庇护作用，对农作物产量和质量影响最大；昆虫野花带永久性的半自然或自然生境对传粉者的筑巢、迁徙等至关重要。譬如熊蜂等是对传粉生态系统服务功能贡献最大的泛化传粉者，其对生境的要求选择范围广、食性多样，种类丰富的野花带则恰恰投其所好；而长喙天蛾等特化传粉者，食源狭窄，移动缓慢，栖息地局限，通常对特殊功能植物的依赖性更强，譬如美国的帝王蝶保育中强调野花带中的植物构成分为其寄主——马利筋属（*Asclepias*）、其他蜜源植物、暖季型禾草三类。

大规模、大尺度的昆虫野花带建设，在配置植物时应强调生态缓冲区的完整性，以弥补破碎的生境斑块；植物种类丰富、宽度较大的野花带更能支持多样的传粉者类群；特殊功能植物占比较大的野花带可以支持特殊的传粉者类群。研究

证明，野花带的景观背景、空间位置也会影响传粉者的种群数量、规模等。大尺度条件下，建植于森林边缘与农田交接地带的野花带比在裸地中对传粉者更有利，在农田边缘比农田中间更合适；小尺度条件下，如家庭农场的草莓园，建植在农地中心的野花带更能提升传粉的有效性。

8.1.2　昆虫野花带强化害虫天敌支持系统，减少农药使用

害虫天敌常分为两类：一为捕食性天敌，包括瓢虫、草蛉、小花蝽、食蚜蝇、蜘蛛及步甲等；二为寄生性天敌，如寄生蜂、胡蜂等。害虫天敌在农业生态系统中是关键类群。野花带能强化害虫天敌的支持系统，植被的高度及其结构的复杂性，为不同的昆虫提供生境体系，而生境结构又影响着昆虫群落的多样性和数量。Tschumi等在瑞士中部比较了有无野花条带参与的冬小麦田，通过对野花带植被特点（阔叶植物和禾草的覆盖比例，每种开花植物的花或花序的数量）进行多次评估以及采收不同区域小麦种实后发现，临近野花带的小麦田害虫卵数相比减少了44%，而小麦产量也随着昆虫野花带中花密度和邻近野花带中阔叶植物覆盖面积的增加而提高。自然天敌的聚集及寿命的延长、繁殖率的提高等也需要辅助食源的支持，在作物收割后因为作物生境害虫的消失，而使其向其他植被区域移动，一是寻找相似的害虫食源或寄主（如寄生蜂），二是利用蜜粉源补充体力，三是寻找植被作为栖息庇护场所或利用其枝干进行筑巢。另外，还有一部分天敌昆虫偏好在植物的茎秆、叶片上产卵，如菜粉蝶常在十字花科植物茎、叶上产卵等。例如，低矮开阔的植被结构适合蝴蝶幼虫类喜好温暖生境的昆虫；高大且密集的植被结构能满足步甲类等昆虫越冬、度过极端条件的环境要求。高大密集的植被能提供更多食物资源且更为隐蔽，也比低矮植被能容纳更多的昆虫种类。

控制虫害、减少农药使用的昆虫野花带，不仅能提供天敌的生境条件，还能满足一定量植食性昆虫（害虫）的需求。可以转移农作物虫害，维持植物群落中合理完整的食物链，以及为天敌类群提供农作物害虫以外的补充食物资源，害虫需要控制其存在的数量密度。因此，昆虫野花带中需要配置一定的寄主植物、诱集植物（常集中于十字花科、伞形科等）。天敌靶向的野花带在设计时需增加受

保护作物的常见害虫及其天敌的取食偏好、寄主选择等，如不同植物的花型、花色、蜜粉含量等均能影响天敌的活动能力、范围等。

8.1.3 昆虫野花带改良、修复农地土壤，净化农地水源

长期使用农药使得多数农地土壤板结、肥力下降，不仅限制了原生植物根系的生长，也不利于土栖型昆虫的地下筑巢等。瑞士研究者对有5 ~ 6年建植历史的野花带土壤菌群研究发现，绿僵菌（*Metarhizium anisopliae*，一种昆虫病原真菌）的菌落数量显著高于无野花带的谷物种植田，而农地的土壤结构也得到了自上而下的改良。另外，野花带还可以提供长期的土壤覆盖，减轻土壤侵蚀，含有豆类的组合还田后可以有效提高土壤肥力等。尤其在邻近水域的区域，一些超积累及富集植物的组合还可以对土壤污染物进行有效控制，滞留并消解氮、磷及其化合物如浅层地下水中90%的硝酸盐等，控制源头污染。同时，一些高大的禾草如以柳枝稷为主的混合物还可以避免农地土壤有机物的流失。英国在其环境管理计划中以豆类–花卉植生草皮、6 ~ 12m宽的禾草带等来实现玉米地、冬小麦地的土壤侵蚀控制、水源净化。

8.1.4 昆虫野花带抑制农地杂草

相对于自然更新的一、二年生昆虫野花带组合而言，植物种类丰富、覆盖能力迅速的多年生野花带被认为能控制当地优势杂草的入侵。而欧洲的野花带组合中常用本土寄生草本如鼻花属（*Rhinanthus*）、山罗花属（*Melampyrum*）等列当科植物来抑制当地竞争型禾草的生长速率，提高野花带的物种多样性。欧洲，相比早期自然更新的田间非作物种植区，农民更青睐于花卉植物丰富、恶性杂草较少的野花带及丛生禾草带。另外，覆盖作物组合也被实践证实可以保持稳定的土壤温度、降低地表透光率、抑制其余草种出苗，而常被用作轮作、间作系统中防治杂草的常见措施。使用一定量细叶型禾草参与野花带的建植也可起到相似作用，保持良好的视觉效果，例如，使用洋狗尾草（*Cynosurus cristatus*）、邱氏羊茅（*Festuca rubra* subsp. *commutata*）、细弱剪股颖等细叶型禾草与夏枯草、野胡萝卜、蓍草、西洋滨菊、小鼻花等本土野花的组合比鸭茅、狐尾草、草甸羊茅

（*Festuca pratensis*）等丛生禾草与野花的组合更能维持其稳定性。多数国家野花带均在2～4m以上的宽度，宽度的设定符合了对杂草种子传播距离的研究，即一般性种子传播距离为1m，有特殊结构（如冠毛等）可以扩散至7～12m，而在秋冬季及时清除野花带刈割后残茬，清理与农田的边界可有效控制杂草种子向农田生境扩散。

以上野花带的综合功能主要针对农业生产、农业生态而被广泛研究，而在文化及美学领域，农田中原生的野花带以其鲜明的色彩和视觉冲击亦成为画面的主题，如19世纪的印象派作品《田间采花》（*Picking flowers in a field*，Mary Cassatt，1875）、《热维耶的黄色田野》（*The Yellow Fields at Gennevilliers*，Gustave Caillebotte，1884）、《遍开虞美人的田野》（*Field with Poppies*，Vincent Van Gogh，1889）等。第一次世界大战后，比利时等地田间常见的虞美人花带因《在佛兰德斯战场》（*In Flanders Fields*，John McCrae，1915）一诗对战死兵士的追思而成为怀旧、向往和平的象征。野花带在此后的20世纪中后期被人们重新发掘，兼顾其生态功能和文化价值，时至今日，在欧美各国农业景观中不断发展，延续非作物种植传统，发挥重要的生态系统服务功能。

8.2 昆虫野花带的发展、政策制定和应用现状

为应对传粉者生境破坏、生物多样性下降及作物产量减少等问题，中、西欧各国从20世纪70年代开始制定并实行了农业环境管理计划（Agri-environmental Schemes，AES），建植野花带作为其重要内容，从80年代后期正式开始了一段长时间的探索。1986年，在瑞士康斯坦斯湖区（Lake Constance Region），最早在果园中出现了农民自发播种建植的蜜源植物种植带，紧随其后的是以瑞士为主的各国生态学家对果园、农田覆盖植物的形式、功能方面的研究与试点。最早在农田应用的是混播禾草带（甲虫堤），被认为有利于农田无脊椎动物的越冬保护，在一段时间的试点后，禾草带的功能不能满足生态保育的综合需求，德国“绿岛项目”（Grüninsel Programm）等生态保育工程开始向农田推广新混播组合（Saatgutmischung）（80%禾草、20%花卉），与单一功能的禾草带并行发展。开花植物参与的野花带开始面向更多的农田试点，由此在所有中西欧国家中扩散

开来。此后，各国相继出台了类似国家传粉者策略（National Pollinator Strategy）等重要政策机制和法规，相应政策下产生的The B-Lines Programme、Get Britain Buzzing等计划、方案，都将野花带作为绿色基础设施的一部分，上升为一项国家指导、公众广泛参与的生态保育运动。野花带相关研究方面，主要研究集群和大规模实践。以英国、瑞士、比利时、法国、德国等为主，在农业环境计划的指导下，农民自发建立的以野花带为主的缓冲区域构成了欧洲连贯的农地栖息地网络。对农民而言，在国家政策指引下，野花带的低维护及3～5年后显著的生产效益极具吸引力。在近年来对农民或农场主的调查中可以看到，多数人积极听取了政府的针对意见，身体力行，并积极反馈，认同生境管理后带来的生态系统服务价值。对实施3～5年以上的AES昆虫野花带的生物多样性水平进行评估，大部分欧洲国家在昆虫（包括稀有物种）种群密度等方面较传统农业环境管理方式显著提升。欧洲各国的决策者还将更注意其适应性设计与民意调查的结合，同时不断满足高水平的生物多样性。

美国也有国家性传粉者计划及农田缓冲带保护建设计划的落实；亚洲国家则以日本为主，处于初步发展阶段，在农田生态保育方面主要重视弃耕田植被更新与田间野生植物群落的保护等。在欧美各国，市场上已经出现了和研究者合作开发的适应多种生境条件（干旱、中生、湿生等）或针对多种传粉者保育以及不同景观效果的野花带组合，为大规模、快速建植应用作出巨大贡献。

对野花带的研究主要集中在围绕提供蜜粉源、寄主植物等的生境管理功能及景观效果等方面，进行了蜜粉源植物、诱集植物、寄主植物等功能植物的筛选与配比。比较欧美不同国家，使用频率最高的植物有野胡萝卜、艾菊叶钟穗花（*Phacelia tanacetifolia*）、西洋滨菊、矢车菊、蓍草、蓝蓟、香雪球、虞美人等。共涉及30余科、80属以上，以豆科、菊科、十字花科、伞形科为主，这些科的植物是访花昆虫的主要蜜源和食源。不同国家野花条带的配比不同，配比主要围绕功能植物中的蜜源植物和寄主植物，利用野花带在农田系统中增加天敌、传粉者和分解者等的种类与种群数量，促进昆虫生境管理功能的发挥。两大类植物野花带的构建，共性是选择花期长且花期衔接连续不断的植物配置构成功能最大化的农地野花带。

8.2.1 英国

英国的传统牧场自19世纪以来形成了独特的植物景观，乡村田间的树篱体现了农业生产秩序的维持，障隔土地的同时为野生动物提供居所，树篱附近则常为自然更新的野花地，遍布草甸毛茛、柔毛猪殃殃（*Galium mollugo*）等野花。英国的农业用地约占国土面积的76%，以冬季播种的农作物（冬小麦等）为主。野花带政策制定和应用从20世纪90年代中后期开始，在欧盟一般性农业政策（Common Agricultural Policy，CAP）影响下，1987年左右将保护野生传粉者的一揽子计划作为农业环境计划的重要部分，从法律层面上一直推行着环境管理办法（Environmental Stewardship，ES）。其中包含了两项内容，一般管理条例（Entry Level Stewardship，ELS）至2013年已在英国64.6%的农业用地中实施，针对蝶类、蜂类等昆虫生境保护，推行了以豆科为主的蜜源植物野花带、禾草野花带等，而高级管理条例（Higher Level Stewardship，HLS）包含了多样的本土蜜粉源植物资源，且涉及原生草甸的修复与重建，整体以可用蜜量最大化作为筛选标准。两种管理条例均由政府提供资金支持，根据农民意愿灵活实施，至少10%的农田区域提供出用于野生动物的生境，其中4%建设为高质量的蜜粉源野花带。2014年，为期10年的国家传粉者策略正式公布，也重点鼓励了以野花带为主的环境管理办法的推行，到2015年，环境管理办法正式更新为乡村管理计划（Countryside Stewardship Scheme，CSS），在未来5年中将向农民分发9.25亿英镑，鼓励采用包括野花带在内的增强生物多样性、改善环境的农业生态工程措施。该计划由两部分构成：对应之前HLS的高级计划（Higher Tier），以保育型野花带介入，针对重点保护地带的生态修复、生境管理；中级计划（Middle Tier）则以大面积农田传粉者和鸟类栖息地改善为目标，截至2018年，已推出了18种诸如AB1 nectar flower mix（蜜源组合）、AB3 beetle banks（甲虫堤组合）等野花带组合。农民可根据空间需求而选择，这一次的调整实际上是空间优化、功能细分的过程，综合考虑了景观水平上的生物多样性、作物生产目标、环境背景、保育对象等。至此，英国的农地野花带整体形成了全面的决策机制，在近10年中，陆续实施的野花带、禾草带也得到了诸多生态学家的长期监测、追踪、评估与反馈。

8.2.2 瑞士

瑞士占国土面积40%的草地经过了开垦耕种，1993年开始在全国部分地区实施了生态补偿机制（Ecological Compensation），即在农田等小尺度生境保护中实施的重要政策，约10万hm^2的草甸、草原及农田被规划为生态补偿区（Ecological Compensation Area，ECA）。除农田以外大面积草甸斑块的修复、管理外，主要利用农业用地的7%来建植树篱及含有30多种本土草本植物的野花带，至今瑞士的生态保育型野花带已有近25年的发展历史，并给农民带来了可观的收入。同时自1993年起，农民需遵守生态交叉制度（Ecological Cross Compliance），也有利于野花带建设的真正落实。自2010年起，政府每年对每公顷农地拨发约2800瑞士法郎（CHF）的补贴用于野花带等生态补偿机制的落实。2014年开始，国家政策的重心在于鼓励更多农场主、农民对野花带建设的支持与推进，同时研究更多的配方组合进行商业推广。

8.2.3 比利时

比利时在生态保育型野花带的研究始于20世纪80年代末对野花带植物的筛选工作，其对农业环境计划的研究重点在于本土干草草原及其生物多样性保护，而生境保护、管理的方案多由当地非营利组织如Natagriwal等研讨并公布。2005年，瓦隆政府推出了11组关于“人工野花带”（managed-strips）的农业环境计划方案，至2013年已有1275km长的野花带实施。未来，比利时的野花带将研究重点放在混播组合的优化、生物防控型野花带的开发等。最近几年对农作物间作系统中野花带功能表达的研究，将进一步对其不同应用形式（大面积单播或混播等）与农民利益、农村经济及生态补偿的关系进行深入探讨。

8.2.4 美国

大草原（prairie）作为美国重要的自然生态系统，从全国及各州均有相应的大草原保护方针政策，其中传粉者生境管理与保护为重点。例如，2018年种子遗产计划（Seed A Legacy）是由美国蜂蝶生境基金（The Bee & Butterfly Habitat

Fund，BBHF）支持的一项传粉者生境保护计划，旨在为美国中西部和大平原的11个主要州的很多项目提供免费的传粉者混播组合。其中，以美国密歇根州立大学、俄勒冈州立大学、加州大学等为中心，研究者经过数年研究，筛选了美国北部及中西部23～46种多年生植物，并强调本土植物对本土野生生物生境管理的重要性，根据开花期、生境适应性不同，与大型种业公司如Roundstone Seeds等开发出如传粉者保育组合、河岸缓冲带传粉者组合、帝王蝶保育组合等，包含6～27种本土植物种类，旨在延续其乡土农地景观，增加本土农作物的授粉和害虫控制等。美国的蓝莓种植园、扁桃种植园中，上世纪初即有一些研究者和农户开始运用野花带种植的方式吸引更多传粉者帮助果树完成传粉，尤其注重对本土蜂种如壁蜂等的吸引能力。而美国农业部林务局则认为，多年生的野花给农业生产带来的效益在七年左右可以真正实现，对传粉者生境的保护，农业部并从生物迁徙路线展开了全国性的野花带适应性规划，并制定了相关设计指南。

昆虫野花带以瑞士、比利时等德语国家为发源中心，着力推行生态补偿机制，农民均有义务利用耕地的2%～7%土地建植野花带；而有着同样种植传统的英国则在政策与形式上不断细化与丰富，在美国则以本土植物的开发、草原生境的修复及重要传粉者保护为其研究与实践的重点。不同国家在野花带管理方式、植物构成上既有共识也因生产力水平、气候环境条件、保育目标等不同而存在差异，但各国成熟的理论经验仍可对农业生态保育发展初期的中国有所借鉴。

8.3 昆虫野花带植物的筛选

8.3.1 植物种类构成

为了降低成本，在明确生境管理的目标（物种保育、害虫控制、丰富传粉者类群等）后，野花带组合可以具有简单的构成，可以仅提供关键功能物种（Pywell等，2011），也可以复杂至多层结构、多类物种，但原则在于持续不断的花期、稳定长久的蜜粉源及一定的巢居生境条件（枝叶结构、寄主食源）等。理想的昆虫野花带组合需包含9种植物：3种植物在早期开花，3种在中期开花，3种在末期开花。但每个时期最低不得少于1种开花植物，才能满足非作物生境中不同类别昆虫的需要。

常用的野花带组合分为两类——多年生野花带和一、二年生野花带。两者播种时间的选择可以和作物同期，可以在作物生长一段时间后播种，也可播完开花结束后再栽种作物。一、二年生野花带需要定期重新播种以补偿此后花量减少对传粉者蜜粉源的重要性影响，同时随着作物的轮作灵活更替；与一年生野花带相比，多年生野花带需要2～3年甚至更久时间达到最佳状态，一旦建植成功，其产生的花粉是一年生野花带的6倍以上，产生的花蜜有其20倍之多。就传粉效益而言，多年生的野花带更具应用价值与潜力，且在景观尺度上，它也提供了永久可用且至关重要的半自然栖息地，更有利于维护作物害虫天敌种群的稳定性。各国在实际应用时，一年生野花带因其花量大、生长快而被最早且最为广泛地使用，且在作物间作中，常用一年生作物来充当覆盖物以保持土壤湿度与肥度，并抑制杂草。但一年生植物相对生长较慢的多年生植物而言，竞争力强，不少种类自播力强，具有入侵风险，一是不建议多年生植物与一年生植物混播，二是在大面积田间应用时需再三谨慎。各国常使用的一年生植物包括荞麦、油菜、红花、亚麻荠、埃及车轴草等。禾草及莎草、灯心草类、蕨类也是某些蝶类的寄主，同时也是熊蜂、步甲等的越冬场所。在一些地区采用火烧（prescribed burning）的管理方法下，禾草类更易管理，美国大草原周边农区常在野花带组合中添加一些本土丛生草（bunch grass）或薹草。禾草类在必要时可以与多年生植物混播，但一般占比25%左右，且多数选择竞争力弱的细质型冷季草（剪股颖、羊茅等）。禾草类也可与豆科植物混播，或仅仅是不同禾草间的混播，禾草类中还有一些自生谷类作物（volunteer cereal）如燕麦、黑麦等，常常按一定比例适时加入野花带组合中，以控制建植初期的杂草。和欧洲不同的是，在美国，禾草带多由蓝刚草、金粱草、柳枝稷等暖季型草构成（附表8-1）。

除了穴栖型（cavity-nesting）和地栖型（ground-nesting）昆虫一般不利用野花带中的植物，只利用啮齿类动物洞穴或自行挖掘地下巢居外，木栖型（wood-nesting）及隧栖型（tunnel-nesting）昆虫都和植物有极大关联。前者利用枯木、枝干等；后者则对植物的中空茎干情有独钟，如向日葵属、松香草属等草本植物，以及槭属、悬钩子属、接骨木属、盐肤木属等木本植物（附表8–2）。由此，植物在野花带系统中执行的是不同的生态系统服务功能，它们也可被称为功能植物。

（1）功能植物在野花带植物构成的研究中，涉及了植物–害虫天敌–害虫–传粉昆虫的综合系统。蜜粉源植物、覆盖作物、寄主植物、诱集植物、趋避植物是研究的主体。此外还有监测害虫病害的“指示植物”（indicator plant），物理上对害虫迁徙造成阻隔的障隔植物（barrier plant），蓄养天敌的“蓄虫植物”（banker plant）等。

（2）蜜粉源植物（nectar & pollen plant）：也有称为“虫源植物”（Insectary plant），即指该植物可以提供不同类型昆虫生存必需的蜜源和花粉，昆虫利用蜜粉源中的糖分、碳水化合物维持种群的生存，不同传粉功能团有其不同的食源要求（附表8–3）。

（3）覆盖作物（cover crop）：是天然的“肥料生产者”，一般在作物种植“窗口期”内，用于实现轮耕地、休耕地等处的快速覆盖，降低作物田除草成本，也起到保墒功能。一般分为春季覆盖作物、夏季覆盖作物和冬季覆盖作物，如冬油菜、萝卜、驴食草、荞麦、白芥、绛车轴草、草原车轴草、猪屎豆等。单播覆盖作物相比混播而言，单位面积花量更集中，访花者数量更大，但访花者种类比较单一。目前，国内外仍普遍应用单一或简单植物构成的覆盖作物混播。

（4）寄主植物（host plant）：为与下面两个概念区分，这里的寄主植物强调的是狭义上的鳞翅目昆虫幼虫栖息、觅食的场所（附表8–4），在鳞翅目保育型的野花带中与蜜粉源植物共同成为其不可缺少的一部分。

（5）诱集植物（trap crop）：是天然的“捕虫器或杀虫剂”，在作物重要的生长时期通过释放“吸引型信息素”（attractive pheromone/semiochemicals）等来诱集毛虫类、黏虫类、蚜虫类、吉丁虫类等所谓的“作物害虫”，尤其是其中的椿象等刺吸类害虫。这一类植物通过“牺牲自我”，使害虫向其自身转移而缓解作物受虫害的威胁。在其完成诱集“使命”后，人们往往将其人工清除等。诱集作物的类型包含两类：一类是与主栽作物相同的种类，但栽植时间早于主栽作物，旨在提前“喂饱”害虫；另一类是比主栽作物更能吸引害虫的一种或多种植物，如芫荽、荆芥等对绿盲蝽就有着较强的诱集能力。另外，诱集植物的诱集能力通常在花期时最为强烈（附表8–5）。

（6）趋避植物（repellent plant）：与诱集植物相反，这类植物是在作物重要的生长时期通过释放“趋避型信息素”（repellent pheromone/semiochemicals）——一种挥发性的化学物质，包含萜类、黄酮类、苯醌等来干扰、误导、迷惑害虫，从而达到趋避功能（附表8–6）。

趋避植物与诱集植物同时构成了农地昆虫野花带中的“推拉系统”（push-pull system），二者分工合作，在田外野花带种植诱集植物组合，作物田中的害虫种群因而向外围聚集，而田间的趋避植物野花带正好将田内的害虫往外推。

在野花带中，多数植物身兼上述多种功能植物的特征，被称为“多功能植物”（multi-functional plants/combo plants），如多数蝴蝶寄主植物（如马利筋属），同时具有充沛的蜜源和多汁的茎叶，满足成虫与幼虫的不同需求。

White（2016）在对比松果菊属（*Echinacea*）、六倍利属（*Lobelia*）等野外采集的原生种及园艺化程度高的几个品种时发现，原生种对传粉者的吸引力更大，蜜粉量更大的原生种的应用将对本土昆虫保育作出更大贡献。但并未得到更多实验的支持。

8.3.2　筛选原则与方法

无论何种生境、针对何种主栽作物，本土植物对本土传粉者而言是有益的，不具入侵性的外来植物亦能成为野花带的季相主题和主要食源。Wyss（1995）还提出野花带植物在不同时期（春、夏、秋，主要是夏、秋）都应确保有至少5%的花盖度，可见季相设计在生境管理观点中的重要性。选择功能植物，注意不同植物的相生相克，合理配置至关重要。昆虫等对生境的需求除了食物、水源以外，更重要的就是庇护所和筑巢地，包括裸地、枯木、石缝、水坑等所谓“杂乱”的风景要素在内的所有特质共同构成了农田生态系统的多样性。其中与植物相关的要素占据了绝大部分，譬如中空茎干之于甲虫、蔷薇科叶片之于部分切叶蜂、禾草之于蜘蛛等。

研究农地边缘的植物群落，以理解此类生态交错地带（ecotone）中植被的构成特征，英国研究者的调查结果发现，农田边缘存在着几种典型的原生植物群落：①草地植物群落；②高大草本植物群落；③乔灌木群落：主要包含了李属、梨属、山楂属、悬钩子属在内的蔷薇科灌木；④水生植物群落。这为野花带植物的选择拓宽了范围。除了自生的植物群落外，还有很多人工和混合的模式，灌草结构、乔灌草复层结构、单一草本层等类型共同构成了农地植物景观功能的多样性。农地植物的多样性受不同植被层高度、植被总盖度、土壤裸露度等植物群落特征的影响。马守臣等（2010）对豫北山区农田边界植物群落的调查发现，就植物丰富度而言，灌草丛>水渠边>稀疏林地>路旁>果园边际>作物边界带，野花带的应用实际上可以帮助建立更为优化的多样生境结构，通过人工的适度干预，增加植物物种的多样性并予以长久维持。

以华北地区玉米田为例，春播玉米一般在7～8月成熟，夏播玉米在9～10月成熟，威胁玉米作物的害虫主要有螟虫、黏虫、蓟马、蚜虫等。在玉米田周边设置多年生野花带，可以形成多样的非作物生境界面。从全光环境到隐蔽环境共涉及32种多年生草本植物，其中华北地区原生种共21种，占比65%以上，包括百里香、山韭、千屈菜、白头翁、华北耧斗菜、甘野菊、夏枯草、剪秋罗、刺儿菜、藁本、旋覆花、藿香、蓝盆花、蓝刺头、鹅绒委陵菜、宿根亚麻、蓬子菜、毛茛、泽兰、地榆、野胡萝卜。下层植被的蓍草、虾夷葱一是为转移玉米生长初期的蚜虫，二是利用这两类无性扩张能力较强的宿根（尤其是蓍草）为地表提供快速覆盖保护，为底层的蜘蛛等提供湿度适中、茂密的环境；中层植被中的菊苣、旋覆花、刺儿菜、蓬子菜、鼠尾草等花期均与蚜虫、蓟马爆发的6～7月重合，它们不仅为蚜虫天敌——食蚜蝇提供蜜源，而且鼠尾草作为趋避植物，一定程度上可以趋避玉米夜蛾；中层植物还为猎蝽、花蝽等捕食蓟马的蝽类的活动提供了一定遮蔽；上层植被为晚季开花植物，适合为秋播的玉米继续控制虫害，尤其是其中泽兰可以成为夜蛾类的寄主，从而转移了部分此类害虫寄生玉米的风险，而藿香则以其芳香的叶吸引了大量甲虫类捕食性天敌、蜘蛛、寄生蜂等。

而以华北地区常见的果树为例（图8-1），大多集中在蔷薇科的苹果、梨、李等，花期多从4月初开始直至6月。因而，果园的植物选择也应对应更为丰富的传粉者功能群，只有更丰富的昆虫为果园提供传粉等服务功能，果品的质量（色

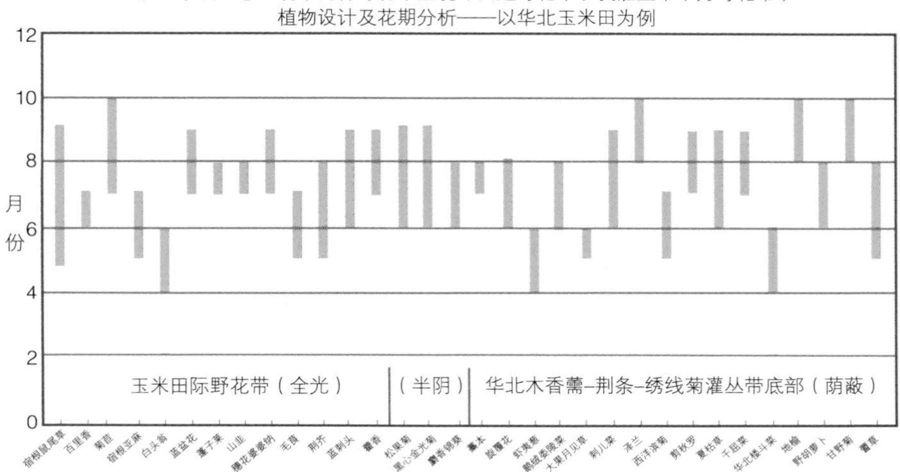

图8–1　华北玉米田人工野花生境营造——植物设计与花期分析

泽、口味等）才会有精彩的表现；大部分传粉者如熊蜂类寿命较长，长达半年以上，需要中后期充足且更多样的食源植物；一些传粉昆虫，尤其是独居蜂类生命周期较短，往往与春季果树作物的花期重叠，因此在果园中应尽量避免这种情况发生。在果园中也可以种植狼尾草、薹草等，吸引更多的隐翅虫、猎蝽等来捕食蚜虫、鳞翅目幼虫等。

附表8–7中更进一步提供了中国南北方适用及待开发的农田野花带植物和几类不同立地条件的野花带混播组合可供参考，从表中大致可以看到初步的植物筛选思路，基本是基于多种功能植物类型，坚持低维护、多功能、可观赏、无风险的要义而提出的。

植物筛选的原则具体可归纳为：

（1）在调查当地原生植被及场地生境类型的基础上，选择乡土功能植物种质资源。

（2）基于当地地理地质及气候条件，尤其是降水量范围、土壤水分条件等，因地制宜（附表8–8）。

（3）避免外来入侵风险，应用前需要有完善的评估、试验。

（4）至少由3 ~ 9种植物构成，花期至少横跨春、夏、夏末秋初三个时期，一般来说所选植物的花期尽可能避开主栽作物的盛花期，只作为作物花期的补充，否则会干扰主栽作物正常的授粉环节。

（5）筛选的植物至少能对一大类昆虫起靶向功能。

（6）考虑作物生境中作物对昆虫的需求（传粉、害虫控制或覆盖地表等）。

（7）菊科植物易于建植且多数易于购买，大部分野花带组合可以加入适当的菊科植物，也可降低建植成本，实现较好效果。

（8）一般情况下，对植物花部特征的筛选首先考虑泛化传粉者，再适当满足特化传粉者的需求。

（9）在场地禾本类杂草较多时，组合中应只保留花卉类，以方便后期使用禾本类专用除草剂。

（10）耐机械或人为压实、踩踏，对不良环境（干旱、积水等）适应性强。

8.4 昆虫野花带的设计、建植与管理

8.4.1 位置选择与规划设计

人工营造的生境斑块不一定要与该地区的任何现有或历史生态系统完全符合，只要它们不具侵占性、符合其设定的保护目标即可。此外，当地土壤类型对决定哪些植物物种适合每个地点也很重要。在构建这些植物群落时，景观背景尤为重要。利用现有的田间地头、防护林下等优化布局，整合多样的半自然生境，形成连续完整的廊道系统，成为传粉者活动、迁徙的缓冲通道。具体选址时应尽量避免农药飘散（pesticide drift）对野花带的不利影响（影响种子萌发和传粉者健康）。根据美国泽西斯协会（Xerces Society）的建议，必须使用农药的特殊传粉者保护地带需要注意以下几种情况：保育型野花带要距地面喷洒型农药施用地带12m左右，距离喷雾型农药施用地带18m以上，喷洒农药的时间尽量避开传粉者活动的白天时段。而更多时候野花带的应用都位于最接近农药施用地带的田间，因此对植物的抗杂草或耐除草剂能力有一定的要求。在美国中西部，野花带的面积最低为0.5英亩（约2023m^2），才能与相应的集约农田匹配。而其中，熊

蜂作为农作物最为重要的传粉者之一，常常占据着开阔耕地与灌丛间杂草带或野花带中的啮齿类洞穴，对于熊蜂和啮齿类而言，最基本的活动范围在5英尺（约1.5m）宽以上，各国的规划指南中对野花带的规定大多为3～6m宽以上。一般用于播种野花带的区域需至少经历一个生长季的休耕管理，经过休耕处理后，使土壤肥力回归正常值，使地下种子库得以纾解。此后，一般选择在杂草种子不再大量萌发后或在杂草预处理完毕后（通常是秋季）进行播种。

在开展野花带规划时，不仅可以结合其他植物元素，如开花乔灌木，还应考虑其他景观元素，保留或增设枯木、行将腐烂的原木、树枝、残落物等。例如，甲虫幼虫利用狭窄中空的枯木作为栖身之所，木蜂类中以木头筑巢的蜂类也将充分利用这些。适当保留裸地或保证部分土地植物稀疏的状态，并保持休耕状态使其免受割草等管理，由其自然更新，这些不便耕作的土地保留满足了地下筑巢的独居蜂类的需求，并避免了对原有生境的过度破坏。值得一提的是，虽然地面筑巢的昆虫巢穴类型与要求各不相同，但就土壤而言，需要满足35%的含沙量及向阳的位置等，且一般而言野花带距离昆虫巢穴的距离不宜超过250m左右，而不同野花带或者说野花斑块之间的距离取决于不同昆虫的飞行距离、习性等，以便于提供丰富的蜜粉资源等。譬如对于小型蜂类而言，距离在500英尺（约152m）左右；对于大型蜂类（熊蜂等）则是2英里（约3km）。因此，一定量且多样复合的环境元素的重复或冗余以及功能联系，使得农业景观生态系统更有弹性和韧性，而从视觉角度而言，野花带每个季节的颜色、肌理应与环境背景保持一定的联系。

完整的非作物生境应当包括以下两大部分环境元素，这其中，昆虫野花带一般处于核心区域及过渡区域。

障隔（barrier）：由林地、灌木篱障、防风林、围栏、“哈哈墙”或边坡等构成整个农田景观的“实边界”，这类边界可以为农田生物提供避风的环境；以及另一类由溪流、池塘、湖泊、沟渠、公路、铁丝网等构成的“虚边界”，可以作为生物与其他界面直接联系的纽带。

缓冲带（buffer）：位于田地中或田地边缘，介于作物生境以及农田整体边界中的条带状或片状、块状区域，大致可以分为禾草带（grass margin）和昆虫野花带。在比较细化的设计方案中，还会将不同条带赋予不同的功能，譬如满足鹧鸪、雉鸡等鸟类觅食的覆盖植物带（wild bird cover）、横跨作物田的针对杂食性甲虫类保育的甲虫堤（beetle bank）及保留的原生野草地等。另外，按使用时间也可分为临时性条带和永久性条带，前者可与作物统一管理。就整个缓冲带系统而言，缓冲带离作物的理想距离最好小于304.8m，以提高传粉效率。在英国农业环境计划中，拥有完整缓冲带的农田生态系统可以被视为生态焦点区域，而缓冲带基本可以包括以下几种元素（图8–2）。

（1）昆虫野花带（wildflower strip）：一般位于灌木篱、防风林下及作物田缘，至少在3 ~ 6m左右，以蜜粉源野花组合、豆科组合等为主，为昆虫提供食源和栖息地。抬高式野花带（图8–3）通过设置0.3 ~ 0.6m左右的土坎维持生境不被洪水侵蚀等干扰，野花带与其他缓冲带元素之间通过边沟或贫耕带联系。

（2）禾草带（grass margin）：至少1m宽、0.5m高的多年生细质型禾草带（如羊茅、剪股颖等），可添加少量花卉，隔2 ~ 3年更新，春季避免受犁地影响。需防止灌木入侵。主要有蓄养甲虫、哺养猎鸟、动物越冬等功能。

（3）边沟（ditch）：在欧洲低地农田中常见的以沟渠、溪流等形式呈现的灌溉、净化用水源，常与农田附近的坑塘、湖泊相连，沟底及坡面至两侧均以水

图8–2　田头/田缘保育带（headland/crop edge）

图8-3 生态保育型农田景观中昆虫野花带（抬高式）的竖向结构

生、湿生混播植物群落为主，或保留原生植物群落。农地中的边沟两侧常与甲虫堤或禾草带、野花带邻接，是两栖类（*Amphibia*）、爬行类（*Reptilia*）、腹足类（*Gastropoda*）及半翅类（*Heteroptera*）动物觅食、栖息，以及传粉昆虫补充水分、矿物营养和筑巢用材（淤泥、水生植物茎秆等）之所在，也有消散污染物、指示污染、蓄积水源、缓解洪涝等功能。欧亚洲农地边沟附近常见植物有水芹、悬钩子、活血丹、千屈菜、荨麻、燕麦草、鸭茅、水甜茅、虉草、灯心草、木贼等，水深是影响其中植物及无脊椎动物种类的主要因素。边沟混播植物的选择除了根据水深外，还需要选择具备去除径流沉积物的须根性植物。

（4）甲虫堤（beetle bank）：比邻边沟水道，宽度在1m以上，以丛生禾草组合如鸭茅–绒毛草–梯牧草等为主，不得进行刈割、放牧等。

（5）贫耕带（sterile strip）：1m宽左右的贫瘠耕地，位于禾草带及野花带之间或作物田缘保育带控制杂草或提供裸地及昆虫筑巢用的土壤。

（6）田头/田缘保育带（headland/crop edge）：不便于农事操作的田头边角地带，常在3m左右，大体管理和主栽作物相似，但应避免用肥用药，冬季必要时保留谷物残茬供鸟类食用。

以上针对的是欧洲平原地区的大规模农田，美国的规划模式大抵相同，在称谓上和植物类型上有所不同，如野花带被大草原植物保育带（prairie conservation strips）或“野花块”（wildflower patch）、“田缘昆虫植物带”（insectary field border/insectary strips）等替代。

对于果园和细作型耕地而言，尽量利用连续完整的线性空间建植丰富的植物群落类型，如在机械操作和人行走的步道两侧、田埂、灌溉水渠、林缘等。合理利用边坡、坑塘、林间空地等斑块空间，如俄亥俄州在2013年实行的路边4B计划（birds，butterflies，bees and beauty），就是利用路边的边角地块（set-asides）、农舍院落间建植马利筋混播组合或其他野花组合，贯穿全州的交通空间体系。斑块越大、越完整连续，形态越随机复杂，其所容纳的生物种类就越多，生物多样性的水平就越高，负面边缘效应就越低。一般而言，“野花斑块”的最小面积在$1m^2$（1m × 1m），方能真正对传粉昆虫产生直接贡献。而在同一区域设计不同的野花斑块时，应保证几种植物种类的相似性与联系性，避免物种的迁移障碍。

针对诱集植物的栽植，还可以根据不同农地面积大小、靶标昆虫类型等，来选择包括四周型（Perimeter Trap Cropping，PTC）、行列型（Row Trap Cropping，RTC）及条带型（Strip Trap Cropping，STC）在内的空间布局方式（图8–4）：四周型即指在主栽作物四周高密度种植诱集植物，形成防范，尤其是移动迅速的害虫的“壁垒”；行列型与间作大抵相同，是指相同或不同植物行列式交替种植于作物田间；条带型则是典型的混播建植的野花带，位于两种作物田之间，同时“服务”于两者，可以存在不同于主栽作物的管理方式以及更为丰富的植物构成，通常比前两者要宽。

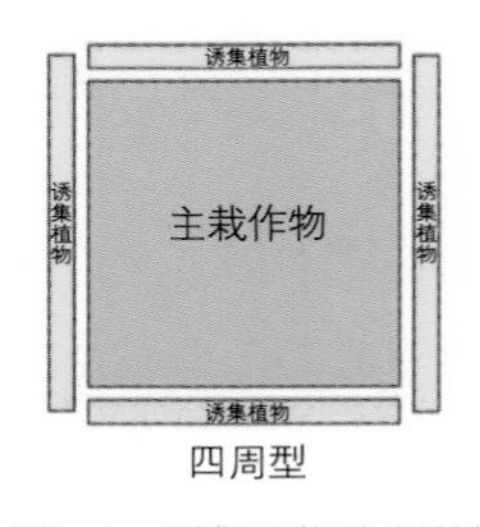

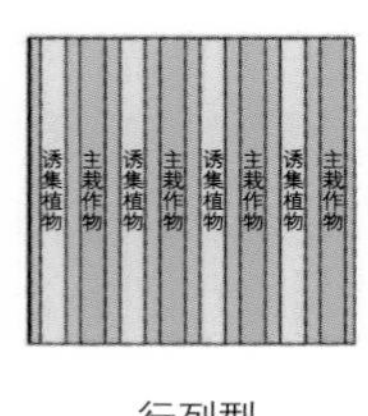

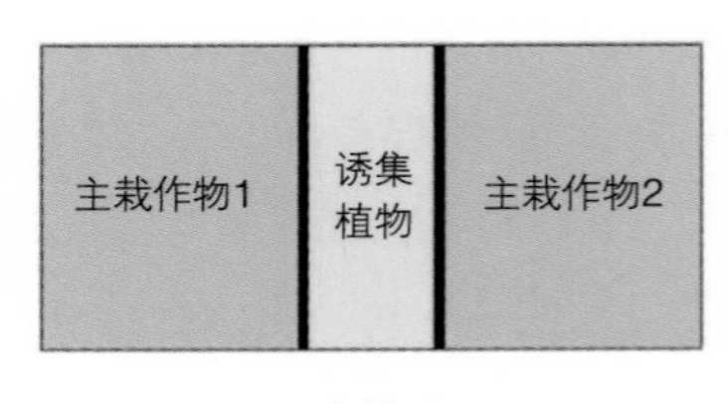

图8–4 诱集功能昆虫野花带基本平面类型

8.4.2 建植前后的杂草清除与控制

有条件的地域可选择休耕半年到一年的时间以消减土壤种子库，消解土壤肥力。杂草压力较小、无严重入侵迹象存在时，可选择刈割与翻耕后一月内直接播种；杂草压力较大时，除了机械、人工拔除等对杂草进行控制外，目前最常用的有两种方法：一种是从春季开始，对场地进行黑色隔草膜的覆盖，暴露于阳光下，直至初秋后再进行播种；另一种是在冬末喷施非选择性、无残留的除草剂。而实际上，本着低维护、低干扰的原则，在建植之初都应当做好场地的原生杂草选择性清除（主要是恶性杂草、无传粉价值且制约设计花卉生长的杂草），设计时做好播种量的控制，一般在1kg/hm^{2}以上。强调先锋植物对地表的最快覆盖，并注意花卉植物与杂草的竞争能力，或在苗期每隔一段时间进行一次除草工作，经过一年管理后，野花带完全可以做到对杂草的控制。而使用常用的覆盖作物组合，也可暂时快速覆盖地表以控制杂草。据英国生境管理的经验，除了恶性的入侵杂草可以局部用除草剂或使用点喷除草剂控制外，大部分野花带组合需要注意植物间的合理竞争，方可避免杂草入侵。

8.4.3 播种及播后管理

除了难以播种建植的大型丛生禾草、蕨类等，以及播种困难的花卉可以事先散植于场地中外，多数选择播种的方式进行建植。播种可以选择大、小粒种子及禾草、花卉类种子分批次播，对杂草量大的农田而言，秋播或临冬寄籽（9~12月）是比较合适的播种时间。播种方式常用开沟条播，使用机器或人工在播种地上挖出约1~5cm深的条沟，播下种子后可用滚轮机等再压上5cm左右的砂土或稻壳等基质；在播种以后、出芽之前注意保持充足的灌溉，出芽后采取防护网等措施以防止啮齿类、鹿、兔等动物的破坏，且逐渐控制灌溉频率。在野花带管理方式上可以参考其他国家的经验。首先倡导整体禁用化肥、少用农药的宗旨，尤其是氮肥的过量，易增进群落中较高植被层的竞争优势及生产力，迫使下层植被生长滞后。不同国家对刈割时间、实际执行上略有区别，而大范围连续的刈割被认为会破坏其间昆虫居群的生境，大部分国家仅在休耕季或花期前后实行小范围的割草，或如欧洲国家，普遍允许深秋季节在野花带周边适度放牧，避开传粉者活动频繁的时期，还利于植被更新。刈割与放牧有着不同的效果，后者相对更有选择性。在进行枯落物处理时，除非有还田的目的，基本上都需要及时处理干净，以防养分堆积。但英国等则在一般管理条例中鼓励农民在刈割时适度保留（保留总野花带的1/2或2/3）有利于野生生物越冬，以及部分残花、残茬、种实等。北美大草原，人们还在秋冬季对建植数年后的丛生草野花带采用局部控制火烧的方式进行植被更新和害虫控制。此外，建植后应随时监测调查，及时做好未来补播计划及昆虫监测等。

8.5 昆虫野花带中植物群落与昆虫互作

以混播的方法构建了9个昆虫野花带群落，包括多年生花卉植物40种以及2种一年生花卉植物涉及20科38属，其中菊科11种，占总物种数的26.3%，唇形科4种，占总数的9.5%。从植物形态和株丛构造（Plant Architecture）方面，野花带群落中基生莲座类（Basal rosettes）5种植物；根茎伸长、具叶类（Elongated，leaf-bearing rhizomatous）2种；垫状（Cusions）3种；直立、多茎类（Erect leafy and extensivestemmed herb）和半基生、多茎类（Semi-basal and extensive-stemmed herb）各15种；丛生草类（Tussocks）和匍匐类（Creepers）各1种。42种植物中11种下层植物（株高在40cm以下）、17种中层植物（株高40～80cm）、14种上层植物（株高80cm以上）（表8-1）。

在9个昆虫野花带中，采用直接观测、黄盘法、陷杯法等方式于2019年5～10月观测及收集了十次节肢动物，群落中共发现2纲10目65科100属109种节肢动物13450头个体。其中膜翅目物种种类包含了23种，是数量最多的昆虫类群。

昆虫野花带群落中的优势节肢动物类群集中在膜翅目、鳞翅目、双翅目、半翅目、鞘翅目五大类，占所有昆虫总种数的82.6%。优势科为蚁科、蚊科与蜜蜂科，且以中性昆虫、自然天敌功能团与传粉者功能团为优势功能团。

节肢动物在不同昆虫野花带群落之间的分布多度和丰富度存在差异，群落里虫源植物种类物种丰富，尤其是存在蜜源植物，如蓍草、穗花婆婆纳、紫花苜蓿、美丽月见草等多年生开花植物的2个花卉混播群落（B、J），节肢动物物种数多达到49种。节肢类尤其是盲蝽类害虫常会选择并更易入侵不稳定建植第一年昆虫野花带群落。建植年限久，且有底层薹草植物（E、F混播群落）的保护，裸露地表少，能为步甲类以及土栖型独居蜂类提供较稳定的觅食资源和筑巢地点。

从昆虫野花带中多年生植物物种的丰富度可预测节肢动物的物种组成。蜜源植物种类组成和数量的多样化能带来节肢动物功能团的物种多样性。9个昆虫野花带群落中自然天敌功能团共有43种昆虫，自然天敌功能团主要由园蛛类、捕食蝽类、食蚜蝇类、寄生蜂类、捕食甲类等构成，是种类最多的功能团。传粉者功能团37种，主要由蜜蜂科、地蜂科、条蜂科、隧蜂科等社会性蜂类及独居型蜂类构成。害虫功能团则由食叶类及刺吸类蚜虫类、叶甲类、叶蝉类等构成；中性昆虫功能团则由蚊类和蚁类构成。自然天敌种数最多的花卉混播群落（K）包括25种天敌，害虫最多的混播群落（C）存在9种害虫，传粉者最多的混播群落（B），收集到21种昆虫。

昆虫野花带群落中自然天敌功能团、害虫功能团的总物种数和总个体数在5～10月整体上表现的是一种近似的趋向，5月略低，6～10月先升后降，7～8月达到了观测数量上的峰值。

昆虫野花带混播群落植物组成（八家实验地）　　表8-1

层次	序号	植物种类	科	属	生长型	寿命	所在的群落
下层植物（11种）	1	蓍 *Achillea millefolium*	菊科	蓍属	半基生、多茎类	长命多年生	I、J、K
	2	北葱（小花葱） *Allium schoenoprasum*	石蒜科	葱属	基生莲座类	长命多年生	B、C、D、E、F、G、I、J、K
	3	欧耧斗菜 *Aquilegia vulgaris*	毛茛科	耧斗菜属	半基生、多茎类	长命多年生	B、E、F、G、I、J、K
	4	青绿薹草、 *Carex breviculmis*	莎草科	薹草属	丛生草类	长命多年生	E、F

续表

层次	序号	植物种类	科	属	生长型	寿命	所在的群落
下层植物（11种）	5	番红花 *Crocus sativus*	鸢尾科	番红花属	基生莲座类	短命多年生	I、J、K
	6	石竹 *Dianthus chinensis*	石竹科	石竹属	直立、多茎类	短命多年生	B、E、F、G
	7	羽瓣石竹（常夏石竹）*Dianthus plumarius*	石竹科	石竹属	垫状类	短命多年生	I、J、K
	8	马其顿川续断 *Knautia macedonia*	忍冬科	孀草属	基生莲座类	短命多年生	I
	9	长果月见草 *Oenothera macrocarpa*	柳叶菜科	月见草属	垫状类	长命多年生	B
	10	莓叶委陵菜 *Potentilla fragarioides*	蔷薇科	委陵菜属	匍匐类	长命多年生	I、J
	11	淑女郁金香 *Tulipa clusiana*	百合科	郁金香属	半基生、多茎类	短命多年生	I、J、K
中层植物（17种）	12	菊花 *Chrysanthemum* × *morifolium*	菊科	菊属	直立、多茎类	短命多年生	B、D
	13	大花金鸡菊 *Coreopsis grandiflora*	菊科	金鸡菊属	半基生、多茎类	短命多年生	B、D
	14	紫花甸苜蓿（紫色达利菊）*Dalea purpurea*	豆科	甸苜蓿属	直立、多茎类	长命多年生	B、C、D、I、J
	15	宿根天人菊 *Gaillardia aristata*	菊科	天人菊属	半基生、多茎类	短命多年生	B、C、D、E、F、G
	16	西伯利亚鸢尾 *Iris sibirica*	鸢尾科	鸢尾属	根茎伸长、具叶类	长命多年生	B、E、F、I、J、K
	17	滨菊（西洋滨菊）*Leucanthemum vulgare*	菊科	滨菊属	半基生、多茎类	短命多年生	I、J、K
	18	蛇鞭菊 *Liatris spicata*	菊科	蛇鞭菊属	半基生、多茎类	长命多年生	C

续表

层次	序号	植物种类	科	属	生长型	寿命	所在的群落
中层植物（17种）	19	宿根亚麻 *Linum perenne*	亚麻科	亚麻属	直立、多茎类	短命多年生	I、J、K
	20	石蒜*Lycoris radiata*	石蒜科	石蒜属	基生莲座类	长命多年生	I、J、K
	21	换锦花 *Lycoris sprengeri*	石蒜科	石蒜属	基生莲座类	长命多年生	I、J、K
	22	美丽月见草 *Oenothera speciosa*	柳叶菜科	月见草属	直立、多茎类	短命多年生	B、I、J、K
	23	鬼罂粟（东方罂粟）*Papaver orientale*	罂粟科	罂粟属	垫状类	短命多年生	J
	24	假龙头花 *Physostegia virginiana*	唇形科	假龙头花属	直立、多茎类	长命多年生	C
	25	兔儿尾苗 *Pseudolysimachion longifolium*	车前科	兔尾苗属	直立、多茎类	长命多年生	K
	26	穗花（穗花婆婆纳）*Pseudolysimachion spicatum*	车前科	兔尾苗属	直立、多茎类	长命多年生	B、D、E、F
	27	林荫鼠尾草（宿根鼠尾草）*Salvia nemorosa*	唇形科	鼠尾草属	直立、多茎类	短命多年生	B、E、F、G、I、J、K
	28	直立豚鼻花 *Sisyrinchium striatum*	鸢尾科	庭菖蒲属	根茎伸长、具叶类	长命多年生	I
上层植物（14种）	29	松果菊 *Echinacea purpurea*	菊科	松果菊属	半基生、多茎类	长命多年生	B、C、E、F、G、I、J、K
	30	硬叶蓝刺头 *Echinops ritro*	菊科	蓝刺头属	半基生、多茎类	短命多年生	K
	31	扁叶刺芹 *Eryngium planum*	伞形科	刺芹属	半基生、多茎类	短命多年生	K
	32	山桃草 *Gaura lindheimeri*	柳叶菜科	山桃草属	半基生、多茎类	短命多年生	C、D

续表

层次	序号	植物种类	科	属	生长型	寿命	所在的群落
上层植物（14种）	33	千屈菜 *Lythrum salicaria*	千屈菜科	千屈菜属	直立、多茎类	长命多年生	B、C、D、E、F、G
	34	麝香锦葵 *Lavatera moschata*	锦葵科	花葵属	半基生、多茎类	短命多年生	I、J、K
	35	美国薄荷 *Monarda didyma*	唇形科	美国薄荷属	直立、多茎类	长命多年生	I、J、K
	36	滨藜叶分药花 *Perovskia atriplicifolia*	唇形科	分药花属	直立、多茎类	短命多年生	K
	37	桔梗 *Platycodon grandiflorus*	桔梗科	桔梗属	直立、多茎类	长命多年生	B、C
	38	抱茎金光菊 *Rudbeckia amplexicaulis*	菊科	金光菊属	半基生、多茎类	一年生	I、J
	39	黑心金光菊 *Rudbeckia hirta*	菊科	金光菊属	半基生、多茎类	短命多年生	B、C、D、E、F
	40	高雪轮 *Silene armeria*	石竹科	蝇子草属	半基生、多茎类	一年生	I
	41	白毛马鞭草（加拿大美女樱）*Verbena stricta*	马鞭草科	马鞭草属	直立、多茎类	短命多年生	B、C、D、E、F、G、I、J、K
	42	狭叶铁鸠菊 *Vernonia lettermannii*	菊科	铁鸠菊属	直立、多茎类	长命多年生	I

昆虫野花带群落中不同植物的花期物候之间有重叠也有接续，传粉者功能团的种类数量随着群落开花植物而变化，从春到秋呈先升后降的变化，群落中可利用花卉植物资源耗尽时传粉者的数量降至最低。将对应花期持续时间的相应群落内传粉者功能团物种的所有花期时间段内平均每平方米个体数进行了比对后，发现花期持续时间越久，传粉者种类越多。

传粉者功能团物种在群落中根据其食源偏好及其飞行特点，选择不同的混播植物群落进行生存、觅食。花卉混播群落中采集、观测到的传粉者功能团物种进一步可以分为蜂虻类（28头）、蝇类（1474头）、蝶类（624头）、蛾类（29头）、弄蝶类（65头）、社会性蜂类（社蜂）（1809头）、独居性蜂类（独蜂）（579头）以及胡蜂类（58头）八类群。其中，蝇类与社会性蜂类被认为是泛性的传粉者。管状花冠被8种类群利用，而鸢尾状花冠仅被2种类群利用。混播群落中的植物大多被不同的传粉者类群重叠利用。

混播构建的昆虫野花带根据花期物候的整体分布不同，产生了早、中、晚三个时间段类型，在早期（春季）群落中植物开花高度多在40cm左右，吸引的传粉者功能团为独居蜂类与社会性蜂类两类。植物开花高度在80cm以上时，也就是植物群落发展至中期（初夏）时，传粉者种类达到了最大值。随时间推移，可供使用的花卉植物资源减少，昆虫传粉者种类也随之降低，独居蜂类的下降，而对蜜蜂类等社会性蜂类的无明显影响。从传粉者的种类随着群落整体花期呈现出先升后降，与可利用花粉蜜资源降低吻合；花期持续越久，传粉者个体数量越多。

传粉者功能团以及多食性的自然天敌功能团的分布，与植物的不同类群的多度与丰富度和单花花盖度、花色、花部形态、蜜粉源状态、开花高度有关。对白色系敏感表现较为强烈的类群有蝇类、社会性蜂类及食蚜蝇类，被黄色系植物吸引力更大的有蝇类以及社会性蜂类，社会性蜂类与红色、蓝紫色显著相关，而食蚜蝇类也与蓝紫色显著相关。

野花带中植物花量在1～5朵，多数为大花植物，对蝶类、蛾类具有较强的吸引力；花量10朵以上，多数为小花植物，对体型较小的蝇类、蜂类有较强的吸引作用。花量平均5朵以上时，对独居蜂的种类多样性的影响更显著，花量20朵以上时，对社会性蜂类与食蚜蝇类的影响显著。

蝇类更偏好于白色花、社会性蜂类及食蚜蝇类更偏好于黄色、蓝紫色花，蝶类偏好于红色尤其是粉色的粉源植物，如美丽月见草等。大花量（20朵以上）能吸引更多的社会性蜂类与食蚜蝇类，而小花量（1～5朵）的植物能多为大花植物，更受蝶类、弄蝶类以及蛾类等鳞翅目昆虫喜好。从试验地推及到其他景观尺度中昆虫野花带的应用，提高混播组合中蜜粉源植物种类的数量，并合理分配各类蜜粉源植物的花期、开花高度、花色、花量比例等，以及通过多年有效地保持条带中的花朵丰富度的管理制度，可以提高昆虫野花带生态系统服务中传粉服务以及害虫控制的有效性。对传粉者的影响很大程度上也预计不仅取决于花卉植物的丰富度，主要还取决于关键植物功能性状的分配程度。

昆虫野花带群落中自然天敌的专一性较强，无法兼治多种害虫，因此相应的靶标天敌种群消失后，群落中对应的害虫种群便会不受其他无关的天敌种群影响。

花卉混播群落对传粉者功能团、自然天敌功能团有重要的保护价值。在对节肢动物功能团的界定与归纳尚存在问题，如食蚜蝇的幼虫是蚜虫的害虫天敌，成虫则为传粉者。单在本研究中，没有观测到幼虫形态对于野花带资源的利用。

8.6 不同类型昆虫野花带规划设计

虽然城市绿化中植物丰富度不断增加，但由于城市绿化过去仅关注景观效果，导致传粉者群落的规模、丰富度明显随着城市化程度的提高而降低。规模化集约化的农业生产和农药化肥的使用，扩张吞没大量草本植物生境，破坏了昆虫栖息地的连续性与完整性。水田、旱田等向设施农业地的转变，直接导致了莎草科等特有植物科属的减少，植物群落的生境走向人工化，人工维护成本增高，对节肢动物的保育价值也降低。

昆虫野花带包含筑巢资源与传粉所需的花卉植物资源，根据传粉者功能团的传粉距离，设计野花带的数量与位置，同时设计永久和半永久斑块，成为传粉者的“踏脚石”，改善传粉网络连接的有效性。达到提高作物访花率，延长花粉传播距离，提高传粉服务功能。

在设计昆虫野花带时，应持续观测植物群落与传粉者群落，为设计与建植昆虫野花带提供基础数据，以便设计者根据传粉者的活动行为等作出相应的适应与调整。

昆虫野花带保育与设计规划的方案中应考虑所有景观类型，因地制宜，不能用单一的模式解决复杂的传粉者保育和生境管理。不同地区由于温度、光照、湿度等因素上的不同，也会导致传粉昆虫群落结构存在着差异性，但浅山、深山区等干扰程度较小的区域内，传粉昆虫种类之间存在着较高的相似性。

在昆虫野花带的规划设计过程中，应改变单播为主的建植手法，强化内部植物的多样性，真正做到生境的改善，并充分发挥场地的生态潜质，突出多种景观形态野花种植形式的混合搭配，丰富群落层次，促进群落的自适应及自我维持功能。

对耕地面积有限的地块，还应充分利用产量较低、受污染及破坏的农田区域来用于非作物生境，构建野花带综合网络体系，以提供辅助支持作物生产的服务，为农田的生物多样性带来更多惠益。

昆虫野花带植物选择方面，不同来源如其他地域引种的蜜源植物与乡土蜜源植物的组合，可能会有效形成植物群落中生态位的差异性，满足多样的昆虫群落的需求。很多自生植物具有保护的价值，需要进一步筛选出有对昆虫、鸟类有保育利用价值的自生植物、作物，以及原生野花植物等。

昆虫野花带植物管理方面，适当进行刈割管理，防止群落的多样性降低。适当间伐打开群落空间，并适当清除竞争型植物，即有利于新植物的进入，也使植物群落更稳定。适当进行补播和补栽，增强靶标传粉者群落的规模与种类。

8.6.1 旱作类大田农区昆虫野花带

以顺义大孙各庄等以玉米、小麦等旱作禾谷类经济作物为主的平原大田农区为例，这类农区中整体农业景观呈现的是大面积连片农田、防护林、穿插着道路与沟渠。春播的旱作禾谷类作物一般在7~8月成熟，夏播的旱作禾谷类则常在9~10月成熟，威胁这类作物的害虫主要有螟虫、黏虫、蓟马、蚜虫等。可以这类农田中的生态岛屿及田地边界、荒弃土地等为立地基础，结合荆条、酸枣等复合灌丛，而设置害虫防控为主的多年生昆虫野花带，形成多样的非作物生境界面。从全光环境到隐蔽环境共涉及32种多年生草本植物，其中华北地区原生种共21种，占比65%以上，包括百里香、山韭、千屈菜、白头翁、华北耧斗菜、甘野菊、夏枯草、剪秋罗、刺儿菜、藁本、旋覆花、藿香、蓝盆花、蓝刺头、鹅绒委陵菜、宿根亚麻、蓬子菜、毛莨、泽兰、地榆、野胡萝卜，下层植被的蓍草、虾夷葱一是为转移作物生长初期的蚜虫，二是利用这两类无性扩张能力较强的宿根（尤其是蓍草）为地表提供快速覆盖保护，为底层的蜘蛛等提供湿度适中、茂密的环境；中层植被中的菊苣、旋覆花、刺儿菜、蓬子菜、鼠尾草等花期均与蚜虫、蓟马爆发的6~7月重合，它们不仅为蚜虫天敌——食蚜蝇提供蜜源，而且鼠尾草作为趋避植物，一定程度上可以趋避玉米夜蛾等；中层植物还为猎蝽、花蝽等捕食蓟马的蝽类的活动提供了一定遮蔽；上层植被多为晚季开花植物，适合为秋播的禾谷类作物继续控制虫害，尤其是其中泽兰可以成为夜蛾类的寄主，从而转移了部分此类害虫寄生作物的风险，而藿香则以其芳香的叶吸引大量甲虫类捕食性天敌、蜘蛛、寄生蜂等。

8.6.2　水田类大田农区昆虫野花带

以海淀西马坊等以水稻等水田作物为主的平原大田农区为例，域内与湿地公园以水道相连，农田中设有铺设六棱砖的硬质沟渠，村庄内昆虫野花带的规划可为水土保持、水质维持、生物保育为主，兼具民俗观光。对现有稻田边界中草木犀、赛菊芋等倒伏严重且具入侵性的草本植物进行清除。在10m宽以上的泄洪水道附近，结合紫穗槐、黄刺玫、胡枝子等蜜粉源灌木，栽植根系深厚发达、耐受力强，可吸收并降解污染物的多年生草本植物，选取虾夷葱、千屈菜、西伯利亚鸢尾、狼尾草、灯心草、泽芹、抱茎桃叶蓼、松果菊、泽兰、柳叶白菀、山桃草、管香蜂草等，形成长久的植物覆盖，也为瓢甲、隐翅虫等提供永久性的庇护所，在建植初期，亦可加入营养期短，开花迅速的短命多年生植物，如滨菊、宿根亚麻、黑心金光菊等；在2～3m宽的农田沟渠附近，结合乡村道路种植，面源污染控制，吸引水稻害虫天敌等功能，在沟渠侧面植草的六棱砖改铺设“混播植被毯”，包含夏枯草、白车轴草、匍匐委陵菜、平车前、青绿薹草等，形成紧密的根系并至少维持春夏两季的花期，同时满足赤眼蜂等害虫天敌的辅助蜜源需求，控制稻纵卷叶螟等害虫的发生。而在沟渠顶面与道路相接的区域，作为生物迁徙的通道，需要复杂多样的植被结构的支撑，并拦截一定的污染颗粒物，同时提供基本的蜜粉源以供传粉者食用，播种野豌豆、紫色达利菊、绢毛匍匐委陵菜、旋覆花、桔梗、山韭、蓝盆花、天人菊、常夏石竹、宿根鼠尾草、喜盐鸢尾、兔儿尾苗、全缘金光菊等多年生植物，结合绣线菊、水栒子等低矮花灌木；在稻田正中的沟渠两侧，则适合播种一年生野花带，以简单清新的色彩融入整体背景，如柳叶马鞭草-五色菊等。

8.6.3 深山沟谷林果区昆虫野花带

以平谷挂甲峪–麻峪村等以桃、苹果等仁果类果树为主的浅山旱作或深山沟谷林果区为例，果园的主体植物为可存活十数年以上的乔灌木，有的果园边界或果树下存在着一些草本植物群落，有的则为茴香–大蒜–万寿菊等花卉–蔬菜混栽的栽培植物群落，亦有田旋花–马唐为主的自生植物群落。对于仁果类果树而言，存在着木虱、天牛等蛀虫，也寄居着蚜虫、尺蠖一类鳞翅目幼虫等食叶型害虫，因此果园中可采用蜜粉源野花带、趋避野花带以及诱集野花带的结合，提升果园植被结构的复杂性，为寄生蜂、蠼螋、隐翅虫、步甲、蛛形纲、草蛉幼虫、捕食蝽、食蚜蝇、瓢甲等节肢动物乃至刺猬、鸟类、蝙蝠等其他动物提供干扰较低且稳定持续的食源、巢居生境。

对于果园林下及行道（dive alley），可选择耐半荫至荫蔽的除虫菊、崂峪薹草、羽绒狼尾草、尖裂假还阳参、蓍草、葛缕子、西洋滨菊、宿根矢车菊、并头黄芩、青杞、野豌豆、夏枯草、白花碎米荠等多年生蜜粉源植物与寄主植物，所有植物不宜过高，需要承受每年的覆盖、踩踏、碾压，其中使用狼尾草、鸭茅等禾草的质量占比最高在80%，果园土壤紧实且多为精细化水肥管理，多数野花带植物还应耐旱耐湿等。同时果园昆虫野花带的花期尽量错开果树的花期，传粉昆虫，尤其是以果树花蜜为食的独居蜂类生命周期较短，往往与要避免在果园中的野花带花期与春季果树作物的花期重叠。桃、梨等的花期多从4月初至5月，因此这类果园昆虫野花带的主要花期则应当以夏秋季为主，为大部分长命传粉者（长达半年以上）如熊蜂类或部分晚季传粉昆虫提供食源支持，在坐果期、落果期乃至休眠期容纳更丰富的天敌物种，抑或趋避害虫，提高果品风味。果园外与生产道路接壤的区域，可种植一年生蔬菜、香草植物如茴香、莳萝、荞麦等与矢车菊、春黄菊、蛇目菊、虞美人、蓝蓟、金盏菊等一年生花卉混播，前者可吸引诸如车前圆尾蚜（*Dysaphis plantaginea*）的关键性天敌——食蚜蝇类，苹果绵蚜（*Eriosoma lanigerum*）关键天敌——蚜茧蜂，苹果全爪螨（Panonychus ulmi）关键天敌物种——植绥螨；而后者可诱集木虱的天敌——花蝽类以及苹果瘿蚊幼虫的捕食天敌——寄蝇类，金盏菊则起到了趋避线虫的主要功能。另外还应保留有价值的果园周边自生草本及灌木植物，尤其是昆虫保育价值高的败酱、酸枣、荆条等，同时适当设置一些“昆虫旅馆”（图8-5）、人工蜂巢，保留倒木等以满足壁蜂等木栖型昆虫的需求。对于一些荫蔽程度高的林地、林缘地带，则可以考虑进行间伐一些侵占性的先锋树种，为一些较喜光的原生草本植物如小红菊、甘野菊、石生蝇子草、角蒿等提供更多的生存空间。对于一些植被分布较少的林下，可以利用昆虫野花带与林下中药种植的结合，例如知母、射干、桔梗等植物的种植。

图8-5 昆虫旅馆

8.6.4 乡村院落、宅基地及道路野花带规划

以大兴小马坊村等农户院落宅基地、乡村道路为例，乡村中的道路两侧、宅基边角地等，可以鼓励村中农户在白菜等叶菜地周边播种藿香、刺芹、荆

芥、百里香、罗马洋甘菊、甘野菊、虾夷葱、野胡萝卜等多年生芳香植物，趋避菜粉蝶、白粉虱等，另外种植一些高大的宿根草本植物，如赛菊芋、多皱一枝黄花、裂叶金光菊、斑叶泽兰、蓝刺头、箭头唐松草、紫菀等还可以起到遮挡不良景观的作用且能与周围景观形成很好的过渡与衔接；也可以在边角地、道路两侧等裸露的土地上种植一些药、食、观赏兼用的植物，如菘蓝、紫苏、蒲公英等。

在京郊调研中，已有相关的野花种植激励政策的实施，例如怀柔政府与果园的承包者签订协议，种植野花带的农户每户每亩给予1500元的奖励，同时免费发放野花组合的种子。

昆虫野花带可以创造农业景观中的生境廊道，生态垫脚石以及生境岛屿斑块，以改善不同生境间的连通性，改善生境破碎化的影响，并减轻农业生态系统中生物多样性的丧失。尤其是在农地非作物生境中，昆虫野花带作为一种生境管理与生物保育的方式，不仅为多种节肢动物提供蜜粉源及栖息地，还提供了杂草控制、污染修复等多样的生态系统服务功能。国外成功实践的昆虫野花带，可以基于群落生活型、核心保育物种及功能、种类构成以及土地利用形式等分为多种类型。将科学性与艺术性相结合，立足于场地基础条件，结合多种景观元素，因地制宜筛选出针对关键保育物种的功能植物，满足功能性状的多样性，保证持续稳定的花期。

利用京郊农地的初步调研，对田埂坡地、林缘林下、宅基道路及滨水四类不同农地非作物生境内植物群落现状条件的分析后，发现了生境间植物物种多样性水平的差异性与相似性，方从生境角度来确定相应的人为干扰方式，针对不同的功能需求筛选出合适的植物种类。对四个典型的调研的生境类型设计不同的野花带，而这些不同的昆虫野花带所构成的多样化植被生境共同构建了乡村农业景观的多样性，也同样可以用野花带的形式弥补原生植被生境破坏的后果，保护并延续乡土草本植物及本土节肢动物的多样性。虽然不同的非作物生境对于不同传粉者的适宜程度以及蜜粉、巢居资源可利用性的差异较大，但正是因为不同生境中具有不同的开花植物物种，才在更大的城市景观范围内形成了异质性的区域，为更多样的群体提供了丰富的资源。在未来，依据不同农区的现状条件，并结合相关生态补偿政策的完善落实，有针对性地展开长期连续的监测与反馈，逐步完成中国昆虫野花带的示范推广之路，为美丽乡村的建设提供研究基础。

8.6.5 附录

各国农田野花带植物构成、宽度及管理方式对比　　附表8-1

国家	植物构成	野花带宽度	管理方式
英国	以英国本土野花和少量美国等地的外来植物为主体，有时和禾草、豆科植物混播	2～6m宽，传粉靶向型条带最好在6m宽	播种第一年后建议每年9月中旬后修剪一次，传粉型条带可于冬季刈割
瑞士	24～37种花卉植物，以本土野花为主，一般无禾草	常为3～4m宽	官方建议一年刈割一次，实际未执行
比利时	禾草～花卉混播（禾草85%、豆类4%、多年生11%）	—	整体花期前后可做刈割
德国	一般多达30种植物，混播组合中必有少于10%的豆科植物	常为3～24m宽	整体花期前后可做刈割
法国	早期（1997年左右）以一、二年生花卉组合为多，后期优选为4～6种或更多覆盖力强的多年生植物组合	—	整体花期前后可做刈割
美国	多年生植物以北美草原物种为主，一、二年生以美国南部、南美及欧亚大陆原产植物为主	—	粗放管理

欧美各国昆虫野花带商业组合举例 **附表8-2**

国家、地区	组合名称	植物构成
美国	Mix SS-D1：Southern Pollinator Conservation Mix（南方传粉者保育组合）	27种：千叶蓍（*Achilleamillefolium*）、剑叶金鸡菊（*Coreopsis lanceolata*）、大叶金鸡菊（*C. major*）、蓝花赝靛（*Baptisia australis*）、管香蜂草（*Monarda fistulosa*）、斑点马薄荷（*M. punctata*）、马利筋（*Asclepias syriaca*）、块根马利筋（*A. tuberosa*）、黑心金光菊（*Rudbeckia hirta*）、弗吉尼亚灰毛豆（*Tephrosia virginiana*）、羽叶草光菊（*Ratibida pinnata*）、鳞叶蛇鞭菊（*Liatris squarrosa*）、紫松果菊（*Echinacea purpurea*）、丝兰叶刺芹（*Eryngium yuccifolium*）、赛菊芋（*Heliopsis helianthoides*）、喇叭泽兰（*Eutrochium fistulosum*）、弗吉尼亚马鞭菊（*Verbesina virginica*）、北美山蚂蝗（*Desmodium canadense*）、美丽鹧鸪豆（*Chamaecrista fasciculata*）、绒毛山薄荷（*Pycnanthemum pilosum*）、大铁鸠菊（*Vernonia altissima*）、北美一枝黄花（*Solidago altissima*）、裂稃草（*Schizachyrium scoparium*）、蓝刚草（*Sorghastrum nutans*）、柳枝稷（*Panicum virgatum*）、多穗鼠尾粟（*Sporobolus compositus*）
	Mix 155：Nesting and Brood Rearing Cover Mix（筑巢、育虫组合）	14种：剑叶金鸡菊、管香蜂草、黑心金光菊、赛菊芋、北美山蚂蝗、美丽鹧鸪豆、北美合欢草（*Desmanthus illinoensis*）、马里兰决明（*Cassia marilandica*）、劲直一枝黄花（*Solidago rigida*）、紫颖三齿稃（*Tridens flavus*）、弗吉尼亚披碱草（*Elymus virginicus*）、裂稃草、蓝刚草、多穗鼠尾粟
	ERNMX-157：Honey Bee Forage Mix（蜜蜂食源组合）	6种：白花草木犀（*Melilotus alba*）、黄花草木犀（*M. officinalis*）、杂种三叶草（*Trifolium hybridum*）、草原三叶草（*T. pratense*）、绛三叶草（*T. incarnatum*）、白三叶草（*T. repens*）
	ERNMX-178：Riparian Buffer Mix（河岸缓冲带传粉者组合）	14种：沼泽马利筋（*Asclepias incarnata*）、白霜紫菀（*Aster pilosus*）、贯叶佩兰（*Eupatorium perfoliatum*）、纽约铁鸠菊（*Vernonia noveboracensis*）、美丽鹧鸪豆、赛菊芋、黑心金光菊、灯心草（*Juncus effusus*）、坚被灯心草（*J. tenuis*）、"尼亚加拉"须芒草（*Andropogon gerardii* 'Niagara'）、'泰奥加'鹿舌稷（*Dichanthelium clandestinum* 'Tioga'）、"迦太基"柳枝稷（*Panicum virgatum* 'Carthage'）、弗吉尼亚披碱草、蓝刚草
	Cornfield Annuals Mixture（英国玉米田一年生组合）	5种：麦仙翁（*Agrostemma githago*）、田春黄菊（*Anthemis arvensis*）、矢车菊（*Centaurea cyanus*）、南茼蒿（*Glebionis segetum*）、虞美人（*Papaver rhoeas*）

续表

国家、地区	组合名称	植物构成
美国	AWF 10 Pollinators Mix（英国传粉者组合）	13种：疗伤绒毛花（*Anthyllis vulneraria*）、玻璃苣（*Borago officinalis*）、黑矢车菊（*Centaurea nigra*）、大矢车菊（*C. scabiosa*）、柔毛猪殃殃（*Galium mollugo*）、田野孀草（*Knautia arvensis*）、百脉根（*Lotus corniculatus*）、千屈菜（*Lythrum salicaria*）、驴食草（*Onobrychis vicifiolia*）、牛至（*Origanum vulgare*）、高毛茛（*Ranunculus acris*）、草原三叶草、白三叶草
欧洲	EN1F：Special Pollen & Nectar Wild Flowers（英国特制蜜粉源野花组合）	22种：蓍、黑矢车菊、大矢车菊、百脉根、田野孀草、牛至、驴食草、高毛茛、草原三叶草、野胡萝卜（*Daucus carota*）、蓝蓟（*Echium vulgare*）、大麻叶泽兰（*Eupatorium cannabinum*）、蓬子菜（*Galium verum*）、糙毛狮齿菊（*Leontodon hispidus*）、西洋滨菊（*Leucanthemum vulgare*）、麝香锦葵（*Malva moschata*）、黄花九轮草（*Primula veris*）、夏枯草（*Prunella vulgaris*）、止痢蚤草（*Pulicaria dysenterica*）、小鼻花（*Rhinanthus minor*）、异株蝇子草（*Silene dioica*）、广布野豌豆（*Vicia cracca*）
	LW6P：Wetland and Pond Edge Wildflower Seed Mixture（英国湿地–池塘边缘传粉者组合）	21种：大麻叶泽兰、异株蝇子草、柔毛猪殃殃、高毛茛、千屈菜、夏枯草、灯心草、广布野豌豆、林当归（*Angelica silvestris*）、紫萼路边青（*Geum rivale*）、林生玄参（*Scrophularia nodosa*）、欧地笋（*Lycopus europaeus*）、片髓灯心草（*Juncus inflexus*）、黄菖蒲（*Iris pseudacorus*）、旋果蚊子草（*Filipendula ulmaria*）、布谷鸟剪秋罗（*Lychnis flos-cuculi*）、魔噬花（*Succisa pratensis*）、细垂薹草（*Carex pendula*）、珠蓍（*Achillea ptarmica*）、四翼金丝桃（*Hypericum tetrapterum*）、湿地百脉根（*Lotus uliginosus*）
	Official pollinator flower mix of the Wallonia（Belgium）AES（比利时瓦隆官方传粉者组合）	14种：野胡萝卜、蓍、黑矢车菊、西洋滨菊、百脉根、麝香锦葵、草原三叶草、天蓝苜蓿（*Medicago lupulina*）、紫花苜蓿（*M. sativa*）、褐矢车菊（*Centaurea jacea*）、白花蝇子草（*Silene latifolia*）紫羊茅（*Festuca rubra*）、早熟禾属（*Poa*）、细弱剪股颖（*Agrostis capillaris*）

续表

国家、地区	组合名称	植物构成
欧洲	Nova-Flore，（FR）Connect mix：Noé Pollinisateurs Sauvages（法国诺瓦野生传粉者组合）	8种：异株蝇子草、矢车菊、野胡萝卜、西洋滨菊、麝香锦葵、高毛茛、小鼻花、菊苣（*Cichorium intybus*）
	Weed Strips Mix Recommended by Swiss Federal Research Station for Agroecology and Agriculture（瑞士农业生态联邦研究站推荐组合）	28种：白花草木犀、黄花草木犀、天蓝苜蓿、蓍草、菊苣、西洋滨菊、蓝蓟、荞麦、白花蝇子草、琉璃苣、牛至、驴食草、麦仙翁、矢车菊、虞美人、春黄菊（*Anthemis tinctoria*）、牛蒡（*Arctium lappa*）、褐矢车菊（*Centaurea jacea*）、起绒草（*Dipsacus fullonum*）、茴香（*Foeniculum vulgare*）、贯叶连翘（*Hypericum perforatum*）、神监花（*Legousia speculum-veneris*）、欧锦葵（*Malva sylvestris*）、月见草（*Oenothera biennis*）、欧防风（*Pastinaca sativa*）、白芥（*Sinapis alba*）、菊蒿（*Tanacetum vulgare*）、密花毛蕊花（*Verbascum densiflorum*）

中国不同地域农田野花带部分可用植物和混播组合推荐　　附表8-3

地区	推荐植物及功能	推荐组合及功能
南方	吸引缨小蜂类：风仙花、一点红、芝麻、假稻等 吸引黑肩绿盲蝽：万寿菊等 吸引小花蝽类：蓝蓟、荆芥、芥菜、紫花苜蓿、细叶万寿菊等 吸引赤眼蜂类：白三叶、红花酢浆草 吸引步甲、隐翅虫、蜘蛛：鸭茅、绒毛草等 吸引草蛉：红麻、黄秋葵、琉璃苣、白晶菊、香菜、茼蒿、罂粟葵、茴香、水芹、凤尾蓍等 吸引利索寄蝇：白苞猩猩草 趋避豌豆蚜：蓖麻等 趋避甜菜蚜：罗勒等 趋避白粉虱：风轮菜等	柑橘园多年生组合：绵枣儿+夏天无+鱼腥草+石竹+紫露草+管香蜂草+罂粟葵+荆芥+射干+全缘金光菊+红花鼠尾草+马兰 柑橘园一、二年生组合：紫花地丁+蒲儿根+益母草+百日草+花烟草+一点红+千日红+霍香蓟 水稻田多年生组合：蛇含委陵菜+刻叶紫堇+红花酢浆草+头花蓼+大滨菊+鸢尾+紫露草+翠芦莉+千屈菜+射干+随意草+松果菊+石蒜+柳叶马鞭草+灯心草+假稻

续表

地区	推荐植物及功能	推荐组合及功能
南方	斑蝶类寄主：马利筋等 其他蜜粉源植物：活血丹、野芝麻、石蒜属、紫堇属、紫云英、紫花地丁、韩信草、猫爪草、马兰、红花鼠尾草、柳叶马鞭草、益母草、蒲儿根、细叶美女樱、蛇莓、鱼腥草、野荞麦、射干、鸢尾、蝴蝶花、萱草、茼蒿菊、起绒草、千日红、莱雅菊、紫露草、金光菊、大滨菊、双距花、管香蜂草、花菱草、毛地黄钓钟柳、琉璃苣、天人菊、松果菊、青葙、佩兰、石竹、金鸡菊、钟穗花、花环菊、剪秋罗、随意草、红花、醉蝶花、倒提壶、黄菖蒲、千屈菜、头花蓼、宿根银莲花、还亮草、筋骨草、蔓锦葵、蛇鞭菊、沙参、蛇含委陵菜、野菊、老鸦瓣、绵枣儿、红亚麻、圆叶节节菜、千屈菜、星宿菜、紫花地丁、蛇床、山桃草、鼠尾草等 丛生草，提供捕食性天敌的隐蔽场所：狼尾草、白茅、假稻、糖蜜草等	水稻田一、二年生组合：青葙+孔雀草+芝麻+蒿子秆+醉蝶花+野荞麦+一点红 甘蔗地多年生组合：蛇莓+紫云英+山桃草+蛇鞭菊+随意草+金丝桃+双距花+宿根六倍利+细叶美女樱+天蓝鼠尾草+柳叶马鞭草+白茅（吸引赤眼蜂、大突背瓢虫等，控制二点螟、金龟子、蓟马、甘蔗绵蚜等） 甘蔗地一、二年生组合：马利筋+红亚麻+莱雅菊+倒提壶+萼距花+琉璃苣+罗勒
北方	吸引食蚜蝇、寄生蜂类（茧蜂、缨小蜂、金小蜂）：萝卜、白芥、金盏花、刺芹、甘野菊、匍匐筋骨草、岩生庭芥、唐古韭、柳穿鱼、狭叶薰衣草、全缘金光菊、紫穗槐、屈曲花、匍匐委陵菜、美国薄荷、蓍、牛至、矢车菊等 吸引弯尾姬蜂类：荞麦、野胡萝卜、莳萝、峨参等 吸引小花蝽类、姬蝽类：夏至草、泥胡菜等 吸引中国雏蜂虻：阿尔泰紫菀、双色补血草等 吸引步甲、隐翅虫：燕麦草、梯牧草等 吸引草蛉：蜀葵、黄花蒿、裂叶荆芥、蓝蓟、百日草、葛缕子、菊蒿、蒲公英等 吸引瓢虫类：穗花婆婆纳等 吸引寄蝇类：铺地百里香、香芹等 趋避葱地种蝇：胡萝卜等 趋避白粉虱：罗马洋甘菊、除虫菊等 诱集豆荚草盲蝽：紫花苜蓿等 诱集伞形花织蛾：欧防风等 诱集棉蛉虫：羽扇豆、红花等 诱集葱菜小蛾：韭菜等 诱集绿盲蝽：香菜、荆芥等	苹果园多年生组合：原生郁金香+耧斗菜+牛至+秃疮花+刺芹+华北蓝盆花+美丽月见草+松果菊+麝香锦葵+美国紫菀+青绿薹草 苹果园一、二年生组合：二月兰+油菜+夏至草+大阿米芹+泥胡菜+柳穿鱼+虞美人+抱茎金光菊 小麦-大豆田多年生组合：蓍+荆芥+石竹+宿根亚麻+西洋滨菊+西伯利亚鸢尾+穗花婆婆纳+林荫鼠尾草+水杨梅+松果菊 小麦-大豆田一、二年生组合：荞麦+麦仙翁+油菜+七里黄+冰岛虞美人+罗马洋甘菊+芳香矢车菊+矢车菊+轮峰菊+补血草+野胡萝卜+翠菊（控制麦长管蚜） 玉米田多年生组合：匍匐委陵菜+蓝刺头+白屈菜+马蔺+桔梗+神香草+芸香+藿香+甘野菊+糖蜜草（控制玉米禾螟、玉米楷夜蛾等） 玉米田一、二年生组合：蓝香芥+屈曲花+矢车菊+虞美人+蓝蓟+春黄菊+花菱草+千鸟草+紫盆花

续表

地区	推荐植物及功能	推荐组合及功能
北方	诱集棉盲蝽、桃蛀螟、白星花金龟、异色瓢虫：向日葵等 粉蝶类寄主：二月兰、蓝香芥、七里黄、白芥、葶苈等 凤蝶类寄主：芸香等 蛱蝶类寄主：紫花地丁、白花堇菜、紫苏、卷丹、锦葵、大阿米芹、白芷、短毛独活、藿香等 其他蜜粉源植物：延胡索、原生郁金香、翠雀、香薷、落新妇、华北蓝盆花、蓝刺头、翠菊、狗娃花、刺儿菜、祁州漏芦、苦马豆、百日菊、福寿草、虞美人、冰岛虞美人、黑种草、瓣蕊唐松草、神香草、野鸢尾、马蔺、蓬子菜、楼斗菜、白头翁、石竹、宿根亚麻、桔梗、千屈菜、山韭、北葱、大花葱、蓝花棘豆、广布野豌豆、黄芩、百里香、香青兰、缬草、红缬草、狼尾花、紫色达利菊、沙打旺、加拿大美女樱、夏至草、甘野菊、林荫鼠尾草、短舌匹菊、月见草、美丽月见草、西洋滨菊、角蒿、蚊子草、毛蕊花、黑心菊、金鸡菊、旋覆花、黄堇、败酱、黄海棠、毛茛、蓬子菜、糖芥、白屈菜、秃疮花、糙苏、宿根天人菊、西伯利亚鸢尾、夏枯草、驴食草、野火球、罗布麻、荷兰菊、松果菊、紫盆花、猫眼草等 丛生草，提供捕食性天敌的隐蔽场所：画眉草、小臭穗草、狼尾草、糖蜜草等	叶菜地多年生组合：百里香+北葱+藿香+芸香+紫色达利菊+大花金鸡菊+宿根天人菊+荷兰菊 叶菜地一、二年生组合：勿忘草+涩荠+金盏花+南非牛舌草+万寿菊+黑种草+野胡萝卜+莳萝 捕食性天敌庇护组合（甲虫堤组合）：崂峪苔草+狼尾草+梯牧草+广布野豌豆+赛菊芋+红缬草 覆盖作物组合（绿肥组合）：白三叶+广布野豌豆+紫色达利菊+宿根羽扇豆+黄芩

野花带中部分鳞翅目昆虫及其主要寄主植物（中国可用）　　附表8-4

昆虫种类	目前已知主要寄主植物
斐豹蛱蝶（*Argyreus hyperbius*）	堇菜属（*Viola*）
豆粉蝶属（*Colias*）	车轴草属（*Trifolium*）、苜蓿属（*Medicago*）等
金斑蝶（*Danaus chrysippus*）	马利筋属（*Asclepias*）等
幻紫斑蝶（*Euploea core*）	马利筋属等
蓝点紫斑蝶（*E. midamus*）	马利筋属等
宽边黄粉蝶（*Eurema hecabe*）	田菁（*Sesbania cannabina*）等

续表

昆虫种类	目前已知主要寄主植物
尖角黄粉蝶（*E. laeta*）	山扁豆（*Chamaecrista mimosoides*）等
串珠环蝶（*Faunis eumeus*）	山麦冬（*Liriope spicata*）等
枯叶蛱蝶（*Kallima inachus*）	马蓝属（*Strobilanthes*）等
蓝斑丽眼蝶（*Mandarinia regalis*）	石菖蒲（*Acorus calamus*）等
暮眼蝶（*Melanitis leda*）	五节芒（*Miscanthus floridulus*）等
庆网蛱蝶（*Melitaea cinxia*）	穗花婆婆纳（*Veronica spicata*）等
斑网蛱蝶（*M. didymoides*）	地黄（*Rehmannia glutinosa*）等
大网蛱蝶（*M. scotosia*）	漏芦（*Stemmacantha uniflora*）等
僧袈眉眼蝶（*Mycalesis sangaica*）	芒（*Miscanthus sinensis*）、棕叶狗尾草（*Setaria palmifolia*）等
豹眼蝶（*Nosea hainanensis*）	薹草属（*Carex*）等
曲纹袖弄蝶（*Notocrypta curvifascia*）	姜花（*Hedychium aoronarium*）等
蒙古酒眼蝶（*Oeneis mongolica*）	薹草属等
金凤蝶（*Papilio machaon*）	白鲜（*Dictamnus dasycarpus*）、茴香（*Foeniculum vulgare*）等
白绢蝶属（*Parnassius*）	延胡索（*Corydalis yanhusuo*）等
东方菜粉蝶（*Pieris canidia*）	旱金莲属（*Tropaeolum*）、芸薹属（*Brassica*）、蔊菜属（*Rorippa*）等
黑纹菜粉蝶（*P. melete*）	白花碎米荠（*Cardamine leucantha*）等
暗脉菜粉蝶（*P. napi*）	白花碎米荠等
菜粉蝶（*P. rapae*）	芸薹属等
云粉蝶属（*Pontia*）	芸薹属等
花弄蝶属（*Pyrgus*）	锦葵属（*Malva*）
红纹灰小灰蝶（*Strymon melinus*）	芙蓉葵（*Hibiscus moscheutos*）
红蛱蝶属（*Vanessa*）	蓟属（*Cirsium*）、锦葵属等

野花带中主要蜜粉源植物及其传粉昆虫功能团（中国可用） 附表8-5

蜜粉源植物	目前已知主要传粉昆虫功能团
蓍属（*Achillea*）	蛾类、蝶类、蜂类
春黄菊属（*Anthemis*）	切叶蜂类、泥蜂类、豆粉蝶类
牛蒡属（*Arctium*）	蜂类、甲虫类、蝶类、蝇类
紫菀属（*Aster*）	切叶蜂类、蝶类、甲虫类
雏菊属（*Bellis*）	蜂类、蝶类
翠菊（*Callistephus chinensis*）	蜂类
矢车菊属（*Centaurea*）	熊蜂类、蝶类、天蛾类、甲虫类、蜂鸟类
菊苣（*Cichorium intybus*）	熊蜂类、蜜蜂类、隧蜂类、食蚜蝇、蚁类、花萤类
蓟属（*Cirsium*）	熊蜂类、蝶类
果香菊属（*Chamaemelum*）	蜂类、蝇类、蝶类、胡蜂类、甲虫类
金鸡菊属（*Coreopsis*）	蜂类、蚁类、甲虫类、蝇类、蝶类
波斯菊属（*Cosmos*）	蜂类、蚁类、甲虫类、蝇类、蝶类
还阳参属（*Crepis*）	蜂类、甲虫类、蝇类
异果菊（*Dimorphotheca sinuata*）	蜂类
松果菊属（*Echinacea*）	弄蝶类、蜂类
蓝刺头属（*Echinops*）	蜂类、花萤类
飞蓬属（*Erigeron*）	蜂类、蚁类、甲虫类、蝇类、蝶类
泽兰属（*Eupatorium*）	熊蜂类、蝶类
天人菊属（*Gaillardia*）	熊蜂类、隧蜂类
茼蒿属（*Glebionis*）	蜂类、蝇类、甲虫类、蝶类、蛾类
向日葵属（*Helianthus*）	蜜蜂类、隧蜂类、熊蜂类、蚁类、弄蝶类、花萤类
堆心菊属（*Helenium*）	蜜蜂类、熊蜂类、切叶蜂类
菊芋属（*Heliopsis*）	蜜蜂类、熊蜂类、芦蜂类、长角蜂类、切叶蜂类、隧蜂类、地花蜂类、沙泥蜂类、食蚜蝇、蜂虻类、蛱蝶类、弄蝶类

续表

蜜粉源植物	目前已知主要传粉昆虫功能团
猫儿菊（*Hypochaeris radicata*）	隧蜂类、蜜蜂类
花环菊（*Ismelia carinata*）	蜂类、蝇类、蝶类
莱雅菊（*Layia platyglossa*）	蜂类、蝶类
狮齿菊（*Leontodon hispidus*）	隧蜂类、蜜蜂类
滨菊属（*Leucanthemum*）	隧蜂类、蜜蜂类、熊蜂类
蛇鞭菊属（*Liatris*）	隧蜂类、熊蜂类、芦蜂类、切叶蜂类、蜂虻类、金斑蝶、凤蝶类、小红蛱蝶、菜粉蝶、黄粉蝶类
白晶菊（*Mauranthemum paludosum*）	蜂类、蝶类
毛连菜（*Picris hieracioides*）	蝇类、蜂类
草光菊属（*Ratibida*）	地花蜂类、胡蜂类、蝇类、甲虫类
金光菊属（*Rudbeckia*）	蜜蜂类、熊蜂类、隧蜂类、食蚜蝇类、蚁类、蛱蝶类
松香草属（*Silphium*）	切叶蜂类、芦蜂类、蝶类
一枝黄花属（*Solidago*）	熊蜂类、蝶类、蛾类、甲虫类
万寿菊属（*Tagetes*）	蜂类、蚁类、甲虫类、蝇类、蝶类
蒲公英属（*Taraxacum*）	蜜蜂类、熊蜂类
肿柄菊属（*Tithonia*）	蝶类
婆罗门参属（*Tragogpogon*）	蜂类、甲虫类、蝇类
新疆三肋果（*Tripleurospermum inodorum*）	蜂类、蝇类、甲虫类、蝶类、蛾类
蜡菊属（*Helichrysum*）	食蚜蝇、蜂类
百日草属（*Zinnia*）	蜂类、弄蝶类
黄耆属（*Astragalus*）	熊蜂类、切叶蜂类
赝靛属（*Baptisia*）	熊蜂类、隧蜂类

续表

蜜粉源植物	目前已知主要传粉昆虫功能团
鹧鸪豆属（*Chamaecrista*）	蜂类、食蚜蝇类、弄蝶类、蚁类、甲虫类
甸苜蓿属（Dalea）	蜂类、蝶类、胡蜂类、甲虫类
山蚂蝗属（*Desmodium*）	蜂类、蝇类
甘草属（*Glycyrrhiza*）	蜂类
岩黄芪属（*Hedysarum*）	蜂类
胡枝子属（*Lespedeza*）	熊蜂类、隧蜂类
百脉根属（*Lotus*）	熊蜂类、食蚜蝇
羽扇豆属（*Lupinus*）	蜜蜂类、隧蜂类、胡蜂类
苜蓿属（*Medicago*）	蝶类、熊蜂类、食蚜蝇、切叶蜂类
驴食草（*Onobrychis viciifolia*）	蝶类、熊蜂类、食蚜蝇
小冠花（*Securigera varia*）	熊蜂类、蜜蜂类
决明属（*Senna*）	熊蜂类、蜜蜂类
车轴草属（*Trifolium*）	灰蝶类、分舌花蜂类、赤眼蜂类
野豌豆属（*Vicia*）	蜜蜂类、熊蜂类
葱芥（*Alliaria petiolata*）	食蚜蝇
庭荠属（*Alyssum*）	蜜蜂类、熊蜂类
芸薹属（*Brassica*）	蜜蜂类、熊蜂类
碎米荠属（*Cardamine*）	蜂类
糖芥属（*Erysimum*）	蜂类、蚁类、甲虫类、蝇类、蝶类
芝麻菜（*Eruca sativa*）	蜂类
蓝香芥（*Hesperis matronalis*）	蛾类、蝶类、地花蜂类、蜜蜂类、食蚜蝇
屈曲花属（*Iberis*）	蜂类、蝶类
香雪球（*Lobularia maritima*）	蜂类、蚁类、甲虫类、蝇类

续表

蜜粉源植物	目前已知主要传粉昆虫功能团
银扇草（*Lunaria annua*）	蜂类、蝶类
涩荠属（*Malcolmia*）	蜂类、蚁类、甲虫类、蝇类
萝卜属（*Raphanus*）	花蝇类、蜂类
白芥属（*Sinapis*）	蜂类
牛舌草属（*Anchusa*）	壁蜂类
倒提壶（*Cynoglossum amabile*）	切叶蜂类
蓝蓟属（*Echium*）	蜜蜂类、食蚜蝇
勿忘草属（*Myosotis*）	食蚜蝇类、蜜蜂类、蝶类、蜂虻类
喜林草属（*Nemophila*）	壁蜂类
钟穗花属（*Phacelia*）	食蚜蝇类、熊蜂类
阿米芹属（*Ammi*）	食蚜蝇类、蜜蜂类
当归属（*Angelica*）	蜜蜂类、隧蜂类、食蚜蝇类、泥蜂类、凤蝶类、蚁类、弄蝶类、花萤类
峨参属（*Anthriscus*）	胡蜂类、食蚜蝇、蝇类、蜂类
芫荽（*Coriandrum sativum*）	胡蜂类
野胡萝卜（*Daucus carota*）	胡蜂类
刺芹属（*Eryngium*）	蜜蜂类、胡蜂类、蝶类
茴香（*Foeniculum vulgare*）	胡蜂类
独活属（*Heracleum*）	胡蜂类
防风属（*Pastinaca*）	胡蜂类
柳兰（*Chamerion angustifolium*）	熊蜂类、切叶蜂类、食蚜蝇
仙女扇属（*Clarkia*）	蜜蜂类、壁蜂类、蝶类
山桃草属（*Gaura*）	熊蜂类
月见草属（*Oenothera*）	天蛾类、隧蜂类、蜂类、花萤类、食蚜蝇类

续表

蜜粉源植物	目前已知主要传粉昆虫功能团
麦仙翁（*Agrostemma githago*）	熊蜂类、蝶类
石竹属（*Dianthus*）	蝶类、弄蝶类、熊蜂类、蜂虻类
满天星（*Gypsophila elegans*）	蜂类
剪秋罗属（*Lychnis*）	蜂类
肥皂草属（*Saponaria*）	蝶类、蛾类
蝇子草属（*Silene*）	熊蜂类、蜜蜂类、天蛾类、蝶类、弄蝶类
飞燕草属（*Consolida*）	蜂类、蝶类
黑种草属（*Nigella*）	蜂类、胡蜂类、甲虫类、蝇类、蝶类
毛茛属（*Ranunculus*）	条蜂类、隧蜂类、食蚜蝇类、蛱蝶类、郭公虫类
花菱草（*Eschscholzia alifornica*）	蜂类
罂粟属（*Papaver*）	蜜蜂类、熊蜂类
藿香属（*Agastache*）	蜜蜂类、熊蜂类、隧蜂类、蜂虻类、蝶类
筋骨草属（*Ajuga*）	熊蜂类
风轮菜属（*Clinopodium*）	蜜蜂类、蝶类、蛾类、蝇类
神香草（*Hyssopus officinalis*）	蜜蜂类、熊蜂类、蝶类、蛾类、蝇类
野芝麻属（*Lamium*）	蜜蜂类、熊蜂类
益母草属（*Leonurus*）	蜜蜂类、熊蜂类
柠檬香蜂草（*Melissa officinalis*）	蜜蜂类、独居蜂类、熊蜂类
美国薄荷属（*Monarda*）	蜂类、蝶类、蜂鸟类
罗勒（*Ocimum basillicum*）	蜂类
牛至（*Origanum vulgare*）	芦蜂类、隧蜂类
随意草（*Physostegia virginiana*）	蜂类
夏枯草属（*Prunella*）	胡蜂类、甲虫类、蝇类、蝶类

续表

蜜粉源植物	目前已知主要传粉昆虫功能团
鼠尾草属（*Salvia*）	蜜蜂类、熊蜂类
夏香草（*Satureja hortensis*）	蜂类
水苏属（*Stachys*）	蜂类、胡蜂类、甲虫类、蝇类、蝶类
龙牙草属（*Agrimonia*）	蜂类、蝇类
假升麻属（*Aruncus*）	切叶蜂类、隧蜂类、泥蜂类、食蚜蝇
蚊子草属（*Filipendula*）	隧蜂类、蜜蜂类、花萤类
过路青属（*Geum*）	隧蜂类、泥蜂类、食蚜蝇
委陵菜属（*Potentilla*）	蜜蜂类、蝶类
地榆属（*Sanguisorba*）	蜜蜂类、隧蜂类、食蚜蝇
毛地黄（*Digitalis purpurea*）	熊蜂类
柳穿鱼属（*Linaria*）	蜜蜂类、熊蜂类
钓钟柳属（*Penstemon*）	天蛾类、蜂鸟类、蝇类、熊蜂类
穗花婆婆纳（*Veronica himalensis*）	蜂类、蝇类
婆婆纳属（*Veronica*）	蜂类、蝇类
罗布麻属（*Apocynum*）	艳斑蜂类、食蚜蝇、蜂虻类、寄蝇类、隧蜂类、分舌蜂类、泥蜂类、蝶类、弄蝶类、丽蝇类、甲虫类
马利筋属（*Asclepias*）	蝶类、蜂类
乌头属（*Aconitum*）	蜂类
耧斗菜属（*Aquilegia*）	蜜蜂类、熊蜂类、隧蜂类
白头翁属（*Pulsatilla*）	蜜蜂类、熊蜂类
毛茛属（*Ranunculus*）	蜜蜂类、熊蜂类、条蜂类、隧蜂类、蛱蝶类
唐松草属（*Thalictrum*）	蜜蜂类、甲虫类
吉莉草属（*Gilia*）	天蛾类、蜜蜂类、熊蜂类
毛蕊花属（*Verbascum*）	蜂类

续表

蜜粉源植物	目前已知主要传粉昆虫功能团
木犀草属（*Reseda*）	蜂类
醉蝶花属（*Cleome*）	蜂类、蝶类
风铃草属（*Campanula*）	芦蜂类、壁蜂类、熊蜂类
半边莲属（*Lobelia*）	隧蜂类
桔梗（*Platycodon grandiflorus*）	熊蜂类
堇菜属（*Viola*）	蝶类、熊蜂类
红缬草（*Centranthus ruber*）	蝶类、蜂类、食蚜蝇
蓝盆花属（*Scabiosa*）	蝶类、熊蜂、食蚜蝇
莛子藨属（*Triosteum*）	熊蜂类、条蜂类
缬草（*Valeriana officinalis*）	蜜蜂类、熊蜂类、独居蜂类、蝶类、甲虫类、蝇类
蜀葵属（*Alcea*）	蜂类、粉蝶类、食蚜蝇类
锦葵属（*Malva*）	蜂类、粉蝶类、食蚜蝇类
罂粟葵属（*Callirhoe*）	蝶类、蜂类
芙蓉葵（*Hibiscus moscheutos*）	蜂类、蝶类、蛾类
荞麦（*Fagopyrum esculentum*）	蜂类、胡蜂类
亚麻属（*Linum*）	蜜蜂类、隧蜂类
琉璃繁缕（*Anagallis arvensis*）	蝇类、蜂类
葱属（*Allium*）	蜜蜂类、熊蜂类、淡脉隧蜂类、条蜂类
鸢尾属（*Iris*）	凤蝶类、弄蝶类、熊蜂类、蜜蜂类、蚁类
紫露草属（*Tradescantia*）	蜜蜂类、隧蜂类、弄蝶类、花萤类
美女樱属（*Glandularia*）	熊蜂类、蝶类、弄蝶类
马鞭草属（*Verbena*）	蜜蜂类、天蛾类
珍珠菜属（*Lysimachia*）	隧蜂类
报春属（*Primula*）	熊蜂类、蜜蜂类

续表

蜜粉源植物	目前已知主要传粉昆虫功能团
荷包蛋花（*Limnanthes douglasii*）	食蚜蝇类、隧蜂类、壁蜂类
金丝桃属（*Hypericum*）	熊蜂类
紫茉莉属（*Mirabilis*）	蝶类、天蛾类
老鹳草属（*Geranium*）	灰蝶类、蜜蜂类、隧蜂类、天蛾类、蚁类
拉拉藤属（*Galium*）	地花蜂类、隧蜂类、食蚜蝇
大戟属（*Euphorbia*）	蝇类、隧蜂类、食蚜蝇、蜂虻类、寄蝇类
马先蒿属（*Pedicularis*）	熊蜂类、壁蜂类、隧蜂类
蓼属（*Polygonum*）	隧蜂类
千屈菜（*Lythrum salicaria*）	隧蜂类、蛱蝶类、弄蝶类、花萤类
玄参属（*Scrophularia*）	蜜蜂类、熊蜂类、切叶蜂类、长角蜂类、隧蜂类、胡蜂类

野花带中主要趋避植物及其所趋避的害虫种类（中国可用）　附表8-6

趋避植物	目前已知趋避的主要害虫种类
蒿属（*Artemisia*）	菜粉蝶及其幼虫、胡萝卜蝇
金盏菊（*Calendula officinalis*）	线虫、番茄天蛾、芦笋负泥虫
波斯菊属（*Cosmos*）	棉铃虫
母菊（*Matricaria chamomilla*）	蝇类
万寿菊属（*Tagetes*）	粉虱、线虫、甘蓝地种蝇、棉铃虫、食植瓢虫、梅锥象甲
菊蒿（*Tanacetum vulgare*）	弧丽金龟、叶甲类、缘蝽类
葱芥（*Alliaria petiolata*）	粉蝶及其幼虫
芝麻菜（*Eruca sativa*）	线虫
莳萝（*Anethum graveolens*）	粉纹夜蛾、菜粉蝶及其幼虫、番茄天蛾
芫荽（*Coriandrum sativum*）	蚜虫

续表

趋避植物	目前已知趋避的主要害虫种类
茴香（*Foeniculum vulgare*）	蚤类、蚊类
藿香属（*Agastache*）	蚊类
神香草（*Hyssopus officinalis*）	菜粉蝶、粉纹夜蛾
狭叶薰衣草（*Lavandula angustifolia*）	蛾类、蝇类
欧夏至草（*Marrubium vulgare*）	蝗类
柠檬香蜂草（*Melissa officinalis*）	蝇类、蚊类
薄荷属（*Mentha*）	菜粉蝶、蚜虫、叶甲类
柠檬马薄荷（*Monarda citriodora*）	螨类、蚤类
荆芥属（*Nepeta*）	蚊类、叶甲类
罗勒属（*Ocimum*）	蝇类、蚊类、蚜虫、芦笋负泥虫
牛至（*Origanum vulgare*）	菜粉蝶
迷迭香属（*Rosmarinus*）	菜粉蝶、豆象类、胡萝卜蝇、蚊类、蝇类、弧丽金龟
鼠尾草属（*Salvia*）	粉蝶、粉纹夜蛾、甘蓝地种蝇、胡萝卜蝇、叶甲类
百里香属（*Thymus*）	粉纹夜蛾、粉虱
葱属（*Allium*）	蚜虫、胡萝卜蝇、象甲、天牛类、小蠹虫类、木蠹蛾类、透翅蛾、吉丁虫类、弧丽金龟、线虫
琉璃苣（*Borago officinalis*）	番茄天蛾、
芸香属（*Ruta graveolens*）	蝇类、弧丽金龟
旱金莲（*Tropaeolummajus*）	粉虱类、胡萝卜蝇、绵蚜类、缘蝽类、叶甲类、粉纹夜蛾
柠檬香茅（*Cymbopogon citratus*）	蚊类、蝇类

野花带中主要诱集植物及其所诱集的非鳞翅目害虫种类（中国可用） 附表8–7

诱集植物	目前已知诱集的主要非鳞翅目害虫种类
蓍属（*Achillea*）	蚜虫
向日葵属（*Helianthus*）	蓟马
短舌匹菊（*Pyrethrum parthenium*）	蚜虫、蓟马
千里光属（*Senecio*）	蚜虫
苜蓿属（*Medicago*）	蚜虫
野豌豆属（*Vicia*）	蛴象
细香葱（*Allium schoenoprasum*）	冬葱瘤额蚜、台湾韭蚜、葱蓟马、葱蝇、蒜蝇
六出花属（*Alstroemeria*）	粉虱

农地景观中野花带及其周边常见的几大益虫功能团（传粉者、捕食性天敌，包含节肢动物——蜘蛛）及其食源、巢居要求 附表8–8

昆虫类别（功能团）		一般种类	食源要求	栖居条件
蜂类/膜翅目（Bees/Hymenoptera）	独居蜂类（Solitary Bees）	壁蜂属（*Osmia*）	蜜粉源	禾草茎干、泥土、不积水，不受外界干扰
		切叶蜂属（*Megachile*）		叶片、树脂、不积水，不受外界干扰
		分舌蜂科（Colletidae）		地下筑巢、泥土、不积水，不受外界干扰
		隧蜂科（Halictidae）、地蜂科（Andrenidae）		地下筑巢、贫瘠土地、无植物根系分布、不积水，不受外界干扰
		条蜂属（*Anthophora*）		木头

续表

昆虫类别（功能团）		一般种类	食源要求	栖居条件
蜂类/膜翅目（Bees/Hymenoptera）	寄生蜂类（Parasitoid Wasps）	茧蜂科（Braconidae）	捕食蚜虫、棉铃虫、舞毒蛾、玉米螟、夜蛾、南瓜虫、毛虫等，菊科如泽兰属、一枝黄花属、蓍草属等以及伞形科的野胡萝卜、野当归等提供辅助蜜粉源	寄生于膜翅目、鳞翅目等幼虫体内
		赤眼蜂科（Trichogrammatidae）		
		姬蜂科（Ichneumonidae）		
	社会性蜂类（Social Bees）	熊蜂属（*Bombus*）	豆科、菊科、紫草科、唇形科等蜜粉源	蜂巢或地下洞穴，常为废弃鼠洞，或在中空树木中或大丛禾草间
		蜜蜂属（*Apis*）		
鳞翅目（Lepidoptera）	蝶类（Butterflies）	凤蝶科（Papilionidae）、蛱蝶科（Nymphalidae）、粉蝶科（Pieridae）、灰蝶科（Lycaenidae）、蚬蝶科（Riodinidae）	不同花卉植物（花色多为橙色、红紫色，花型多为浅管状、密集小花）的蜜源（蜜源位置较深）、营养，来自腐烂果实、树脂、黏土堆、泥潭中的矿物质及盐分	不同幼虫选择不同寄主植物，如伞形科、芸香科、十字花科、菊科、大戟科、豆科、苋科、夹竹桃科、马兜铃科、茜草科、景天科等的叶及茎干；冬季成年种类使用的小型木柴堆作为栖所
	弄蝶类（Skippers）	弄蝶科（Hesperiidae）		
	蛾类（Moths）	天蛾科（Sphingidae）、斑蛾科（Zygaenidae）		
双翅目（Diptera）		食蚜蝇科（Syrphidae）	腐食性幼虫以动植物残体为食，捕食性幼虫则以蚜虫、蓟马为食；成虫则以蜜粉源为食。大多食性广，尤其是黄色、白色花朵	靠近蜜粉源植物，植物枝叶、茎干为幼虫活动场所
		寄蝇科（Tachinidae）	成虫期捕食部分金龟科幼虫，需补充蜜源	寄生于鞘翅目、直翅目和其他昆虫

续表

昆虫类别（功能团）		一般种类	食源要求	栖居条件
甲虫类/鞘翅目（Beetles/Coleoptera）	步甲总科（Ground Beetles/Caraboidea）	步甲科（Carabidae）	捕食鳞翅目幼虫	苋属、丛生禾草、树皮下、较湿润地表等多年生植物形成的永久性庇护所
		虎甲科（Cicindelidae）	捕食	
	隐翅甲总科（Staphylinoidea）	隐翅虫科（Staphylinidae）	捕食蚜虫、线虫、飞蝇	
	花萤总科（Cantharoidea）	萤科（Lampyridae）	以露水、花粉、花蜜为食	水栖类蛹期位于驳岸土壤，成虫中雄虫生活于开阔水面，雌虫生活于水畔杂草丛中，卵产于岸边
		花萤科（Cantharidae）	植食性种类以菊科等粉源为食，肉食种捕食蚜虫	花草丛或花灌木附近
	郭公甲总科（Cleroidea）	郭公甲科（Cleridae）	幼虫捕食小蠹虫等蚀木类害虫；成虫以蜜粉源为食	花草丛或花灌木附近
		谷盗科（Trogossitidae）		树皮、枯枝上
	扁甲总科（Cucujoidea）	瓢虫/瓢甲亚科（Lady bugs/Coccinellinae）	捕食各类蚜虫、蚧壳虫、木虱等	花草丛或花灌木附近
捕食蝽类（Predatory Bugs）（半翅目）（Hemiptera）		猎蝽科（Reduviidae）	捕食白蚁、马陆、蓟马等	生境多样，树洞、岩石下、花草丛中等
		花蝽科（Anthocoridae）	捕食蓟马、蜘蛛螨、叶蝉、棉铃虫等	栖于花丛、草丛、树皮、鸟巢中
		跳蝽科（Saldidae）	捕食蚜虫等	多数在水边草丛间活动
		姬蝽科（Nabidae）	捕食毛虫、蚜虫等	常在低矮草丛中活动，成虫在落叶层、地被层过冬

续表

昆虫类别（功能团）	一般种类	食源要求	栖居条件
草蛉类（Lacewings）（脉翅目）（Neuroptera）	草蛉科（Chrysopidae）	捕食松蚜、柳蚜、桃蚜、梨蚜等蚜虫及蓟马、松干蚧等，以及蜜粉等	林缘及草丛、花丛间
蜻蜓目（Odonata）	蟌/豆娘/均翅亚目（Zygoptera）	捕食蚜虫、介壳虫、木虱、飞虱、摇蚊等	林缘及多禾草的流水或静水沟渠
	蜻蜓/差翅亚目（Anisoptera）	捕食蚊蝇等	
蜘蛛目（Araneae）	跳蛛科（Salticidae）	捕食蝇类、稻纵卷叶螟、稻苞虫、稻螟岭等	常在树皮下、落叶丛等处结两端开口的薄囊状巢
	蟹蛛科（Thomisidae）		不结网，游猎于植被繁密的野花丛中
	管巢蛛科（Clubionidae）		
	猫蛛科（Oxyopidae）		
	狼蛛科（Lycosidae）	捕食飞虱、叶蝉、螟虫等	徘徊游猎，少数结网
	球腹蛛科（Theridiidae）		
	皿蛛科（Linyphiidae）		结网于花草丛或灌丛间

资料来源：Ogle D，Tilley D，Cane J，et al. Plants for pollinators in the Intermountain West[J]. *USDA-NRCS Technical Note Plant Material*，2011（2A）；Bentrup G. *Conservation buffers：design guidelines for buffers，corridors，and greenways*[M]. Asheville，NC：US Department of Agriculture，Forest Service，Southern Research Station，2008；以及 https：//bugguide.net/.

不同光照及水分条件场地的多年生昆虫野花带植物推荐

全光照–半阴、干燥场地（华北地区） **附表8–9**

	中文名	拉丁名	3月	4月	5月	6月	7月	8月	9月	10月	花色	株高（cm）	寄主	蜜粉源
早花	北葱	*Allium schoenoprasum*									粉、紫	25～30	√	√
	糙叶黄芪	*Astragalus scaberrimus*									白、紫	5～15		√
	蓝花赝靛	*Baptisia australis*									蓝	50～150	√	√
	秃疮花	*Dicranostigma leptopodum*									黄	80		√
	夏至草	*Lagopsis supina*									白	35	√	√
	白头翁	*Pulsatilla chinensis*									紫	35		√
	地黄	*Rehmannia glutinosa*									紫	30	√	√
	漏芦	*Rhaponticum uniflorum*									紫	60～100		√
	鸦葱	*Scorzonera austriaca*									黄	5～30		√
	蒲公英	*Taraxacumm-ongolicum*									黄	5～20		√
	伊犁郁金香	*Tulipa iliensis*									黄	10～30		√
	艳丽郁金香	*T. praestans*									红、粉	10～30		√
中花	蓍草	*Achillea millefolium*									白、粉	20～50	√	√
	大花葱	*Allium giganteum*									紫	60～100		√
	山韭	*A. senescens*									粉、紫	20～30		√
	圆头葱	*A. sphaerocephalon*									紫	60～90	√	√
	韭菜	*A. tuberosum*									白	30～45	√	√
	斜茎黄耆	*A.laxmannii*									紫	20～50	√	√

续表

	中文名	拉丁名	3月	4月	5月	6月	7月	8月	9月	10月	花色	株高（cm）	寄主	蜜粉源
中花	黄耆	*A. membranaceus*									黄	50 ~ 100	√	√
	红缬草	*Centranthus ruber*									红	60 ~ 90	√	√
	刺儿菜	*Cirsium arvense* var. *integrifolium*									粉、紫	30 ~ 50	√	√
	大花金鸡菊	*Coreopsis grandiflora*									黄	30 ~ 60	√	√
	多变小冠花	*Coronilla varia*									粉	20 ~ 50		√
	紫色达利菊	*Dalea purpurea*									紫	50 ~ 60	√	√
	翠雀	*Delphinium grandiflorum*									蓝、紫	60		√
	石竹	*Dianthus chinensis*									紫、粉	50		√
	白鲜	*Dictamnus dasycarpus*									粉	100	√	√
	剑叶独尾草	*Eremurus stenophyllus*									黄、白	60 ~ 150		√
	扁叶刺芹	*Eryngium planum*									蓝、紫	70	√	√
	宿根天人菊	*Gaillardia aristata*									橙、红	30 ~ 60	√	√
	蓬子菜	*Gallium verum*									黄	30 ~ 45	√	√
	缕丝花	*Gypsophila elegans*									白、粉	20 ~ 50	√	√
	神香草	*Hyssopus officinalis*									紫	20 ~ 80		√
	旋覆花	*Inula japonica*									黄	30 ~ 100	√	√
	野鸢尾	*Iris dichotoma*									紫、黄	30 ~ 80		√

续表

	中文名	拉丁名	3月	4月	5月	6月	7月	8月	9月	10月	花色	株高（cm）	寄主	蜜粉源
中花	马蔺	*I.lactea*			■	■					紫	30～40		√
	马其顿孀草	*Knautia macedonica*				■	■	■	■	■	紫	40～60	√	√
	细叶百合	*Lilium pumilum*				■	■				橙、红	40～60		√
	宿根亚麻	*Linum perenne*			■	■	■				蓝	30～60	√	√
	西西里蜜蒜	*Nectaroscordum siculum*			■	■					紫	50～80		√
	荆芥	*Nepeta cataria*				■	■	■	■		紫	30～50	√	√
	驴食草	*Onobrychis viciifolia*				■	■	■	■		粉	20～50		√
	蓝花棘豆	*Oxytropis caerulea*				■	■	■			紫	20～50	√	√
	野罂粟	*Papaver nudicaule*			■	■	■				黄	60	√	√
	费菜	*Phedimus aizoon*			■	■	■	■			黄	20		√
	黑心金光菊	*Rudbeckia hirta*			■	■	■	■	■	■	黄	30～90	√	√
	宿根鼠尾草	*Salvia nemorosa*			■	■	■	■			蓝、粉	30～60		√
	地榆	*Sanguisorba officinalis*					■	■	■		紫	120	√	√
	肥皂草	*Saponaria officinalis*					■	■	■		白、粉	70～90	√	√
	蓝盆花	*Scabiosa comosa*				■	■	■	■		蓝、紫	30～60	√	√
	粘毛黄芩	*Scutellaria viscidula*				■	■				黄	20		√
	菊蒿	*Tanacetum vulgare*					■	■			黄	30～150	√	√
	瓣蕊唐松草	*Thalictrum petaloideum*			■	■	■				白	80	√	√

续表

	中文名	拉丁名	3月	4月	5月	6月	7月	8月	9月	10月	花色	株高（cm）	寄主	蜜粉源
中花	绒毛马鞭草	*Verbena stricta*									蓝	60 ~ 120	√	√
	广布野豌豆	*Vicia cracca*									紫	40 ~ 150	√	√
晚花	藿香	*Agastache rugosa*									紫、粉	50 ~ 150		√
	美国紫菀	*Aster novaeangliae*									紫、粉	50 ~ 100	√	√
	圆叶风铃草	*Campanula rotundifolia*									紫	10 ~ 70		√
	菊苣	*Cichorium intybus*									蓝	50 ~ 150	√	√
	岩青兰	*Dracocephalum rupestre*									蓝	50 ~ 80		√
	松果菊	*Echinacea purpurea*									混色	30 ~ 90	√	√
	蓝刺头	*Echinops sphaerocephalus*									蓝	50 ~ 150	√	√
	华丽飞蓬	*Erigeron speciosus*									粉、紫	30 ~ 50		√
	蛇鞭菊	*Liatris spicata*									紫	50 ~ 100	√	√
	麝香锦葵	*Malvamoschata*									紫、粉	50 ~ 100	√	√
	赛菊芋	*Heliopsis helianthoides*									黄	70 ~ 180	√	√
	八宝	*Hylotelephium erythrostictum*									紫、粉	20 ~ 50	√	√
	金光菊	*Rudbeckia laciniata*									黄	90 ~ 300	√	√
	蒲棒菊	*R. maxima*									黄	90 ~ 210	√	√

续表

	中文名	拉丁名	3月	4月	5月	6月	7月	8月	9月	10月	花色	株高（cm）	寄主	蜜粉源
草类	紫羊茅	*Festuca rubra*	结构性植物/寄主植物								—	2～20	√	
	芒颖大麦草	*Hordeum jubatum*	结构性植物/寄主植物								—	30～45	√	
	洽草	*Koeleria macrantha*	结构性植物/寄主植物								—	30～45	√	
	绒毛狼尾草	*Pennisetum setaceum*	结构性植物/寄主植物								—	70～120	√	
	北美裂稃草	*Schizachyrium scoparium*	结构性植物/寄主植物								—	60～120	√	
	金粱草	*Sorghastrum nutans*	结构性植物/寄主植物								—	90～150	√	

不同光照及水分条件场地的多年生昆虫野花带植物推荐

全光照–半阴、湿润–潮湿场地（华北地区）　　附表8–10

	中文名	拉丁名	3月	4月	5月	6月	7月	8月	9月	10月	花色	株高（cm）	寄主	蜜粉源
早花	北葱	*Allium schoenoprasum*									粉、紫	25～30	√	√
	耧斗菜	*Aquilegia viridiflora*									紫、粉	50		√
	新风轮菜	*Clinopodium nepeta*									白	30～60		√
	野芝麻	*Lamium barbatum*									白	50～100		√
	毛地黄钓钟柳	*Penstemon digitalis*									白、粉	60～120		√
	莓叶委陵菜	*Potentilla fragarioides*									黄	10～25		√
	毛茛	*Ranunculus japonicus*									黄	70		

续表

	中文名	拉丁名	3月	4月	5月	6月	7月	8月	9月	10月	花色	株高（cm）	寄主	蜜粉源
早花	蒲公英	*Taraxacum mongolicum*									黄	5～20		√
	白车轴草	*Trifolium repens*									白	15～20	√	√
中花	蓍草	*Achillea millefolium*									白、粉	20～50	√	√
	灰毛紫穗槐	*Amorpha canescens*									紫	60～90	√	√
	罗布麻	*Apocynum venetum*									粉	150	√	√
	射干	*Belamcanda chinensis*									黄	100		√
	石竹	*Dianthus chinensis*									紫、粉	50		√
	山桃草	*Gaura lindheimeri*									白、粉	60～100	√	√
	智利路边青	*Geum chiloense*									黄、红	50～80	√	√
	萱草	*Hemerocallis fulva*									黄、橙	50～90		√
	黄菖蒲	*Iris pseudacorus*									黄	50～150		√
	西伯利亚鸢尾	*I. sibirica*									紫	60～90		√
	西洋滨菊	*Leucanthemum vulgare*									白	30～60		√
	藁本	*Ligusticum sinense*									白	60～100	√	√
	二色补血草	*Limonium bicolor*									粉、黄	50	√	√

续表

	中文名	拉丁名	3月	4月	5月	6月	7月	8月	9月	10月	花色	株高（cm）	寄主	蜜粉源
中花	新疆柳穿鱼	*Linaria vulgaris*									黄	20～70		√
	千屈菜	*Lythrum salicaria*									紫	60～90	√	√
	美国薄荷	*Monarda didyma*									红、粉	70～150	√	√
	夏枯草	*Prunella vulgaris*									紫	20～50	√	√
	苦马豆	*Sphaerophysa salsula*									红	60	√	√
	华水苏	*Stachys chinensis*									粉	60	√	√
	金莲花	*Trollius chinensis*									黄	70		√
晚花	美国紫菀	*Aster novaeangliae*									紫、粉	50～100	√	√
	松果菊	*Echinacea purpurea*									混色	30～90	√	√
	华丽飞蓬	*Erigeron speciosus*									粉、紫	30～50		√
	赛菊芋	*Heliopsis helianthoides*									黄	70～180	√	√
	抱茎桃叶蓼	*Polygonum amplexicaule*									粉	60～100	√	√
	随意草	*Physostegia virginiana*									粉、白	70～100	√	√
	全缘叶金光菊	*Rudbeckia fulgida*									黄	60～100		√
草类、蕨类	青绿薹草	*Carex breviculmis*	结构性植物/寄主植物								—	5～40	√	

续表

	中文名	拉丁名	3月	4月	5月	6月	7月	8月	9月	10月	花色	株高（cm）	寄主	蜜粉源
草类、蕨类	木贼	*Equisetum hyemale*	结构性植物/寄主植物								—	20～45	√	
	紫羊茅	*Festuca rubra*	结构性植物/寄主植物								—	2～20	√	
	灯心草	*Juncus effusus*	结构性植物/寄主植物								—	30～45	√	
	洽草	*Koeleriam macrantha*	结构性植物/寄主植物								—	30～45	√	
	狼尾草	*Pennisetu malopecuroides*	结构性植物/寄主植物								—	30～60	√	

不同光照及水分条件场地的多年生昆虫野花带植物推荐

荫蔽、干燥场地（华北地区）

附表8-11

	中文名	拉丁名	3月	4月	5月	6月	7月	8月	9月	10月	花色	株高（cm）	寄主	蜜粉源
早花	北葱	*Allium schoenoprasum*									粉、紫	25～30	√	√
	耧斗菜	*Aquilegia viridiflora*									紫、粉	50		√
	白屈菜	*Chelidonium-majus*									黄	60	√	√
	小药八旦子	*Corydalis caudata*									蓝、紫	15～20		√
	珠果黄堇	*Corydalis speciosa*									黄	10～30		√
	野芝麻	*Lamium barbatum*									白	50～100		√
	匍匐委陵菜	*Potentilla reptans*									黄	15～20		√
	矮月见草	*Oenothera macrocarpa*									黄	15～30	√	√
	早开堇菜	*Viola prionantha*									紫	10～20		√

续表

	中文名	拉丁名	3月	4月	5月	6月	7月	8月	9月	10月	花色	株高（cm）	寄主	蜜粉源
中花	蓍草	*Achillea millefolium*									白、粉	20～50	√	√
	紫斑风铃草	*Campanula punctata*									白、粉	20～100	√	√
	棉团铁线莲	*Clematis hexapetala*									白	100		√
	旋覆花	*Inula japonica*									黄	30～100	√	√
	野鸢尾	*Iris dichotoma*									紫、黄	30～80		√
	藁本	*Ligusticum sinense*									白	60～100	√	√
	狼尾花	*Lysimachia barystachys*									白	30～70		√
	美丽月见草	*Oenothera speciosa*									粉	15～60	√	√
	草芍药	*Paeonia obovata*									粉	30～70		√
	野罂粟	*Papaver nudicaule*									黄	60	√	√
	败酱	*Patrinia scabiosifolia*									黄	30～120	√	√
	桔梗	*Platycodon grandiflorus*									紫	50～100		√
	穗花婆婆纳	*Pseudolysimachion spicatum*									蓝、紫	40～80		√
	地榆	*Sanguisorba officinalis*									紫	120	√	√
	黄芩	*Scutellaria baicalensis*									紫	30～120		√

续表

	中文名	拉丁名	3月	4月	5月	6月	7月	8月	9月	10月	花色	株高（cm）	寄主	蜜粉源
中花	百里香	*Thymus mongolicus*									粉	15～30		√
	缬草	*Valeriana officinalis*									粉	90～100	√	√
	广布野豌豆	*Vicia cracca*									紫	40～150	√	√
晚花	沙参	*Adenophora stricta*									紫	40～80		√
	美国紫菀	*Aster novaeangliae*									紫、粉	50～100	√	√
	小红菊	*Chrysanthemum chanetii*									粉、紫	20～50		√
	甘野菊	*C. indicum*									黄	30～100		√
	松果菊	*Echinacea purpurea*									混色	30～90	√	√
	赛菊芋	*Heliopsis helianthoides*									黄	70～180	√	√
	尾叶香茶菜	*Isodon excisus*									蓝	30～100		√
草类、蕨类	涝峪薹草	*Carex giraldiana*	结构性植物/寄主植物								—	30～40	√	
	紫羊茅	*Festuca rubra*	结构性植物/寄主植物								—	2～20	√	
	异燕麦	*Helictotrichon schellianum*	结构性植物/寄主植物								—	60～150		
	荚果蕨	*Matteuccia struthiopteris*	结构性植物/寄主植物								—	70～100	√	
	狼尾草	*Pennisetum alopecuroides*	结构性植物/寄主植物								—	30～60	√	

不同光照及水分条件场地的多年生昆虫野花带植物推荐

荫蔽、湿润–潮湿场地（华北地区） **附表8–12**

	中文名	拉丁名	3月	4月	5月	6月	7月	8月	9月	10月	花色	株高（cm）	寄主	蜜粉源
早花	北葱	*Allium schoenoprasum*									粉、紫	25～30	√	√
	多花筋骨草	*Ajugamultiflora*									紫	20		√
	耧斗菜	*Aquilegia viridiflora*									紫、粉	50		√
	驴蹄草	*Caltha palustris*									黄	15～60		√
	白屈菜	*Chelidonium majus*									黄	60	√	√
	珠果黄堇	*Corydalis speciosa*									黄	10～30		√
	蛇莓	*Duchesnea indica*									黄	10～20		√
	毛茛	*Ranunculus japonicus*									黄	70		√
中花	白芷	*Angelica dahurica*									白	250		√
	峨参	*Anthriscus sylvestris*									白	150	√	√
	落新妇	*Astilbe chinensis*									紫、粉	50～100		√
	兴安升麻	*Cimicifuga dahurica*									白	100		√
	蚊子草	*Filipendula palmata*									白、粉	60～150		√
	短毛独活	*Heracleum moellendorffii*									白	120		√
	黄海棠	*Hypericum ascyron*									黄	50～100		√
	藁本	*Ligusticum sinense*									白	60～100	√	√

续表

	中文名	拉丁名	3月	4月	5月	6月	7月	8月	9月	10月	花色	株高（cm）	寄主	蜜粉源
中花	卷丹	*Lilium lancifolium*									橙、红	70～100	√	√
	剪秋罗	*Lychnis fulgens*									橙、红	80		√
	黄连花	*Lysimachia davurica*									黄	40～80		√
	勿忘草	*Myosotis alpestris*									蓝	50		√
	水芹	*Oenanthe javanica*									白	50～70	√	√
	败酱	*Patrinia scabiosifolia*									黄	30～120	√	√
	花荵	*Polemonium caeruleum*									蓝	50～90		√
	林荫千里光	*Senecio nemorensis*									黄	100		√
	泽芹	*Sium suave*									白	120	√	√
	迷果芹	*Sphallerocarpus gracilis*									白	120		√
	紫筒草	*Stenosolenium saxatile*									紫	10～25		√
晚花	打破碗花花	*Anemone hupehensis*									粉	120		√
	华北香薷	*Elsholtzia stauntonii*									粉、紫			√
	大麻叶泽兰	*Eupatorium cannabinum*									粉、紫	70～150	√	√
	赛菊芋	*Heliopsis helianthoides*									黄	70～180	√	√
	狭苞橐吾	*Ligularia intermedia*									黄	100		√

续表

	中文名	拉丁名	3月	4月	5月	6月	7月	8月	9月	10月	花色	株高（cm）	寄主	蜜粉源
草类、蕨类	涝峪薹草	*Carex giraldiana*	结构性植物/寄主植物								—	30 ~ 40	√	
	木贼	*Equisetum hyemale*	结构性植物/寄主植物								—	20 ~ 45	√	
	紫羊茅	*Festuca rubra*	结构性植物/寄主植物								—	2 ~ 20	√	
	异燕麦	*Helictotrichon schellianum*	结构性植物/寄主植物								—	60 ~ 150		
	灯心草	*Juncus effusus*	结构性植物/寄主植物								—	30 ~ 45	√	
	荚果蕨	*Matteuccia struthiopteris*	结构性植物/寄主植物								—	70 ~ 100	√	
	狼尾草	*Pennisetum alopecuroides*	结构性植物/寄主植物								—	30 ~ 60	√	

参考文献

[1] Dunnett N P, Willis A J, Grime R H P . A 38-year study of relations between weather and vegetation dynamics in road verges near Bibury, Gloucestershire[J]. Journal of Ecology, 1998, 86(4): 610-623.

[2] Smith L S, Fellowes M D E. Towards a lawn without grass: the journey of the imperfect lawn and its analogues[J]. Studies in the History of Gardens & Designed Landscapes, 2013, 33(3): 157-169.

[3] McLean T. Medieval English Gardens[M]. Courier Corporation, 2014.

[4] Barnett B E, Crisp D J. Laboratory studies of gregarious settlement in Balanus balanoides and Elminius modestus in relation to competition between these species[J]. Journal of the Marine Biological Association of the United Kingdom, 1979, 59(03): 581-590.

[5] Groen J. Den Nederlantsen hovenier, zijnde het I. deel van het Vermakelijk land-leven. Beschrijvende alderhande prinçelijke en heerlijke lust-hoven en hof-steden, en hoe men deselve, met veelderley uytnemende boomen, bloemen en kruyden, kan beplanten, bezaeijen, en verçieren[M]. by de Wed: van Gijsbert de Groot op de Nieuwendijk, tusschen de twee Haerlemmer Sluysen in de groote Bybel, 1721.

[6] J. James, The Theory and Practice of Gardening (London: Maurice Atkins, 1712).

[7] London G, Wise H. The Retir'd Gard'er[M]. 1717.

[8] Aram P, Stearn W T. A practical treatise of flowers[M]. Leeds Philosophical & Literary Society, Limited, 1985.

[9] Woudstra J, Hitchmough J. The Enamelled Mead: History and practice of exotic perennials grown in grassy swards[J]. Landscape Research, 2000, 25(1): 29-47.

[10] Nigel D. Direct sow Annual Meadows[J]. Plant user handbook, 2004.

[11] McHarg I L. The essential Ian McHarg: writings on design and nature[M]. Island Press, 2006.

[12] Hitchmough J, Dunnett N. Introduction to naturalistic planting in urban

landscapes[J]. The dynamic landscape, 2004：1-32.

[13] Massingham B, Robinson W. The Wild Garden[J]. Garden History, 6(3)：31.

[14] Jäger, H. Gartenkunst und Gärten sonst und jetzt：Handbuch für Gärtner, Architekten und Liebhaber, Berlin：Parey, 1888.

[15] Woudstra H J. The ecology of exotic herbaceous perennials grown in managed, native grassy vegetation in urban landscapes[J]. Landscape and Urban Planning, 1999.

[16] Lange W, Stahn O. Garden Design for Modern Times[M]. JJ Weber, 1907.

[17] Fuller R M. The changing extent and conservation interest of lowland grasslands in England and Wales：a review of grassland surveys 1930–1984[J]. Biological conservation, 1987, 40(4)：281-300.

[18] Kline V. University of Wisconsin Arboretum Long Range Management Plan[J]. University of Wisconsin, Madison, WI, USA, 1992.

[19] Brash D N. Sustainable Management and the Environmental Bottom Line：A Discussion of Ideas, Problems and Opportunities Presented by the Act to Local Authorities[M]. Ministry for the Environment, 1992.

[20] England, Natural. "Entry level stewardship：environmental stewardship handbook." Natural England(2010).

[21] Nigel D.Direct-sow Annual Meadows[M].Plant user handbook, Hitchmough J, Fieldhouse K, Blackwell Science, 2004：283-291.

[22] 近藤三雄. 公園芝生地の収容力に関する研究（日本造園学会賞受賞者業績要旨）[J]. 造園雑誌，1990，54（1）: p19-26.

[23] 角幡朝，近藤三雄. ワイルドフラワ-によるのり面緑化の可能性に関する実験的研究[J].日本緑化工学会誌，1991，16（3）：58-63.

[24] 渡辺拓也. ワイルドフラワ-と雑草の共生について--日本とアメリカの事情[J].日本緑化工学会誌，1991，16（3）：71-74.

[25] Tilman D. Global environmental impacts of agricultural expansion：the need for sustainable and efficient practices[J]. Proceedings of the National Academy of Sciences, 1999, 96(11)：5995-6000.

[26] Green R E, Cornell S J, Scharlemann J P W, et al. Farming and the fate of wild nature[J]. science, 2005, 307(5709): 550-555.

[27] Saunders D A, Hobbs R J, Margules C R. Biological consequences of ecosystem fragmentation: a review[J]. Conservation biology, 1991, 5(1): 18-32.

[28] Robinson R A, Sutherland W J. Post-war changes in arable farming and biodiversity in Great Britain[J]. Journal of applied Ecology, 2002, 39(1): 157-176.

[29] Kremen C. Managing ecosystem services: what do we need to know about their ecology?[J]. Ecology letters, 2005, 8(5): 468-479.

[30] Klein A M, Vaissiere B E, Cane J H, et al. Importance of pollinators in changing landscapes for world crops[J]. Proceedings of the royal society B: biological sciences, 2007, 274(1608): 303-313.

[31] Kevan P G, Clark E A, Thomas V G. Insect pollinators and sustainable agriculture[J]. American Journal of Alternative Agriculture, 1990: 13-22.

[32] Free J B. Insect pollination of crops[M]. Academic press, 1993.

[33] Freitas B M, Paxton R J. A comparison of two pollinators: the introduced honey bee Apis mellifera and an indigenous bee Centris tarsata on cashew Anacardium occidentale in its native range of NE Brazil[J]. Journal of Applied Ecology, 1998, 35(1): 109-121.

[34] Ricketts T H. Tropical forest fragments enhance pollinator activity in nearby coffee crops[J]. Conservation biology, 2004, 18(5): 1262-1271.

[35] Marshall E J P, Moonen A C. Field margins in northern Europe: their functions and interactions with agriculture[J]. Agriculture, Ecosystems & Environment, 2002, 89(1-2): 5-21.

[36] 钟云芳，马海慧. 北京北宫森林公园野花组合进入最佳观赏期[J]. 中国花卉园艺，2006（15）: 42-42.

[37] Austin M P. Community theory and competition in vegetation[J]. Community theory and competition in vegetation., 1990: 215-238.

[38] Westbury D B, Woodcock B A, Harris S J, et al. The effects of seed mix and management on the abundance of desirable and pernicious unsown species in arable buffer strip communities[J]. Weed Research, 2008, 48(2): 113-123.

[39] The dynamic landscape：design, ecology and management of naturalistic urban planting[M]. Taylor & Francis, 2008.

[40] Thompson K, Petchey O L, Askew A P, Dunnett N P, Beckerman A P, Willis A J. Little evidence for limiting similarity in a long-term study of a roadside plant community[J]. Journal of Ecology, 2010,98(2)：480-487.

[41] Van Mechelen C, Van Meerbeek K, Dutoit T, et al. Functional diversity as a framework for novel ecosystem design：The example of extensive green roofs[J]. Landscape and Urban Planning, 2015, 136：165-173.

[42] Hitchmough J. Exotic plants and plantings in the sustainable, designed urban landscape[J]. Landscape and Urban Planning, 2011, 100：380-382.

[43] Kingsbury N. An investigation into the performance of species in ecologically based ornamental herbaceous vegetation, with particular reference to competition in productive environments[D]. University of Sheffield, 2009.

[44] Kühn N. Neue Staudenverwendung[M]. Ulmer, 2011.

[45] Mcgill B, Enquist B, Weiher E, Westoby M. Response to Kearney and Porter：Both functional and community ecologists need to do more for each other[J]. Trends in Ecology and Evolution, 2006, 21：482-483.

[46] Webb C T, Hoeting J A, Ames G M, et al. A structured and dynamic framework to advance traitsbased theory and prediction in ecology[J]. Ecology letters, 2010, 13(3)：267-283.

[47] Wang H, Harrison S P, Prentice I C, Yang Y, Bai F, Togashi H F, Wang M, Zhou S, Ni J. The China Plant Trait Database：toward a comprehensive regional compilation of functional traits for land plants[J]. Ecology, 2018, 99(2)：500.

[48] Van Mechelen C, Van Meerbeek K, Dutoit T, Hermy M. Functional diversity as a framework for novel ecosystem design：The example of extensive green roofs[J]. Landscape and Urban Planning, 2015, 136：165-173.

[49] Pipenbaher N, Norman W H M, Skornik S. Floristicc and functional diversity of meadows from two neighboring biogeographic regions[J]. Annales：Series Historia Naturalis, 2014, 24(1)：49.

[50] Funk J L, Cleland E E, Suding K N, Zavaleta E S. Restoration through reassembly：

plant traits and invasion resistance[J]. Trends in Ecology & Evolution, 2008, 23(12)：695-703.

[51] Thompson K, Petchey O L, Askew A P, Dunnett N P, Beckerman A P, Willis A J. Little evidence for limiting similarity in a long-term study of a roadside plant community[J]. Journal of Ecology, 2010,98(2)：480-487.

[52] Van Mechelen C, Van Meerbeek K, Dutoit T, Hermy M. Functional diversity as a framework for novel ecosystem design：The example of extensive green roofs[J]. Landscape and Urban Planning, 2015, 136：165-173.

[53] Uyttenbroeck R, Hatt S, Piqueray J, Paul A, Bodson B, Francis F, Monty A. creating perennial flower strips：think functional![J]. Agriculture and Agricultural Science Procedia, 2015, 6：95-101.

[54] Cornelissen J H C, Lavorel S, Garnier E, Der Heijden M C, Pausas J G, Poorter H. A handbook of protocols for standardised and easy measurement of plant functional traits worldwide[J]. Australian Journal of Botany, 2003, 51(4)：335.

[55] Pérez-Harguindeguy N, Diaz S, Garnier E, Pausas J G, Vos A C, Cornelissen J. New handbook for standardise measurement of plant functional traits worldwide[J]. Australian Journal of Botany, 2013, 61：167-234.

[56] 方翠莲. 北京地区花卉混播生长节律与生态效益研究[D]. 北京：北京林业大学，2013.

[57] 刘晶晶. 花卉混播群落动态分析及应用研究[D]. 北京：北京林业大学，2016.

[58] 符木. 花卉混播群落建植与群落动态研究[D]. 北京：北京林业大学，2017.

[59] Hitchmough J, Kendle T, Paraskevopoulou A. Seedling emergence, survival and initial growth of forbs and grasses native to Britain and central/southern Europe in low productivity urban “waste” substrates[J]. Urban Ecosystems, 2001,5：285-308.

[60] Kendle T. The future of Eden[J]. The Horticulturist, 2003, 12(1)：7-9.

[61] Hutchings, M. J., & Booth, K. D. (1996). Studies on the feasibility of recreating chalk grassland vegetation on ex-arable land. I. The potential roles of the seed bank and the seed rain. Journal of Applied Ecology, 1171-1181.

[62] 马守臣，原东方，杨慎骄，等. 豫北低山丘陵区农田边界系统植物多样性的研究[J]. 中国生态农业学报，2010，018（004）：815-819.

后　记

2006年，我从内蒙古坝上草原和北京百花山进行植被调查开始，就着手为研究植物混播准备。在此后10余年时间里，分别与北林科技、东升种业、中国城市建设研究院合作，在植物混播方法研究和花海、雨水花园、昆虫野花带的建立等不同应用中进行探索。混播群落自主组织过程的研究，获得国家自然基金面上项目的资助。

研究生刘晶晶、符木、吴学峰、方翠莲、李冰华、谢哲城、吴春水等，在不同时期参与了混播的研究实践，刘晶晶、符木参加了本书的部分写作工作。本书中的手绘图片由吴学峰完成。在成书之际，特向在混播田间辛苦工作的研究生们致谢，没有你们的努力就没有老师的坚持。同时感谢北京林大林业科技股份有限公司对本书出版的大力支持。

于北京千彩园

2021年7月